# Komplexitätskostenrelevante Ursache-Wirkungs-Beziehungen im Werkzeugbau bei Stanz- und Umformwerkzeugen

# Complexity-relevant Cause-and-Effect Relationships at the Tool Shop using the Example of Stamping and Forming Tools

Von der Fakultät für Maschinenwesen
der Rheinisch-Westfälischen Technischen Hochschule Aachen
zur Erlangung des akademischen Grades einer
Doktorin der Ingenieurwissenschaften
genehmigte Dissertation

vorgelegt von

Sabrina von Hebel

**Berichter:**

Univ.-Prof. Dr.-Ing. Dipl.-Wirt. Ing. Günther Schuh
Außerplanmäßiger Professor Dr.-Ing. Volker Stich

Tag der mündlichen Prüfung: 04. Oktober 2016

ERGEBNISSE AUS DER PRODUKTIONSTECHNIK

**Sabrina von Hebel**

# Komplexitätskostenrelevante Ursache-Wirkungs-Beziehungen im Werkzeugbau bei Stanz- und Umformwerkzeugen

**Herausgeber:**
Prof. Dr.-Ing. Dr.-Ing. E. h. Dr. h. c. Dr. h. c. F. Klocke
Prof. Dr.-Ing. Dipl.-Wirt. Ing. G. Schuh
Prof. Dr.-Ing. C. Brecher
Prof. Dr.-Ing. R. H. Schmitt

Band 30/2016

WZL | RWTH AACHEN UNIVERSITY

Fraunhofer IPT

**Bibliografische Information der Deutschen Nationalbibliothek**
Die Deutsche Nationalbibliothek verzeichnet diese Publikation in der Deutschen Nationalbibliografie; detaillierte bibliografische Daten sind im Internet über http://dnb.ddb.de abrufbar.

Sabrina von Hebel:

Komplexitätskostenrelevante Ursache-Wirkungs-Beziehungen im Werkzeugbau bei Stanz- und Umformwerkzeugen

1. Auflage, 2016

Gedruckt auf holz- und säurefreiem Papier, 100% chlorfrei gebleicht.

Apprimus Verlag, Aachen, 2016
Wissenschaftsverlag des Instituts für Industriekommunikation und Fachmedien an der RWTH Aachen
Steinbachstr. 25, 52074 Aachen
Internet: www.apprimus-verlag.de, E-Mail: info@apprimus-verlag.de

Druck: KN Digital Printforce GmbH, Stuttgart

ISBN 978-3-86359-473-2

D 82 (Diss. RWTH Aachen University, 2016)

## Vorwort

Die vorliegende Arbeit ist während meiner Tätigkeit bei der PHOENIX Feinbau GmbH & Co.KG entstanden. Sie ist das Resultat von Fragestellungen praktischer Relevanz in Kombination mit dem Bestreben diese Fragestellungen wissenschaftlich fundiert beantworten zu können.

Mein erster Dank gilt Herrn Professor Schuh für die Möglichkeit der Promotion und das Vertrauen in meine Arbeit und wissenschaftlichen Fähigkeiten auch ohne die offizielle Beschäftigung am Lehrstuhl. Ebenso danke ich Herrn Professor Stich, Geschäftsführer des Forschungsinstituts für Rationalisierung, für die eingehende Durchsicht des Manuskripts und die Übernahme des Koreferats. Herrn Professor Allelein, Inhaber des Lehrstuhls für Reaktorsicherheit und –technik, danke ich für die Übernahme des Prüfungsvorsitzes sowie Frau Professor Bobzin, Leiterin des Instituts für Oberflächentechnik, für die Übernahme des Beisitzes. Des Weiteren möchte ich an dieser Stelle Herrn Dr. Wolfgang Boos, den zuständigen Oberingenieur, hervorheben, der mir ein wertvoller Gesprächspartner und Ideengeber während meiner Promotion war.

Stellvertretend für das Unternehmen PHOENIX Feinbau GmbH & Co.KG möchte ich mich bei dem Geschäftsführer Herrn Dr. Jens Heidenreich für das Vertrauen und den Freiraum bedanken, diese wissenschaftliche Arbeit neben meiner Tätigkeit in dem Unternehmen durchführen zu können. Auch danke ich meinen Kollegen, die mich bei der Validierung meiner Methodik mit kritischen Fragen und Experteninterviews unterstützt haben. Hierbei sind besonders Herr Andreas Cordt, Herr Klaus Hollmann, Herr Kay Wesendrup und Herr Jakob Flore zu erwähnen. Vielen Dank für Eure Offenheit gegenüber meinen Ideen.

Neben den beruflichen Wegbegleitern möchte ich die Gelegenheit nutzen, mich bei meinem privaten Umfeld für die Unterstützung und das Verständnis zu bedanken. Viele Geburtstage, Ausflüge und Feiern sind in den letzten fünf Jahren ohne mich vollzogen worden. Jedoch ist hierbei nie ein Vorwurf in meine Richtung formuliert worden, sondern eher noch eine Motivation den eingeschlagenen Weg erfolgreich zu beenden. Mir ist durchaus bewusst, dass dieses Verständnis nicht selbstverständlich ist. Neben dem erweiterten Familienkreis möchte ich mich besonders bei meinen Freunden Nora, Anja, Ulrike, Andrea, Anne, Anne, Birgit und Nadine bedanken. Es ist schön, Euch an meiner Seite seit so vielen Jahren zu wissen. Auch danke ich meinen Aachener Wegbegleitern, die mir nicht nur während des Studiums sondern auch darüber hinaus als Ratgeber und Freunde zur Seite standen.

An dieser Stelle ist eine Person besonders hervorzuheben. Dies ist mein ehemaliger Vorgesetzter bei PHOENIX Feinbau und jetziger Professor Johannes Henrich

Schleifenbaum. Von der ersten Idee der Promotion neben dem Berufsleben bis zur mündlichen Prüfung war er mein wichtigster fachlicher Wegbegleiter und Mentor. Vielen Dank für das permanente kritische Hinterfragen meiner wissenschaftlichen Thesen und Ausarbeitungen. Nach jedem Gespräch gab es für mich mehr neue Fragen als Antworten. Die Herausforderung meine Wissensgrenzen jeden Tag aufs Neue zu überschreiten wäre ohne Deine Beharrlichkeit nicht möglich gewesen. Dankeschön.

Meinen Eltern Marlies und Werner von Hebel danke ich für die uneingeschränkte Unterstützung bei all meinen Vorhaben. Nie war eine Idee zu absurd oder eine Frage zu unbequem, um diese nicht entsprechend zu diskutieren und zu beantworten. Vielen Dank für die unermüdliche Bereitschaft mich auf meinem Weg mit Ratschlägen zu begleiten und meine Diskussionsfreudigkeit zu fördern. Euch gelten mein ganz besonderer Dank und ein großer Anteil für den erfolgreichen Abschluss meiner Promotion.

Mein größter Dank gilt meinem Freund Benedikt Brester für das bedingungslose Verständnis für meine Promotion und der damit einhergehenden wenigen gemeinsamen Freizeit und der verkürzten Urlaube. Vielen Dank sowohl für das Erinnern an die wesentlichen Dinge als auch für Deine Leichtigkeit und Deinen Humor in herausfordernden Phasen der Promotion.

Dortmund, im Dezember 2016

Sabrina von Hebel

# Kurzzusammenfassung

Die Produktlebenszyklen werden kürzer und die Stückzahlen sinken dementsprechend bei einem gleichzeitigen Anstieg der Variantenvielfalt. Die Herstellkosten eines Werkzeugs werden auf den Teilepreis umgelegt. Bei geringeren Stückzahlen würde dies bei konstanten Herstellkosten eines Werkzeugs zu steigenden Produktpreisen führen. Um diesen Effekt zu vermeiden, steht der Werkzeugbau vor der Herausforderung, preiswerte Werkzeuge zu realisieren.

Neben klassischen Bestandteilen der Herstellkosten eines Werkzeugs, wie Personal-, Maschinen- und Materialkosten, spielen Komplexitätskosten eine entscheidende Rolle. Diese Kosten entstehen durch eine im Werkzeug enthaltene Komplexität. In der Praxis äußert sich dieser Effekt dadurch, dass zwei sehr ähnlich aussehende Produkte, welche werkzeuggebunden herzustellen sind, deutlich unterschiedliche Werkzeugkosten verursachen. Aktuell gibt es kein geschlossenes Wissen bzgl. der Komplexitätstreiber eines Werkzeugs und über die daraus entstehenden Komplexitätskosten. Weder dem Entwickler des Werkzeugs noch dem Entwickler des Produktes sind die kostenseitigen Auswirkungen seiner Konzepte bewusst und transparent. Das Wissen bzgl. der Auswirkungen unterschiedlicher Werkzeug- und Produktkonzepte auf die Kosten ist jedoch Grundvoraussetzung für die geforderte Kostenreduktion im Werkzeugbau. Für die Ermittlung der Komplexitätskosten eines Werkzeugs und Quantifizierung der Einflussgrößen fehlt eine grundlegende Definition der werkzeug- und produktseitigen Treiber der Werkzeugkomplexität. Ferner existiert kein Wissen über den funktionalen Zusammenhang der daraus resultierenden Komplexitätskosten unter Berücksichtigung aller Variablen auf Werkzeug- und Produktebene. In dieser Arbeit wird eine Methodik zur Bestimmung der komplexitätskostenrelevanten Ursache-Wirkungs-Beziehungen im Werkzeugbau vorgestellt. Hierbei stehen die frühzeitige Identifikation der Komplexitätstreiber, eine transparente Darstellung der Ursachen steigender Komplexität, die daraus resultierenden Komplexitätskosten und der Einfluss des herzustellenden Produktes auf die Werkzeugkomplexität im Fokus.

Unternehmen wird eine Methodik an die Hand gegeben, mit dessen Hilfe sowohl produkt- als auch werkzeugseitige Einflussfaktoren auf die Komplexitätskosten eines Werkzeugs identifiziert werden können. Basierend auf diesen Ergebnissen können systematische Optimierungsmaßnahmen zur Senkung der Herstellkosten eines Werkzeugs noch vor dem eigentlichen Bau eingeleitet werden.

## Abstract

The product life cycles are becoming shorter and the lot size is decreasing accordingly with a simultaneous increase in the multitude of variants. The manufacturing costs of a tool are transferred to the parts price. If the number of pieces was smaller, this would lead to rising product prices at constant manufacturing costs for a tool. In order to avoid this effect, toolmaking in high-wage countries faces the challenge of realizing inexpensive tools.

In addition to the classical components of the manufacturing costs of a tool, such as personnel, machinery and material costs, complexity costs also play a decisive role. These costs are caused by a complexity within the tool. In practice, this effect is manifested by the fact that two very similar-looking products can cause significantly different tool costs. Currently, there is no closed knowledge about the complexity of a tool and the resulting complexity costs. Neither the developer of the tool nor the developer of the product is aware of the cost-side effects of its concepts. The knowledge about the effects of different tool and product concepts on costs is, however, the basic prerequisite for the required cost reduction in toolmaking. For a concrete determination of the complexity costs of a tool and quantification of the influencing variables, a basic definition of the tool and product-side drivers of tool complexity is still missing. Furthermore, there is no knowledge about the functional relationship between the resulting complexity costs, taking into account all variables on the tool and product level.

The aim of this dissertation is therefore to develop a methodology for determining the complexity-relevant cause-and-effect relationships in toolmaking. The focus is on the early identification of complexity drivers, a transparent presentation of the causes of increasing complexity, the resulting complexity costs and the influence of the product to be produced on tool complexity. Subsequent to this, optimization measures can be initiated and thus the production costs of a tool can be lowered even before the actual construction.

# I Inhaltsverzeichnis

# II Abkürzungsverzeichnis

| Abkürzung | Beschreibung |
|---|---|
| °C | Grad Celsius |
| ABC | Activity Based Costing |
| A, B, C, D | Unterscheidung von Produktkomponenten |
| ber. | berechnet |
| BIP | Bruttoinlandsprodukt |
| bspw. | beispielsweise |
| bzgl. | bezüglich |
| bzw. | beziehungsweise |
| CI | Coupling Index |
| CI-R | Coupling Index - Receive |
| CI-S | Coupling Index - Supply |
| Cu | Chemisches Zeichen: Kupfer |
| DFV | Design For Variety |
| d.h. | das heißt |
| DIN | Deutsches Institut für Normung |
| etc. | et cetera |
| € | Euro |
| f. | folgende Seite |
| ff. | fort folgende Seiten |

| | |
|---|---|
| Fa. | Firma |
| Fe | Chemisches Zeichen: Eisen |
| FMEA | Fehlermöglichkeits- und -einflussanalyse |
| ggf. | gegebenenfalls |
| GmbH & Co. KG | Gesellschaft mit beschränkter Haftung & Compagnie Kommanditgesellschaft |
| griech. | griechisch |
| GVI | Generation Variety Index |
| Hrsg. | Herausgeber |
| I | Intervall |
| i | Komponente |
| i.A. | im Allgemeinen |
| i.A.a. | in Anlehnung an |
| i.d.R. | in der Regel |
| inkl. | inklusive |
| ISO | International Organization for Standardization |
| lat. | lateinisch |
| Lsg. | Lösung |
| MA | Mitarbeiter |
| mm | Millimeter |
| NC | Numerical Control |
| $N/mm^2$ | Kraft pro Fläche |

| | |
|---|---|
| Nm | Newtonmeter |
| o.ä. | oder ähnliches |
| o.g. | oben genannt |
| o.V. | ohne Verfasser |
| R | Verknüpfungszahl |
| RPK | Ressourcenorientierte Prozesskostenrechnung |
| RRPZ | Risikoregelprioritätszahl |
| S. | Seite |
| s. | siehe |
| sog. | sogenannt |
| SoP | Start of Production |
| spez. | spezifisch |
| u | Schneidspalt |
| u.a. | unter anderem |
| UML | Unified Modeling Language |
| u.U. | unter Umständen |
| vgl. | vergleiche |
| z.B. | zum Beispiel |

# III Formelverzeichnis

| **Formel** | **Beschreibung** |
|---|---|
| $\alpha, \beta, \gamma, \delta$ | Koeffizienten |
| $A$ | Matrix der Komplexitätstreiber |
| $a_i$ | Regressionskoeffizient |
| $a_i^*$ | Standardisierter Regressionskoeffizient |
| $a_0$ | Herstellkosten des Referenzwerkzeugs |
| $a$ | Herstellkosten eines Werkzeugs |
| $C_i$ | Technische Komplexität der Komponente i |
| $c_i$ | Koeffizient des jeweiligen Komplexitätstreibers |
| $e$ | Residuen |
| $f_i$ | Berechnete Komplexitätskosten |
| $F_{emp}$ | Errechneter F-Wert der Stichprobe |
| $F_{tab}$ | Tabellenwert F der Stichprobe |
| $h$ | Anzahl Klassen |
| $J$ | Zahl der Regressoren |
| $K$ | Stichprobenumfang |
| $k$ | Komplexitätskosten eines Werkzeugs |
| $M_i$ | Wahrer Regressionskoeffizient |
| $m$ | Lösungsvektor der Regressionskoeffizienten |
| $m_i$ | Regressionskoeffizient |
| $n$ | Stichprobe |

| | |
|---|---|
| $N_{e,i}$ | Anzahl der Teile von Komponente i |
| $N_{e,max}$ | Maximal auftretende Teileanzahl einer Komponente des Produkts |
| $N_{r,i}$ | Anzahl der Schnittstellen von Komponente i |
| $N_{r,max}$ | Maximal auftretende Schnittstellenanzahl einer Komponente des Produktes |
| $r^2$ | Bestimmtheitsmaß |
| $s_{mi}$ | Standardabweichung je Regressionskoeffizient |
| $t_{temp}$ | Errechneter t-Wert je Regressor |
| $t_{tab}$ | Tabellenwert t je Regressor |
| $V_{e,i}$ | Vielfalt der Komponente i |
| $V_{e,max}$ | Maximal auftretende Vielfalt einer Komponente des Produkts |
| $v_i$ | Differenz zwischen Messpunkt $y_i$ und Funktionspunkt $f(x_i)$ |
| $V_{r,avg,i}$ | Durchschnittliche Vielfalt der Schnittstellen von Komponente i |
| $V_{r,avg,max}$ | Maximal auftretende durchschnittliche Schnittstellenvielfalt einer Komponente des Produktes |
| $x_i$ | Ausprägung des jeweiligen Komplexitätstreibers |
| $y_b$ | Beobachteter Wert |
| $y_i$ | Messpunkt |
| $\bar{y}$ | Mittelwert der Messpunkte $y_i$ |

# IV Abbildungsverzeichnis

# 1 Einleitung

Das produzierende Gewerbe ist ein zentraler Wirtschaftszweig der gesamtdeutschen Wirtschaft. 25,7% des deutschen Bruttoinlandsproduktes sind im Jahr 2014 durch das produzierende Gewerbe erwirtschaftet worden.[1] Im Zuge der Globalisierung ist die deutsche Industrie mit neuen Absatzmärkten und deren neuen Leistungserwartungen konfrontiert worden. Dies führt zu einer erhöhten Forderung nach individualisierten Produkten und folglich sinkenden Produktlebenszyklen.[2] Damit kommt es auch zu einem Anstieg der Variantenvielfalt.[3] Gleichzeitig hat die Globalisierung zu einem steigenden Kostendruck durch neue Wettbewerber mit geringen Faktorkosten (z.B. Lohnkosten) geführt. Die Produktion in Hochlohnländern, wie z.B. Deutschland, muss Lösungen des Dilemmas zwischen sinkenden Produktlebenszyklen und steigendem Kostendruck finden.

Der Werkzeugbau liefert die Betriebsmittel für eine industrielle Produktion und ist somit ein wesentlicher Befähiger für produzierende Unternehmen.[4] Er ist zentrales Bindeglied zwischen Produktentwicklung und Serienfertigung. In Deutschland muss sich der Werkzeugbau zunehmend der Herausforderung stellen, Werkzeuge für die Herstellung von Produktvarianten mit geringer werdenden Werkzeugkosten herzustellen. Ferner führt der Anstieg der Produktderivate auf der einen Seite zu einem Anstieg der Bedarfe an Werkzeugen, auf der anderen Seite jedoch auch zu einem größeren Einfluss der Werkzeug- auf die Herstellkosten eines Produktes.[5] Nach SCHUH wird *„die Fähigkeit, dem Kunden ganzheitliche und kundenindividuelle Lösungen zu marktfähigen Preisen anbieten zu können, […] zum entscheidenden Wettbewerbsfaktor im Werkzeugbau"*[6]. Bei sinkenden Stückzahlen wird der werkzeugbedingte Kostenanteil der Herstellkosten eines Produkts größer, da die bei der Werkzeugerstellung entstehenden Kosten anteilig auf die Produktkosten umgelegt werden.[7] In Abhängigkeit der Branche machen die Werkzeugkosten bis zu 30% der gesamten Produktionskosten aus.[8] Bei sinkenden Stückzahlen würde ein gleichleibender Werkzeugpreis somit zu einem Anstieg der Herstellkosten des Produktes führen. Aus dieser Situation resultiert ein stetig wachsender Kostendruck

---

[1] vgl. o.V. (Deutsches Statistisches Bundesamt), Verteilung des deutschen BIP, 2015

[2] vgl. Schuh, G.; Boos, W.; Kuhlmann, K.; Rittstieg, M. (Operative Exzellenz), 2010, S.13

[3] vgl. Boos, W. (Modulare Werkzeuge), 2008, S. 1

[4] vgl. Pitsch, M. (Kompetenzfeldbasierte Vernetzung), 2014, S. 2

[5] vgl. Schuh, G.; Pitsch, M.; Kuhlmann, T.; Schippers, M. (Internationaler Werkzeugbau), 2015, S. 37

[6] vgl. Schuh, G.; Boos, W.; Kuhlmann, K.; Rittstieg, M. (Operative Exzellenz), 2010, S.7

[7] vgl. Hebel, S.v.; Schleifenbaum, J.H.; Boos, W.; Schuh, G. (Komplexitätskosten), 2015, S. 738

[8] vgl. Schuh, G.; Boos, W.; Kuhlmann, K.; Rittstieg, M. (Operative Exzellenz), 2010, S.13

im Werkzeugbau, um Produkte und Varianten zu konstanten oder sinkenden Preisen am Markt anbieten zu können.

## 1.1 Problemstellung

Der Werkzeugbau ist bei der Aufgabe der Kostenreduktion bei gleichzeitigem Anstieg der Produktvarianten mit zwei zentralen Herausforderungen konfrontiert. Diese lauten: Kostentransparenz und -genauigkeit vor der Werkzeugerstellung sowie die Abhängigkeit des Werkzeugkonzeptes von dem herzustellenden Produkt.

Die erste Herausforderung ist eine **im Vorfeld bekannte und genaue Kostenermittlung für die Herstellung eines individuellen Werkzeugs**, um von Anfang an Gegenmaßnahmen zur Kostensenkung während der Werkzeugerstellung einleiten zu können. In der Regel werden Werkzeuge und Betriebsmittel einmalig kalkuliert, konzipiert und hergestellt. Aufgrund der Einmaligkeit ist die Herstellkostenrechnung im Werkzeugbau von einer gewissen Unschärfe geprägt. Zentrale Kostenbestandteile sind die Personal-, Maschinen- und Materialkosten, welche, aufbauend auf Erfahrungswissen, häufig mittels Schätzverfahren oder Ähnlichkeitprinzipien die summarisch kalkulierten Herstellkosten ergeben.[9] Neben diesen nachvollziehbaren Kostenbestandteilen verursacht die Komplexität eines Werkzeugs einen weiteren, aktuell nicht quantifizierbaren Kostenanteil, die sog. Komplexitätskosten. Aufgrund der nicht vorhandenen Quantifzierbarkeit des durch Komplexität eines Werkzeugs verursachten Kostenanteils kann dieser in der Angebotskalkulation eines Werkzeugs vor Werkzeugerstellung aktuell keine Berücksichtigung finden. Diese schlagen sich erst in den tatsächlich benötigten Kosten der Werkzeugerstellung nieder. Zu diesem Zeitpunkt ist es nicht mehr möglich, Maßnahmen zur Kostensenkung einzuleiten, da das Werkzeug bereits erstellt ist.

Neben der Herausforderung, einen möglichst genauen Angebotspreis bei geringstmöglichem Aufwand für ein Unikatprodukt zu ermitteln, existiert für den Werkzeugbau bei der geforderten Kostensenkung eine weitere Herausforderung. Dieses ist die **Abhängigkeit des Werkzeugkonzeptes von dem herzustellenden Produkt**. Der Werkzeugbau ist Lieferant von Werkzeugen zur Realisierung von vorab entwickelten Produkten. D.h., dass die Herstellkosten eines Werkzeugs zwangsläufig auch vom herzustellenden Produkt und dessen Merkmalen, wie z.B. Material, Schneidgeometrie, abhängen. Die Größe des Einflusses einzelner Variablen und deren Kombination ist in seiner Gänze weder dem Werkzeugentwickler noch dem Produktentwickler bekannt. Dies bedeutet in Konsequenz, dass der

[9] vgl. Boos, W. et al. (Erfolgreich Kalkulieren), 2015, S. 6 f.

Produktentwickler im Vorfeld der Werkzeugentwicklung unwissentlich einen Anteil der Herstellkosten eines Werkzeugs festlegt. An dieser Stelle werden die Kosten für die Herstellung eines Produktes erst nach dessen Konzeption bekannt.

Beide genannten Herausforderungen im Werkzeugbau werden durch die Intransparenz der Kostenreiber im Vorfeld der Erstellung eines Werkzeugs verursacht. Um die Planbarkeit der Kosten aufbauend auf den Wechselwirkungen von Produkt und Werkzeug zu verbessern, soll eine Methode entwickelt werden, mit deren Hilfe die komplexitätskostenrelevanten Ursache-Wirkungs-Beziehungen im Werkzeugbau systematisch ermittelt und abgebildet werden können. Dies bildet die Grundlage, um in einem weiteren Schritt eine nachhaltige Reduktion der Werkzeugkosten zu ermöglichen.

## 1.2 Zielsetzung der Arbeit

Die **Zielsetzung** der Dissertation ist die Entwicklung eines Lösungsansatzes zur frühzeitigen Identifikation der Komplexitätstreiber eines Werkzeugs, den daraus resultierenden Komplexitätskosten und des Einflusses des herzustellenden Produktes auf die Werkzeugkomplexität. Es soll Transparenz über die Ursachen für steigende Herstellkosten sichergestellt werden. Damit können frühzeitig, idealerweise vor dem Bau des Werkzeugs, Optimierungsmaßnahmen eingeleitet werden und somit die Herstellkosten eines Werkzeugs gesenkt werden. Für die Ermittlung der Komplexitätskosten eines Werkzeugs und der Quantifizierung der Einflussgrößen fehlt aktuell zum einen eine Definition der werkzeug- und produktseitigen Treiber der Werkzeugkomplexität. Zum anderen existiert kein Wissen über einen funktionalen Zusammenhang zur Ermittlung der daraus resultierenden Komplexitätskosten unter Berücksichtigung aller Variablen auf Werkzeug- und Produktebene.

Folglich soll im Rahmen dieser Dissertation eine Methodik zur Bestimmung der komplexitätskostenrelevanten Ursache-Wirkungs-Beziehungen im Werkzeugbau entwickelt werden, um so die Transparenz über die Einflussgrößen auf die Werkzeugkosten zu erhalten. Dies ist Voraussetzung für eine folgende systematische Senkung der Werkzeugkosten.

Zur Eingrenzung des Betrachtungsbereichs der Arbeit und Festlegung der Richtung des Forschungsprozesses empfiehlt KUBICEK die Formulierung grundlegender Forschungsfragen[10]. Auf Basis der dargestellten Problemstellung lässt sich für die Zielsetzung dieser Dissertation folgende grundlegende und handlungsleitende Forschungsfrage formulieren:

[10] vgl. Kubicek, H. (Heuristischer Bezugsrahmen), 1977, S. 24 ff.

**„Wie muss eine Methodik zur Bestimmung der komplexitätskostenrelevanten Ursache-Wirkungs-Beziehungen im Werkzeugbau gestaltet sein?"[11]**

## 1.3 Forschungskonzeption

Nach BINDER UND KANTOWSKY ist die wissenschaftliche Forschung ein Prozess, den man mit einer Reise vergleichen kann:

*„Von einem bestimmten Ort aus beginnt der Forschende seine Reise, in deren Verlauf er –günstigenfalls – unbekannte Ortschaften und Länder oder gar unentdeckte Kontinente auffindet, neue Wege durch unerschlossenes Gelände bahnt und Menschen kennenlernt, und so eine neue Wirklichkeit für sich und die „scientific community" erschließt."*[12]

Am Startpunkt dieses Forschungsprozesses steht die **grundlegende Erkenntnisperspektive** und die methodologische Vorgehensweise des Erkenntnisprozesses[13]. Die grundlegende Erkenntnisperspektive, ein sog. „belief system", wird als ein nicht weiter begründbares Vorverständnis für die Arbeit angesehen. Auch muss dieses Vorverständnis nicht tiefer nachgewiesen werden. Es wird als grundlegende Überlegung akzeptiert.[14]

Für die Erklärung der grundlegenden Erkenntnisperspektiven wird die Arbeit zuerst in das Spektrum der Wissenschaft eingeordnet. Es wird sich des Ansatzes von ULRICH UND HILL bedient, welche eine Unterteilung der Wissenschaft in Formal- und Realwissenschaften vorschlagen[15] (s. Abbildung 1-1). Bei den Formalwissenschaften, zu welchen Bereiche wie Philosophie, Logik oder Mathematik gehören, wird das Ziel verfolgt, Zeichensysteme zu konstruieren und entsprechende Regeln zur Verwendung der Zeichensysteme zu entwickeln.[16] Aussagen dieses Wissenschaftszweigs sind rein analytisch und haben keinen Bezug auf real existierende Objekte. Dementsprechend beschränkt sich die Validierung der Erkenntnisse auf die Suche nach logischen Widersprüchen.[17] Im Gegensatz zu den Formalwissenschaften haben die Realwissenschaften das Ziel, sinnlich wahrnehmbare Wirklichkeitsausschnitte zu beschreiben, zu erklären und zu gestalten.[18] Die Aussagen der Realwissenschaften sind synthetisch und bedürfen zur

---

[11] Zur Detaillierung der leitenden Forschungsfrage siehe Kapitel 3.3

[12] s. Binder, V.A..; Kantowsky, J. (Technologiepotentiale), 1996, S. 3 f.

[13] vgl. Binder, V.A..; Kantowsky, J. (Technologiepotentiale), 1996, S. 3

[14] vgl. Guba, E.G.; Lincoln, Y.S. (Qualitative Research), 1994, S. 107

[15] vgl. Ulrich, P.; Hill, W. (Grundlagen der Betriebswirtschaftslehre), 1976, S. 305

[16] vgl. Ulrich, P.; Hill, W. (Grundlagen der Betriebswirtschaftslehre), 1976, S. 305

[17] vgl. Schanz, G. (Grundlagen der Führungsforschung), 1987, S. 2039

[18] vgl. Ulrich, P.; Hill, W. (Grundlagen der Betriebswirtschaftslehre), 1976, S. 305

Überprüfung einer zusätzlichen Faktenanalyse[19]. Dieser Wissenschaftszweig kann weiter in reine Grundlagenwissenschaften und angewandte Handlungswissenschaften unterteilt werden. Bei den reinen Grundlagenwissenschaften, z.B. Naturwissenschaften, liegt der Fokus der wissenschaftlichen Arbeit auf der Erklärung empirischer Wirklichkeitsausschnitte. Dahingegen hat die angewandte Wissenschaft die Zielsetzung, menschliche Handlungsalternativen zu analysieren. Beispielsweise lassen sich hier die Sozialwissenschaften nennen. Im gesellschaftlichen Bereich wird zu den angewandten Sozialwissenschaften auch die Betriebswirtschaftslehre gezählt. Die Ingenieurwissenschaft gehört auch den Realwissenschaften an, kann jedoch nicht eindeutig den Grundlagen- oder Handlungswissenschaften zugeordnet werden.[20]

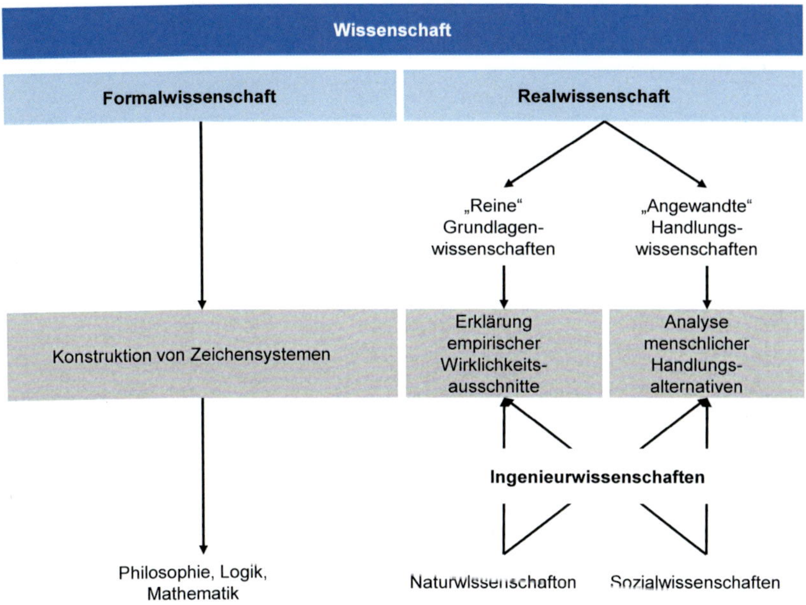


**Abbildung 1-1: Wissenschaftssystematik[21]**

Aufgrund des hohen Praxisbezugs und der methodischen Unterstützung des menschlichen Handelns wird die vorliegende Arbeit den Handlungswissenschaften zugeordnet. Der Untersuchungsgegenstand ist sowohl ingenieurwissenschaftlich als auch betriebswirtschaftlich geprägt.

---

[19] vgl. Schanz, G. (Grundlagen der Führungsforschung), 1987, S. 2039

[20] vgl. Ulrich, P.; Hill, W. (Grundlagen der Betriebswirtschaftslehre), 1976, S. 305

[21] vgl. Ulrich, P.; Hill, W. (Grundlagen der Betriebswirtschaftslehre), 1976, S. 305

Nach der wissenschaftlichen Zuordnung der Arbeit zu den **angewandten Handlungswissenschaften** folgt die Offenlegung der Überzeugungen des Forschers. Dies ist Teil des Vorverständnisses der Arbeit und dient der Ergänzung der grundlegenden Erkenntnisperspektive. Die Darstellung der Überzeugungen, die vorwissenschaftliche und wertgebundene Annahmen enthalten, nicht zu beweisen sind und sich einer empirischen Untersuchung entziehen, verfolgt das Ziel, das sog. Subjektivitätskriterium wissenschaftlicher Arbeiten zu überwinden.[22] Dieses Grundverständnis wird in der Wissenschaftstheorie als Paradigma[23], Forschungs-[24] oder Erkenntnisprogramm[25] benannt. Dies kann in der Betriebswirtschaftslehre durch den faktortheoretischen Ansatz von GUTENBERG, den Systemansatz von ULRICH oder den entscheidungstheoretischen Ansatz von HEINEN dargestellt werden.[26] Für die vorliegende Arbeit wird der Systemansatz von ULRICH gewählt, da dieser offen, integrativ und praxisnah ist und aufgrund dieser Eigenschaften eine große Nähe zu den Ingenieurwissenschaften hat.[27]

Nach der Erläuterung der grundlegenden Erkenntnisperspektive folgt die Bestimmung der **Forschungsmethodologie**. Diese beschreibt die Vorgehensweise zur Gewinnung von Erkenntnissen. Nach POPPER beginnt die Erkenntnis mit Problemen und nicht mit Wahrnehmungen, Beobachtungen oder der Sammlung von Daten bzw. von Tatsachen.[28] Bei der Auswahl der Probleme liegt nach POPPER der größte Unterschied zwischen den Grundlagen- und den Handlungswissenschaften. In den Grundlagenwissenschaften wird der Unterschied zwischen Theorie und Beobachtungen erklärt. Hier steht das Streben nach Erkenntnissen um des Erkennens willen im Vordergrund[29]. Die angewandten Handlungswissenschaften verfolgen dahingegen eine pragmatische Zielsetzung, welche sich auf Problemstellungen des praktisch handelnden Menschen beziehen, für die es zu dem Zeitpunkt kein zufriedenstellendes Wissen zur Lösung der Problemstellung gibt.[30] Probleme der Grundlagenwissenschaften entstehen nach ULRICH demzufolge in einem Theoriezusammenhang und Probleme der Handlungswissenschaften im Gegensatz dazu im Praxiszusammenhang.[31]

---

[22] vgl. Ulrich, P.; Hill, W. (Grundlagen der Betriebswirtschaftslehre), 1976, S. 306

[23] vgl. Kuhn, T. S. (Wissenschaftliche Revolution), 1988, S. 25

[24] vgl. Lakatos, I. (Wissenschaftliche Forschungsprogramme), 1974, S. 89 ff.

[25] Vgl. Albert, H. (Marktsoziologie und Entscheidungslogik), 1998, S. 8 ff.

[26] vgl. Ulrich, P.; Hill, W. (Grundlagen der Betriebswirtschaftslehre), 1976, S. 307 f.

[27] vgl. Ulrich, P.; Hill, W. (Grundlagen der Betriebswirtschaftslehre), 1976, S. 308 f.

[28] vgl. Popper, K. (Die Logik der Sozialwissenschaften), 1975, S. 104

[29] vgl. Schanz, G. (Grundlagen der Führungsforschung), 1987, S. 2041

[30] vgl. Ulrich, H. (Management), 1984, S. 172

[31] vgl. Ulrich, H. (Management), 1984, S. 173

Wissenschaftlicher Fortschritt orientiert sich nach SCHANZ in den Handlungswissenschaften *„weniger am Zuwachs in der Erkenntnissicherung als vielmehr am Zuwachs im Verständnis und der dadurch u.U. möglichen Beherrschung der Realität“.*[32] Um diesen wissenschaftlichen Fortschritt zu erreichen, ist nach KUBICEK *„die Prüfstrategie empirischer Forschung von ihrer grundsätzlichen formalverfahrenstechnischen Orientierung wenig förderlich und in ihrer Anwendung in der Forschungspraxis sogar hinderlich“.*[33] Aus dieser Problemstellung hat sich in der Handlungswissenschaft die explorative Forschung als Forschungsmethodologie entwickelt. Die explorative Forschung kennzeichnet sich dadurch, dass sich die Empirie nicht auf die Überprüfung von Hypothesen beschränkt. Das systematische Erfahrungswissen kann als Basis für die Entwicklung theoretischer Aussagen benutzt werden.[34]

Die vorliegende wissenschaftliche Arbeit verfolgt aufgrund der Zuordnung zu den angewandten Handlungswissenschaften und der Auswahl des Systemansatzes von ULRICH den forschungsmethodologischen Ansatz der explorativen Forschung (s. Abbildung 1-2).

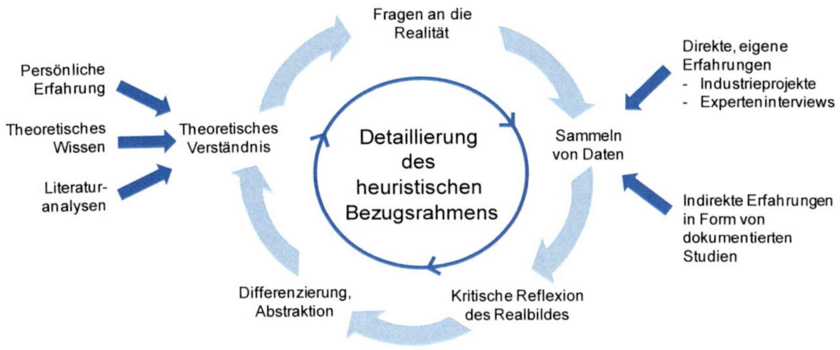


**Abbildung 1-2: Forschungsmethodisches Vorgehen**[35]

Wissenschaftliche Aussagen werden bei der explorativen Forschung nach KUBICEK mithilfe eines *„geleiteten und auf systematischem Erfahrungswissen basierenden Lernprozesses, der sowohl die Gewinnung von Erfahrungswissen als auch seine kreative Umsetzung in theoretische Aussagen problematisiert“*[36], entwickelt. Das Ziel

[32] s. Schanz, G. (Grundlagen der Führungsforschung), 1987, S. 2041

[33] s. Kubicek, H. (Heuristischer Bezugsrahmen), 1977, S. 7

[34] vgl. Kubicek, H. (Heuristischer Bezugsrahmen), 1977, S. 13

[35] vgl. Kubicek, H. (Heuristischer Bezugsrahmen), 1977, S. 14; vgl. Tomczak, T. (Forschungsmethode), 1992, S. 84

[36] s. Kubicek, H. (Heuristischer Bezugsrahmen), 1977, S. 13

ist es, unter Zuhilfenahme von Fragen an die Realität und der theoretischen Verarbeitung der Erkenntnisse neue Fragestellungen zu erhalten, welche wiederum zu neuen Erkenntnissen in der Realität führen.

Innerhalb der explorativen Forschung bildet der heuristische Bezugsrahmen den Kern des Forschungsprozesses. Ausgangspunkt für den Aufbau eines heuristischen Bezugsrahmens ist ein vom Forscher als nicht genügend verstanden bzw. unzureichend beherrscht angesehenes generelles Phänomen, das als theoretisches Problem bezeichnet wird.[37] Die Entstehung dieses Problems ergibt sich aus der *„Identifizierung der relevanten Größen [...], der relevanten Beziehungen [...], der relevanten Mechanismen [...].“*[38] Durch den iterativen Erkenntnisgewinn, welcher sich über den Zeitverlauf des Forschungsprozesses entwickelt, werden Fragen bzgl. der verschiedenen Mechanismen und Beziehungen erklärt. Die Anpassung und Formulierung neuer Fragen entsteht durch die Möglichkeit, weiteres Erfahrungswissen aufzubauen.[39] Dieses Wissen ist Resultat eines Prozesses der kontinuierlichen Interaktion zwischen Fragen an die Realität, der Sammlung von Daten und kritischen Reflexion des so gewonnenen Realitätsbildes.[40] Ziel dieses Prozesses ist ein zur Verbesserung der Realität beitragender Erkenntnisgewinn.[41] Mit dem Zeitpunkt der Veröffentlichung der vorliegenden wissenschaftlichen Arbeit wird eine Einfrierung des iterativen Erkenntnisprozesses vorgenommen[42].

In Abbildung 1-3 ist der erste Entwurf des **heuristischen Bezugsrahmens** dargestellt. Nach der Beschreibung der Problemstellung in Kapitel 1.1 kann dieser aufgebaut werden. Die für das untersuchte Problem wichtigen Analyseeinheiten finden hier Berücksichtigung.

Zentraler Bestandteil des heuristischen Bezugsrahmens der vorliegenden Arbeit ist das Werkzeug. Die Beschaffenheit des Werkzeugs wird durch das zu fertigende Produkt beeinflusst. Dem Werkzeug wiederum wohnt eine bestimmte Werkzeugkomplexität inne. Diese Werkzeugkomplexität wird durch die Komplexitätstreiber beschrieben und quantifiziert. Das Werkzeug, welches ein Hilfsmittel zur Erstellung eines definierten Produktes ist, steht unumgänglich in direktem Zusammenhang mit den charakterisierenden Merkmalen eines Produktes. Die Beschaffenheit eines Werkzeugs resultiert aus den geforderten Produktmerkmalen. Diese Produktmerkmale stehen folglich auch in Zusammenhang

---

[37] vgl. Tomczak, T. (Forschungsmethode), 1992, S. 84

[38] s. Nussbaum, C.L. (Wirkungsgrad der Produktkomplexität), 2011, S. 10

[39] vgl. Nussbaum, C.L. (Wirkungsgrad der Produktkomplexität), 2011, S. 10

[40] vgl. Kubicek, H. (Heuristischer Bezugsrahmen), 1977, S. 28

[41] vgl. Kubicek, H. (Heuristischer Bezugsrahmen), 1977, S. 15

[42] vgl. Kubicek, H. (Heuristischer Bezugsrahmen), 1977, S. 24

mit den Komplexitätstreibern eines Werkzeugs. Auswirkung steigender Werkzeugkomplexität durch die Komplexitätstreiber und die Produktmerkmale sind Komplexitätskosten als Bestandteil der Herstellkosten eines Werkzeugs zur Realisierung der geforderten Produktmerkmale.

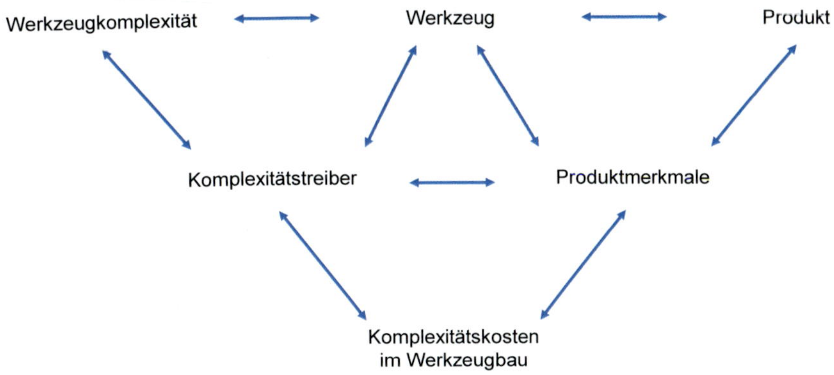


**Abbildung 1-3: Heuristischer Bezugsrahmen**

Grundlage der erstmaligen Auseinandersetzung mit dem Thema war die Diplomarbeit des Autors in einem internen Werkzeugbau, der sich mit einer steigenden Werkzeugvielfalt konfrontiert sah bei gleichzeitiger Verkürzung der Anlaufzeiten aufgrund reduzierter Produktlebenszyklen. Daraus resultiert der Zwang nach der Ausschöpfung der organisatorischen und technischen Verbesserungspotenziale, um Werkzeuge schnellstmöglich auf den Markt zu bringen. Zur Reduktion der Anlaufzeiten ist eine zentrale Aufgabe die Beherrschung der hohen Komplexität aufgrund der Produktvielfalt und der Prozesse im Werkzeugbau. Folglich lag die Zielsetzung in der Beherrschung der Komplexität durch ein effizientes und zielorientiertes Anlaufmanagement. Elementarer Bestandteil der Methodik war die Klassifizierung der Werkzeuge in Werkzeugklassen und der Risikobewertung eines Werkzeugkonzeptes vor Konstruktionsbeginn.

Im Rahmen der Tätigkeit als Projektingenieurin in einem internen Werkzeugbau ist das Wissen bzgl. der Branche Werkzeugbau und den Herausforderungen auf dem Weg der Industrialisierung vertieft worden. Durch die Projektleitung bei der Einführung eines ganzheitlichen Produktionssystems im Werkzeug sind neben den organisatorischen auch die technischen Herausforderungen innerhalb eines Werkzeugbaus weiter in den Fokus gerückt. Diese Erfahrungen vertieften sich durch die Übernahme der Leitung der Gruppe „Engineering & Technologieentwicklung". Die Gruppe beinhaltet neben der Durchführung von Optimierungen der Prozesse auch die technologische Weiterentwicklung der Umform-, Oberflächen- und

Fertigungstechnik in dem Unternehmen. Alle Projekte innerhalb der Gruppe mit sechs Mitarbeitern wurden mit der Gruppenleitung diskutiert. Auch tauchten Fragestellungen über unterschiedliche Werkzeugkosten bei artgleichen Produkten in Zusammenarbeit mit der Produktentwicklung auf. Neben den Problemstellungen aus der Praxis führten auch intensive Dialoge mit der Forschung in Form von Forschungsprojekten und Vorträgen zu der Notwendigkeit einer Methode zur Ermittlung der komplexitätskostenrelevanten Ursache-Wirkbeziehungen im Werkzeugbau und präzisierten in einem hohen Maße auch das Problemverständnis.

Durch den fortwährenden internen und externen Austausch mit Fachleuten aus den Bereichen des Komplexitätsmanagements, der Umformtechnik und der Kostenrechnung konnten wertvolle Erkenntnisse für die Entwicklung der Methodik gewonnen werden. Mit dem notwendigen Studium der forschungsrelevanten Literatur zu den Themenfeldern Werkzeugbau, Komplexität und Quantifizierbarkeit von Komplexität wurde der wissenschaftliche Bezugsrahmen kritisch reflektiert und gezielt weiterentwickelt.

## 1.4 Aufbau der Arbeit

Aufgrund der Zuordnung dieser Arbeit zum explorativen Forschungsansatz orientiert sich diese Arbeit an dem Forschungsprozess für angewandte Forschung nach ULRICH[43]. Zur Gewährleistung des geforderten Praxisbezugs der angewandten Wissenschaft empfiehlt ULRICH einen Forschungsprozess, der in der Praxis startet und aus dieser analytisch, induktiv Regeln und Modelle ableitet. Diese werden dann wiederum vor dem Hintergrund des Praxiswissens bewertetet. In Abbildung 1-4 sind der Zusammenhang der angewandten Wissenschaft im Theorie- und Praxisbezug und der Aufbau der Arbeit dargestellt.

[43] vgl. Ulrich, P.; Hill, W. (Grundlagen der Betriebswirtschaftslehre), 1976, S. 305 ff.

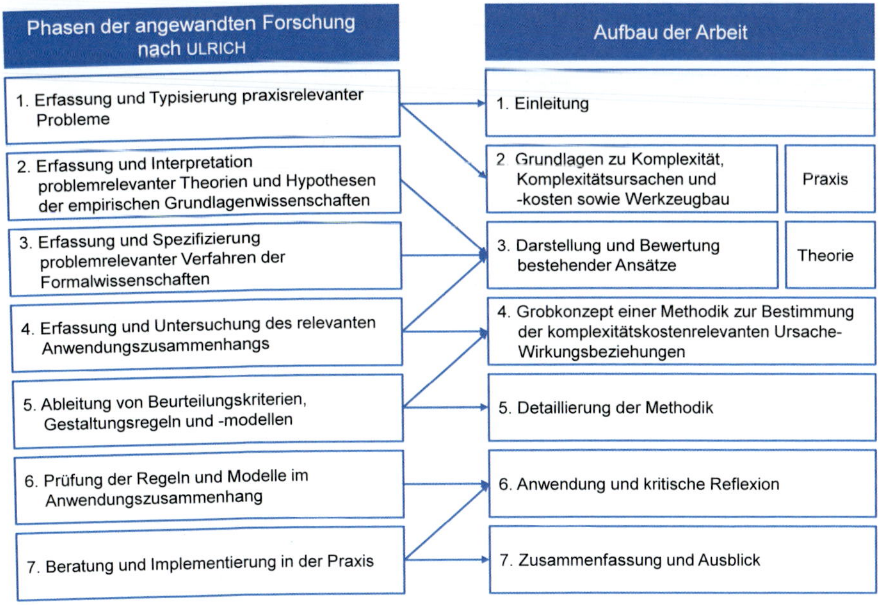


**Abbildung 1-4: Aufbau der Arbeit**[44]

Im **ersten Kapitel** der vorliegenden Arbeit wird die Ausgangssituation mit der daraus resultierenden Problemstellung beschrieben, um darauf aufbauend die Zielstellung der Arbeit mit der handlungsleitenden Forschungsfrage zu definieren. Anschließend folgen die Erläuterung der zugrunde gelegten Forschungskonzeption und der Aufbau der Arbeit.

Das **zweite Kapitel** dient der Darlegung der für die Arbeit relevanten Grundlagen des Betrachtungs- und Gestaltungsbereichs. Hierfür werden zuerst die notwendigen Grundlagen bezüglich Komplexität, Komplexitätskosten und Folgen einer steigenden Komplexität hergeleitet. Anschließend wird in den Werkzeugbau als Betrachtungsbereich der vorliegenden Arbeit eingeführt. Dies beinhaltet neben der grundlegenden Definition und Abgrenzung des Begriffs auch die Einordnung in die Gesamtwertschöpfungskette. Besonderer Fokus dieser Arbeit liegt auf Umformwerkzeugen, sodass sich diesem Werkzeugtyp detaillierter gewidmet wird. Den Abschluss dieses Kapitels bildet der aus der Praxis abgeleitete Handlungsbedarf.

Innerhalb des **dritten Kapitels** werden die Anforderungen an die Methodik aufbauend auf den Handlungsbedarf definiert und hinsichtlich des Betrachtungsfokus

[44] vgl. Ulrich, H. (Management), 1984, S. 193

dieser Arbeit analysiert und bewertet. Hierfür werden unterschiedliche Ansätze zur Bewertung von Komplexität beschrieben und gegenübergestellt. Anschließend erfolgt eine Bewertung anhand der definierten Anforderungen. Ergebnis dieses Kapitels ist die Ableitung des Forschungsbedarfs aufgrund eines vorliegenden Defizits und die Konkretisierung der handlungsleitenden Forschungsfrage.

Aufbauend auf dem Handlungsbedarf aus der Praxis und dem hergeleiteten Forschungsbedarf aus der Theorie erfolgt im **vierten Kapitel** die Konzeption der Methodik zur Bestimmung der komplexitätskostenrelevanten Ursache-Wirkungsbeziehungen im Werkzeugbau. Die Systemtechnik und Modellbildung als notwendige Grundlagen zur Methodikentwicklung werden zuerst dargestellt. Darauf aufbauend wird der Ordnungsrahmen der Methodik definiert. Abschließend stellt das Grobkonzept der Methodik das Ergebnis dieses Kapitels dar.

Im **fünften Kapitel** erfolgt die Konkretisierung des Grobkonzepts der Methodik und dessen einzelner Bestandteile. Zuerst werden die Methodikbausteine zur Ermittlung des Zusammenhangs zwischen Werkzeugkomplexität und Komplexitätskosten vorgestellt. Dann werden die Bausteine zur Identifikation der Beziehung zwischen der Werkzeugkomplexität und Produktmerkmalen beschrieben. Mittels der abschließenden Zusammenfassung der Bausteine entsteht eine der Forschungsfrage gerecht werdende Methodik.

Die Methodik wird im **sechsten Kapitel** im praktischen Anwendungsfall validiert. Hierzu wird die Unternehmenssituation vorgestellt und die Anwendung der Methodik innerhalb dieses Unternehmens beschrieben. Den Abschluss des Kapitels bildet die kritische Reflexion der Ergebnisse des Fallbeispiels vor dem Hintergrund der definierten Anforderungen aus dem dritten Kapitel.

Das **siebte Kapitel** umfasst die Zusammenfassung der Erkenntnisse der vorliegenden Arbeit und bietet einen Ausblick für weitere Forschungsbedarfe im beforschten Anwendungskontext.

# 2 Grundlagen des Betrachtungs- und Gestaltungsbereiches

Nach der Einführung in den Themenbereich der vorliegenden Arbeit im vorangegangenen Kapitel erfolgt in diesem Kapitel die Beschreibung der Grundlagen des Betrachtungs- und Gestaltungsbereiches mit den wichtigsten Begrifflichkeiten. Hiermit soll ein Verständnis für die Thematik der Komplexitätskosten im Werkzeugbau erreicht werden. Hierzu wird zunächst ein grundlegendes Verständnis von Komplexität und dessen Herausforderungen erarbeitet und abgegrenzt. Anschließend folgt eine umfassende Erläuterung der Branche Werkzeugbau in Bezug auf die für die vorliegende Arbeit notwendigen Begriffe und Herausforderungen. Aufbauend auf den Grundlagen der Komplexität und des Werkzeugbaus und den sich daraus ergebenden Herausforderungen der vorherrschenden Komplexität im Werkzeugbau wird in diesem Kapitel der Handlungsbedarf aus der Praxis abgeleitet.

## 2.1 Komplexität

### 2.1.1 Begriffsverständnis

Der Begriff Komplexität (lat. complexus: Umfassung, Umschließung[45]) wird in der Wissenschaft in zahlreichen Zusammenhängen und mit unterschiedlichen Ausprägungen der Bedeutung verwendet. Im Folgenden wird kurz auf die unterschiedlichen Beschreibungen eingegangen und eine für diese Arbeit geltende Definition hergeleitet.

Nach PATZAK unterteilt sich die Komplexität in Konnektivität und Varietät. Unter **Konnektivität** wird die Art und Anzahl der Beziehungen in einem System verstanden, auch Beziehungsvielfalt oder Verknüpfung. Die Arten der Beziehungen können als Flussbeziehungen (materiell, energetisch, informationell) oder Ordnungsbeziehungen (lage-, zeit- und rangmäßig) vorliegen. Zur Quantifizierung der Beziehungsanzahl (Verknüpfungsdichte) eines Systems wird die Verknüpfungszahl R zu Hilfe genommen. Diese auch als Verknüpfungskapazität benannte Zahl beschreibt die Anzahl von Relationen in einem System. Hierbei werden unterschiedliche Beziehungsarten nicht berücksichtigt. Es liegt eine rein quantitative Betrachtung vor. **Varietät** wird durch die Art und Anzahl der Elemente eines Systems bestimmt (Elementenvielfalt, Umfang). Arten von Elementen können

---

[45] s. Stowasser, J. M.; Petsching, M.; Skutsch, F. (Stowasser), 1998, S. 102

materialverarbeitende, energieverarbeitende oder informationsverarbeitende Elemente sein[46] (s. Abbildung 2-1).

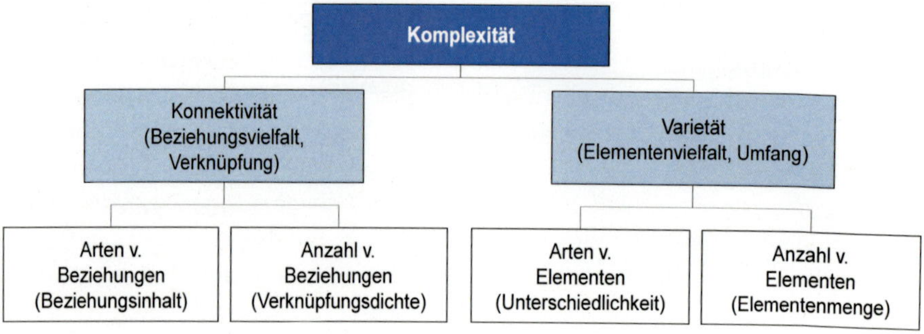


**Abbildung 2-1: Definition der Komplexität nach PATZAK[47]**

GÖPFERT schließt sich der Definition an. Die Komplexität wird durch die steigende Anzahl an Elementen, die Anzahl an Verknüpfungen zwischen den Elementen sowie die Funktionalität dieser Verknüpfungen definiert.[48]

Nach NUSSBAUM ergibt sich der Einfluss einer Komponente auf die technische Komplexität eines Produktes aus der Anzahl und der Vielfalt ihrer Elemente und Schnittstellen.[49]

Nach MEIER umfasst der Begriff der Komplexität neben den beschriebenen Kriterien der Anzahl und Vielfalt von Elementen sowie deren Beziehungen untereinander die zeitliche Komponente, die Dynamik. Hiermit sind die unterschiedlichen Zustände, die ein System über einen Zeitverlauf einnehmen kann, gemeint.[50] Der Begriff Komplexität wird folglich durch die Kategorien hohe „Masse" und hohe „Dynamik" beschrieben[51] und dadurch von der Kompliziertheit abgegrenzt (s. Abbildung 2-2). Ein kompliziertes System besitzt nach GROSSMANN im Gegensatz zu einem komplexen System eine hohe Varianz, jedoch eine niedrige Dynamik. Dabei resultiert die Masse aus einer vorherrschenden Vielfalt bzw. Vielzahl der zu beherrschenden Elemente eines Systems und der Konnektivität (Verknüpfung) der einzelnen Elemente untereinander innerhalb des Systems. Die Dynamik resultiert aus einer hohen Veränderlichkeit und Vieldeutigkeit der zu berücksichtigenden Elemente.[52]

[46] vgl. Patzak, G. (Systemtheorie), 1982, S. 22
[47] vgl. Patzak, G. (Systemtheorie), 1982, S. 23
[48] vgl. Göpfert, J. (Modulare Produktentwicklung), 1998, S. 42 f.
[49] vgl. Nussbaum, C.L. (Wirkungsgrad der Produktkomplexität), 2011, S. 89
[50] vgl. Meier, J. (Produktarchitekturtypen), 2007, S. 42
[51] vgl. Reiss, M. (Komplexitätsmanagement), 1993, S. 54 ff.
[52] vgl. Nussbaum, C.L. (Wirkungsgrad der Produktkomplexität), 2011, S. 21

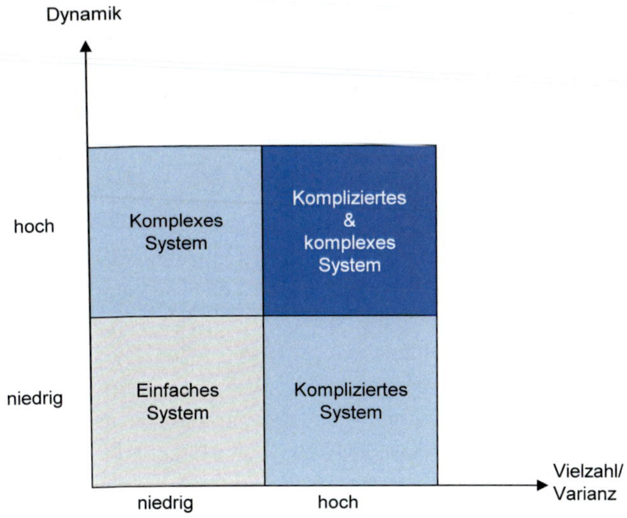


**Abbildung 2-2: Zustände komplexer Systeme in Anlehnung an GROSSMANN[53]**

Im Rahmen der Produktentwicklung bedeutet dies, dass eine hohe Dynamik beispielsweise aus den Wechselwirkungen zwischen Produkt- und Prozessgestaltung sowie kürzeren Entwicklungszeiten resultiert. Eine hohe Masse zeigt sich in einer steigenden Anzahl an Artikel- und Produktvarianten. Ein Ausdruck einer hohen Dynamik sind eine starke Verkürzung der Produktlebenszyklen sowie reduzierte Lieferzeiten.[54]

Nach MALIK liegt die *„[...] Ursache im Wesentlichen in den Interaktionen von Elementen“*[55]. Die Komplexität steigt mit Erhöhung der Elemente, deren Verknüpfungen bzw. Interaktionen untereinander und der Funktionalität der Verknüpfungen. Neben den Treibern der Masse liegt der Komplexitätstreiber im Bereich der Dynamik in der zeitlichen Veränderlichkeit der einzelnen Elemente.[56]

Auch LINDEMANN schließt sich dieser Definition des Begriffes Komplexität an. Die Komplexität eines Systems wird mit den Merkmalen Elemente, Relationen, Dynamik und Zustände beschrieben. Unter dem Schlagwort Elemente versteht man neben der Art und Verschiedenartigkeit der Elemente die Anzahl und ungleichmäßige Aufteilung der Elemente. Mit Relationen sind die Verbindungen zwischen den Elementen und

---

[53] s. Nussbaum, C.L. (Wirkungsgrad der Produktkomplexität), 2011, S. 20

[54] vgl. Wildemann, H. (Komplexitätsmanagement), 2000, S. 2 ff.; vgl. Schuh, G. (Produktkomplexität), 2005, S. 19

[55] vgl. Malik, F. (Komplexe Systeme), 2008, S. 168

[56] vgl. Nussbaum, C. L. (Wirkungsgrad der Produktkomplexität), 2011, S. 19

ihrer Art, Verschiedenartigkeit, Anzahl und Ungleichmäßigkeit zusammengefasst. Die Dynamik meint die (Eigen-)Dynamik des betrachteten Systems. Ausprägungen des Merkmals Zustände sind die Art und Anzahl der möglichen Zustände und das Systemverhalten.[57]

Nach PUHL besteht Komplexität aus vier zentralen Beschreibungsdimensionen. Neben der Dimension Vernetzung ist es die Dimension Toleranzen. Gemeint ist die Offenheit der Systemgrenzen. Diejenigen Systeme, welche durch kleine Toleranzen charakterisiert sind, neigen bei Veränderungen zu Instabilitäten. Daraus folgt der Verlust der Funktions- und Lebensfähigkeit. Die Flexibilität eines Systems, d.h. die Anpassungsfähigkeit, bei Beeinflussungen durch das Systemumfeld über die Systemschnittstellen ist bei komplexen Systemen nach PUHL limitiert. Die dritte Beschreibungsdimension eines komplexen Systems ist auch bei PUHL die Dynamik in Form der zeitlichen Veränderung der Elemente und deren Beziehungen. Abschließend sei als vierte Beschreibungsdimension die Mehrdimensionalität genannt.[58]

Nach SCHUH ist ein komplexes System erstens dadurch gekennzeichnet, dass in diesem nicht mehr alle Elemente miteinander in Verbindung gebracht werden können, und zweitens schreibt er einem komplexen System die Eigenschaft zu, von einer gewissen Unbestimmtheit und Unvorhersehbarkeit geprägt zu sein.[59]

Die Gemeinsamkeit der vorgestellten Beschreibungsansätze liegt in der Charakteristik von Komplexität durch die Anzahl und Vielfalt der Elemente eines Systems sowie der Anzahl und Vielfalt der Schnittstellen der Elemente in einem System. Die für die Arbeit zugrunde liegende Definition des Begriffs Komplexität lautet somit:

| |
|---|
| Die **Komplexität** eines Systems wird durch die Anzahl und Vielfalt der Elemente und deren Schnittstellen beschrieben. |

## 2.1.2 Komplexitätstreiber

Zur Beschreibung und Beherrschung von Komplexität ist es notwendig, die wesentlichen Komplexitätstreiber zu spezifizieren[60]. Zur Messbarkeit der Komplexität und ihrer Treiber ist es notwendig, eindeutige Größen der Komplexitätstreiber zu definieren. Diese sind untereinander abhängig, sie lassen sich jedoch nicht komplett auf einen anderen Faktor reduzieren.[61] REISS nennt die vier Faktoren „Vielzahl“,

[57] vgl. Lindemann, U. (Technische Produkte), 2009, S. 10

[58] vgl. Puhl, H. (Komplexität in Unternehmensprozessen), 1999, S. 4 ff.

[59] vgl. Schuh, G. (Produktkomplexität), 2005, S. 5 f.

[60] vgl. Schuh, G. (Produktkomplexität), 2005, S. 8

[61] vgl. Nussbaum, C.L. (Wirkungsgrad der Produktkomplexität), 2011, S. 21

„Vielfalt“, „Vieldeutigkeit“ und „Veränderlichkeit“ als Komplexitätstreiber[62]. Nach obiger Definition des Begriffs „Komplexität“ ist für ein System zu definieren, wie die Begriffe „Elemente“ und „Schnittstellen“ und deren Anzahl und Vielfalt zu interpretieren und auszuprägen sind (s. Kapitel 2.1.1).

SCHUH identifiziert folgende Komplexitätstreiber, welche auf das System Unternehmen wirken:[63]

- Unternehmensgröße,
- Diversifikation in den Geschäftsbereichen,
- Anzahl interner und externer Schnittstellen,
- Schnittstellendichte,
- Sortimentsbreite und Erzeugniskomplexität,
- Dynamik, Diskontinuitäten, Änderungswilligkeit und -notwendigkeit und
- Unsicherheit, Ambiguität, Flexibilitätspotenziale, Intransparenz.

Nach der systemspezifischen Bestimmung und Ausprägung der Komplexitätstreiber eines Systems kann der Begriff Komplexität durch die Unterscheidung in verschiedene Arten weiter detailliert werden.[64]

### 2.1.3 Arten der Komplexität

Unternehmen sehen sich in dem Spannungsfeld zwischen den Anforderungen des Marktes und der steigenden **externen Komplexität** der Kundenanforderungen und der Steigerung der **internen Komplexität** zur Erfüllung dieser Kundenanforderungen. Im Folgenden wird detaillierter auf die beiden Pole der auf ein Unternehmen wirkenden Komplexität eingegangen. Nachdem kurz die externe Komplexität vorgestellt wird, liegt der Fokus auf der internen, in einem Unternehmen vorherrschenden und selbst induzierten Komplexität.

#### 2.1.3.1 Externe Komplexität

Aufgrund der Globalisierung und dem daraus entstandenen hohen internationalen Konkurrenzkampf haben sich die Anforderungen der Abnehmer weitreichend verändert. Die Individualisierung der Nachfrage in Form der wahrgenommenen und geforderten Leistung der Abnehmer steigt und als Folge sieht sich ein Unternehmen mit einer steigenden externen Komplexität konfrontiert.[65] Es hat ein Wandel vom Verkäufer- zum Käufermarkt stattgefunden. Die Produkte der internationalen

---

[62] Vgl. Reiss, M. (Komplexitätsmanagement), 1993, S. 57

[63] s. Schuh, G. (Produktkomplexität), 2005, S. 8

[64] vgl. Nussbaum, C.L. (Wirkungsgrad der Produktkomplexität), 2011, S. 22

[65] vgl. Schuh, G. (Produktkomplexität), 2005, S. 12 f.

Konkurrenten nähern sich an den vorherrschenden Qualitätsstandard an. Kunden sind nicht mehr bereit, für die geringe Differenz in den Qualitätsniveaus hohe Preisunterschiede in Kauf zu nehmen. Qualität ist folglich kein primäres Differenzierungsmerkmal.[66] Auch haben sich die Absatzmärkte der produzierenden Unternehmen infolge der Globalisierung ausgeweitet. Neben den Potenzialen steigender Umsätze durch neue Abnehmermärkte führt dies u.a. zu einer erhöhten externen Komplexität. Um weiterhin konkurrenzfähig zu bleiben, hat ein starker Wandel von der Kosten- zur Kunden- bzw. Marktorientierung stattgefunden. Es werden neben den anforderungsspezifischen Produktvarianten auch Ländervarianten etc. angeboten.[67] Zusammenfassend lässt sich eine zunehmende externe Komplexität durch die steigende Anzahl und Vielfalt der Kundenanforderungen erklären.

2.1.3.2 Interne Komplexität

Die interne Komplexität, auch **Leistungskomplexität** genannt, dient nach RATHNOW der Analyse der Outputleistung eines Unternehmens.[68] Sie ist Resultat des durch ein Unternehmen bestimmten Produktprogramms und der -struktur. Diese ist durch das Unternehmen beeinflussbar und ist späterer Betrachtungsbereich der vorliegenden Arbeit. Die Leistungskomplexität lässt sich für detailliertere Untersuchungen in die **Produktkomplexität** und die **Innenkomplexität** unterteilen (s. Abbildung 2-3).

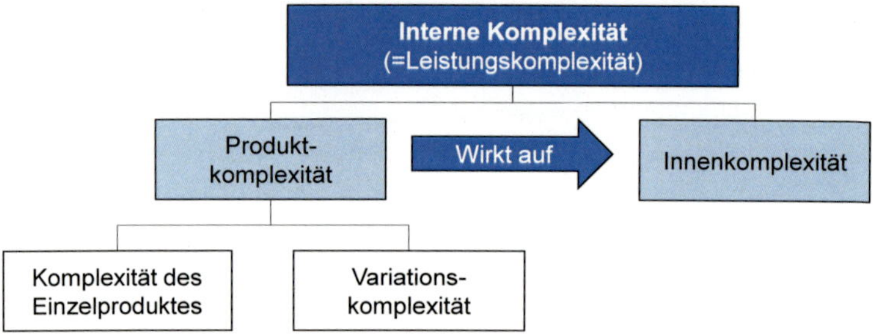


**Abbildung 2-3: Produkt- und Innenkomplexität nach NUSSBAUM[69]**

Ursache einer steigenden Produktkomplexität ist u.a. die bereits erwähnte Marktorientierung der Unternehmen und die dadurch steigende Produktvielfalt. Ein Bestandteil der Produktkomplexität ist die **Komplexität des Einzelproduktes**. Diese ergibt sich aus der Vielfalt der Teile und inkorporierten Technologiekomplexität eines

[66] vgl. Schuh, G. (Produktkomplexität), 2005, S. 18

[67] vgl. Schuh, G. (Produktkomplexität), 2005, S. 18

[68] vgl. Rathnow, P.J. (Variantenmanagement), 1993, S. 8

[69] s. Nussbaum, C.L. (Wirkungsgrad der Produktkomplexität), 2011, S. 23

Produktes. Die Technologievielfalt ist notwendig, um die gewünschte Funktion des Produktes zu erbringen. Ebenso ist die **Variationskomplexität** (auch: Variantenvielfalt) Bestandteil der Produktkomplexität. Diese entsteht durch die Einführung neuer Varianten und den daraus resultierenden Wechselwirkungen im Leistungserstellungsprozess eines Unternehmens. Hierbei wird kein Unterschied zwischen materiellen und immateriellen Leistungen gemacht. Für die Variationskomplexität ist es irrelevant, ob diese durch eine Änderung im Vertrieb oder im Fertigungsprozess entsteht bzw. ansteigt.[70]

Zur Beherrschung der Produktkomplexität, speziell der Variationskomplexität, sind in einem Unternehmen eine steigende Anzahl verschiedener Elemente und Relationen notwendig. Dieser Zustand wird als **Innenkomplexität** eines Unternehmens bezeichnet. Sie beschreibt die Komplexität der Geschäftsprozesse und ist eine aus *„dem eigenen internen Funktionieren resultierende Komplexität“*[71]. Die Innenkomplexität wird folglich durch die Produktkomplexität hervorgerufen. Die Steigerung der Komplexität der Geschäftsprozesse und die Unvorhersehbarkeit dieser Prozesse führen wiederum zu einem Anstieg der Gemeinkosten in einem Unternehmen.[72] Die aus der Innenkomplexität resultierenden Kosten werden als **Komplexitätskosten** bezeichnet und im folgenden Unterkapitel näher betrachtet.[73]

### 2.1.4 Komplexitätskosten

Die Komplexitätskosten sind die aus der Innenkomplexität entstehenden Kosten. D.h. es ist derjenige Kostenanteil des Produktes, welcher durch eine Zunahme der Produktkomplexität entsteht und deren Auswirkungen auf den betrieblichen Ablauf sich in der Innenkomplexität wiederfinden. Hierbei gibt es basierend auf den unterschiedlichen Betrachtungsbereichen unterschiedliche Definitionen der Komplexitätskosten. Für RATHNOW und SCHUH entstehen Komplexitätskosten durch die Steigerung der Variationskomplexität. Durch die Zunahme an Produktvarianten steigt die Komplexität der Leistungserbringung.[74] Komplexitätskosten entstehen aus der Komplexität des Produktes und der zur Leistungserbringung notwendigen Prozesse[75]. (s. Abbildung 2-4)

---

[70] vgl. Rathnow, P.J. (Variantenmanagement), 1993, S. 9

[71] s. Schuh, G. (Produktkomplexität), 2005, S. 13

[72] vgl. Schuh, G. (Produktkomplexität), 2005, S. 13

[73] vgl. Nussbaum, C. L. (Wirkungsgrad der Produktkomplexität), 2011, S. 23; vgl. Rathnow, P.J. (Variantenmanagement), 1993, S. 8 f.

[74] vgl. Schuh, G. (Produktkomplexität), 2005, S. 44 ff.; vgl. Rathnow, P.J. (Variantenmanagement), 1993, S. 8 f.

[75] vgl. Ehrlenspiel, K.; Kiewert, A.; Lindemann, U. (Kostengünstiges Entwickeln), 2007, S. 154

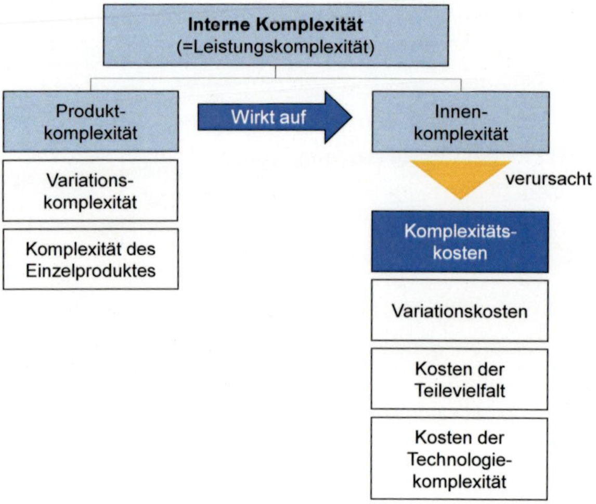


**Abbildung 2-4: Zusammenhang zwischen interner Komplexität und Komplexitätskosten**

Für EHRLENSPIEL bestehen die Komplexitätskosten neben den zusätzlichen Aufwänden durch die Variationskomplexität auch durch die einem Produkt innewohnende Komplexität (Komplexität des Einzelproduktes), welche sich in den Kosten der Teilevielfalt und der Technologiekomplexität eines Produktes widerspiegeln[76].

Die für die vorliegende Arbeit gültige Definition der Komplexitätskosten lautet (in Anlehnung an EHRLENSPIEL)[77]:

> **Komplexitätskosten** sind der Kostenanteil, der durch eine Einbringung bzw. Erhöhung der Komplexität entsteht bzw. beeinflusst wird. Dieser steigt nicht linear und ist aufgrund der Vielzahl von Wechselwirkungen schwer eindeutig zuordenbar.

Die Komplexitätskosten lassen sich in die einmaligen, direkten Kosten, welche in der Regel während des Entstehungsprozesses anfallen, dauerhaften, direkten und die Opportunitätskosten aufteilen (s. Abbildung 2-5)[78]. Die einzelnen Bestandteile werden in den folgenden Unterkapiteln näher erläutert.

---

[76] vgl. Ehrlenspiel, K.; Kiewert, A.; Lindemann, U. (Kostengünstiges Entwickeln), 2007, S. 155 f.

[77] vgl. Ehrlenspiel, K.; Kiewert, A.; Lindemann, U. (Kostengünstiges Entwickeln), 2007, S. 154

[78] vgl. Rathnow, P.J. (Variantenmanagement), 1993, S. 20f f.; vgl. Schuh, G. (Produktkomplexität), 2005, S. 44 f.

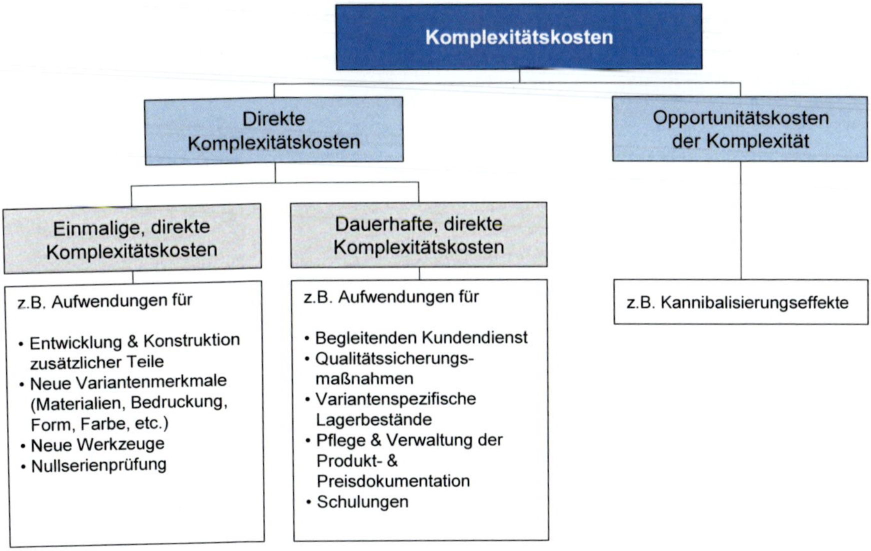


**Abbildung 2-5: Gliederung der Komplexitätskosten nach NUSSBAUM[79]**

### 2.1.4.1 Direkte Komplexitätskosten

Neben den durch die Teilevielfalt und Technologiekomplexität des Einzelproduktes entstehenden direkten Komplexitätskosten existieren Kostentreiber durch die bereits beschriebene Variationskomplexität in einem Unternehmen. Bei der Einführung neuer Produkte oder Produktvarianten fallen durch diese induzierte Mehrkosten, u.a. für die Entwicklung und Konstruktion zusätzlicher Teile oder erforderliche Schulungsmaßnahmen, an. Dies betrifft vor allem die Gemeinkosten. Jedes Produkt und jede Variante verursachen entlang des Leistungserstellungsprozesses verschiedene Kosten, welche unabhängig vom Umsatz- oder Absatzvolumen sind. Diese direkten Komplexitätskosten steigern die Gemeinkosten produktproportional.[80] Produktproportionale Kosten sind direkte Komplexitätskosten einer bestimmten Sortimentsbreite.[81] Zum Beispiel fällt bei der Einführung einer neuen Produktvariante in der Organisationseinheit Materialprüfung die Überprüfung produktspezifischer Toleranzen an. Diese Kosten steigen linear mit dem Anstieg der Produktvarianten. Die direkten Komplexitätskosten sind diejenigen Komplexitätskosten, welche direkt aufgrund einer Erhöhung der Produktkomplexität hervorgerufen werden, dieser auch

---

[79] vgl. Nussbaum, C. L. (Wirkungsgrad der Produktkomplexität), 2011, S. 41; Homburg, C.; Daum, D. (Komplexitätsfalle), 1997, S. 333 ff.

[80] vgl. Schuh, G. (Produktkomplexität), 2005, S. 45

[81] vgl. Schuh, G. (Produktkomplexität), 2005, S. 46

direkt zuordenbar sind und eine unmittelbare Wirkung haben.[82] Dieser Kostenbestandteil lässt sich in **einmalige, direkte Komplexitätskosten** und **dauerhafte, direkte Komplexitätskosten** aufteilen. Unter einmalige Kosten fallen z.B. die zusätzlichen Aufwendungen für die Entwicklung und Konstruktion neuer Bauteile, neue Variantenmerkmale, neue Werkzeuge und hinzukommende Nullserienprüfungen. Die dauerhaften, direkten Kosten kommen aufgrund von begleitendem Kundendienst, Qualitätssicherungsmaßnahmen, variantenspezifischen Lagerbeständen in Form von Rohmaterial und Halbfertigerzeugnissen, zusätzlichen Umrüstvorgängen während der Serienproduktion, der zusätzlichen Pflege und Verwaltung der Produkt- und Preisdokumentation sowie neuen Schulungen zustande. Ferner muss der Kundendienst auch die dementsprechenden neuen Ersatzteile bevorraten. Die Kostenverrechnung dieser dauerhaften Komplexität einer hohen Produktvielfalt (Variationskosten) ist in der Regel aufgrund des Wettbewerbs nicht über die Verkaufspreise möglich.[83]

### 2.1.4.2 Opportunitätskosten der Komplexität

Unter den Opportunitätskosten der Komplexität wird u.a. der Kostenanteil verstanden, der durch eine nicht optimale Ressourcennutzung verursacht wird. Dies ist der Fall, wenn die für die Komplexitätsbewältigung benötigten Ressourcen an einer anderen Stelle im Unternehmen besser eingesetzt werden könnten.[84] Aufgrund einer Erhöhung der Vielfalt können Engpässe in den Wertschöpfungsstufen entstehen, die aufgrund des reduzierten Outputs eines Unternehmens zu Einbußen im Umsatz oder zur Reduzierung der Liefertreue führen können.[85] Des Weiteren fallen unter diesen Kostenbestandteil auch Opportunitätskosten durch sog. Kannibalisierungseffekte[86]. Dieser Kostenbestandteil wächst im Gegensatz zu den direkten, produktproportionalen Komplexitätskosten exponentiell und nicht linear (s. Abbildung 2-6). [87]

---

[82] vgl. Schuh, G. (Produktkomplexität), 2005, S. 21f.

[83] vgl. Homburg, C.; Daum, D. (Komplexitätsfalle), 1997, S. 333 ff.; vgl. Rathnow, P.J. (Variantenmanagement), 1993, S. 22 f.

[84] vgl. Ehrlenspiel, K.; Kiewert, A.; Lindemann, U. (Kostengünstiges Entwickeln), 2007, S. 154

[85] vgl. Schuh, G. (Produktkomplexität), 2005, S. 46 ff.

[86] Von Kannibalisierungseffekten wird gesprochen, wenn die Einführung einer neuen Variante zulasten der eigenen, bestehenden Produkte bzgl. der Absatzmenge geht (s. Nussbaum, C. L. (Wirkungsgrad der Produktkomplexität), S. 45)

[87] vgl. Nussbaum, C. L. (Wirkungsgrad der Produktkomplexität), S. 45

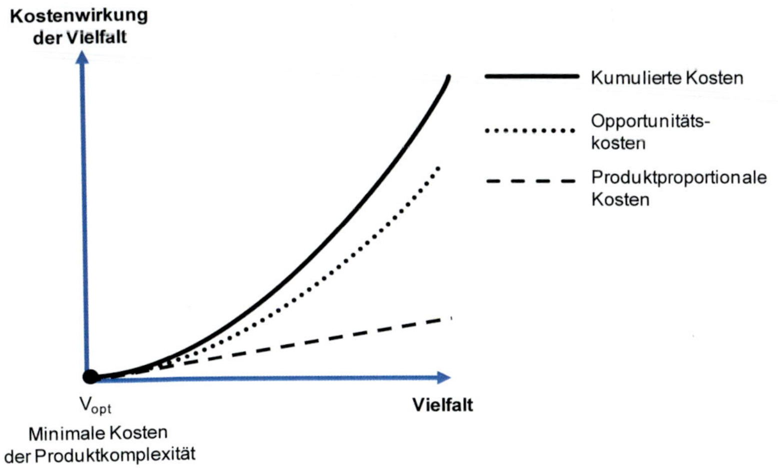


**Abbildung 2-6: Kostenwirkung von Produktkomplexität nach NUSSBAUM [88]**

#### 2.1.4.3 Wesentliche Merkmale der Komplexitätskosten

Wesentliche Eigenschaften der Komplexitätskosten sind ihre **funktionsübergreifenden Wirkungen**. D.h., sie entstehen über fast alle Unternehmensbereiche bzw. Wertschöpfungsstufen und im Laufe des gesamten Produktlebenszyklus. Diese funktionsübergreifende Wirkung der Komplexitätskosten erschwert die Bewältigung der Produktkomplexität, da die Komplexitätsverursachung und der Aufwandsanfall nicht zwingend an der gleichen Stelle auftreten.[89] Auch treten die Komplexitätskosten über den gesamten Produktlebenszyklus auf. RATHNOW hat eine Aufteilung der möglichen Kostenquellen entlang des Leistungserstellungsprozesses in den Wertschöpfungsstufen aufgestellt. In Abbildung 2-7 ist dieser schematisch dargestellt. Horizontal sind die Wertschöpfungsstufen und vertikal die Lebenszyklusphasen vom Entstehungszyklus über den Marktzyklus bis zum Entsorgungszyklus eines Produktes dargestellt. Betrachtet man die Kostenentstehung über den gesamten Lebenszyklus und alle relevanten Wertschöpfungsstufe treten in jeder Wertschöpfungsstufe und jeder Phase des Lebenszyklus Kosten auf. Dem entgegen erfolgt die Kostenverursachung i.d.R. in der Wertschöpfungsstufe Entwicklung. Hier werden die Entscheidungen bzgl. der Produktbeschaffenheit als auch der Produktvielfalt getroffen. Die schematische Darstellung zeigt, dass die Kostenquellen zeitverzögert und somit nicht zu dem Entstehungszeitpunkt auftreten. Die in der Entwicklung durch die Erhöhung der

---

[88] s. Nussbaum, C. L. (Wirkungsgrad der Produktkomplexität), S. 47

[89] vgl. Nussbaum, C. L. (Wirkungsgrad der Produktkomplexität), S. 41 f.

Produktvielfalt entstehende Komplexität führt in den nachgelagerten Wertschöpfungsstufen zu Mehraufwänden. Wenn man die Komplexitätskosten auf die einzelnen Wertschöpfungsstufen und Lebenszyklusphasen verursachungsgerecht zuordnet, fallen die Einzelwirkungen verhältnismäßig gering aus. Dies führt häufig zu einer Unterschätzung der vorherrschenden Komplexität durch die Prozessverantwortlichen, was einen schleichenden Aufbau der Innenkomplexität begünstigt.[90]

**Abbildung 2-7: Potenzielle Kostenquellen bei steigender Produktvielfalt[91]**

Die Komplexitätskosten sind auch durch ein **zeitverzögertes Auftreten** gekennzeichnet. Diese Eigenschaft lässt sich sehr gut an der Abteilung Produktion erläutern. Eine steigende Produktvielfalt äußert sich in dieser Abteilung z.B. durch eine höhere Anzahl an Stücklisten, Arbeitsplänen o.ä. Die in der Abteilung anfallenden Kosten werden bei einer gering ansteigenden Produktvielfalt erst einmal nicht steigen. Ab einem gewissen Grad an Mehraufwand wird jedoch die Leistung sinken und es wird notwendig werden, zusätzliches Personal in der Abteilung aufzubauen. Dies führt zu einem Anstieg der komplexitätsinduzierten Kosten nicht nur zeitverzögert, sondern in diesem Beispiel auch sprunghaft. Diese Mehrkosten

[90] vgl. Rathnow, P.J. (Variantenmanagement), 1993, S. 20 ff.

[91] s. Rathnow, P.J. (Variantenmanagement), 1993, S. 24

schlagen sich i.d.R. in den Gemeinkosten nieder. Die Personalkosten erhöhen sich zu diesem Zeitpunkt um die zusätzliche Arbeitskraft.[92]

Auch sind die Komplexitätskosten durch ein asymmetrisches dynamisches Verhalten, das sog. **Hysterese-Verhalten,** charakterisiert. Dies liegt in dem asymmetrischen Verhalten bei Komplexitätsaufbau und der -reduktion begründet. Wie bereits oben am Beispiel der Fertigungsplanung beschrieben erfordert ein Anstieg der Produktkomplexität oftmals eine Anpassung der Unternehmensstrukturen, wie z.B. durch Personalaufbau oder auch Maschinenanschaffung. Die durch diese Strukturen angefallenen Mehrkosten können bei einem Rückgang der Komplexität nicht im gleichen Maße reduziert werden. Somit verbleibt eine Ertragslücke, auch Kostenremanenz[93] genannt[94] (s. Abbildung 2-8).

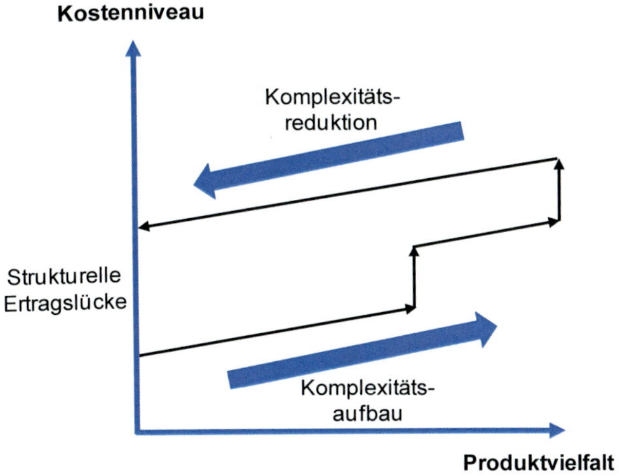


**Abbildung 2-8: Dynamisches Verhalten der Komplexitätskosten nach RATHNOW [95]**

Der Umgang mit Komplexität und deren Kosten wird auch durch das **Auseinanderfallen von Komplexitätsverursachung und Kostenanfall** erschwert. Oft sind der Verursacher und der Kostenträger der gestiegenen Produktkomplexität nicht identisch. Entscheidet sich ein Konstrukteur beispielsweise für die Neukonstruktion eines Bauteils anstatt unter höherem Zeitaufwand ein Normteil aus

---

[92] vgl. Rathnow, P.J. (Variantenmanagement), 1993, S. 25

[93] vgl. Nussbaum, C. L. (Wirkungsgrad der Produktkomplexität), S. 43

[94] vgl. Rathnow, P.J. (Variantenmanagement), 1993, S. 23 ff.

[95] vgl. Rathnow, P.J. (Variantenmanagement), 1993, S. 26 f.; vgl. Nussbaum, C. L. (Wirkungsgrad der Produktkomplexität), S. 43

einer Bibliothek zu wählen, wird an dieser Stelle eine Komplexitätserhöhung vorgenommen. Diese Mehrkosten treten jedoch erst während des Fertigungsprozesses in Form von zusätzlichen Werkzeugen, Vorrichtungen oder Umrüstvorgängen auf.[96]

### 2.1.5 Folgen der Komplexitätssteigerung

Aufgrund der beschriebenen immer stärkeren Marktorientierung und der damit verbundenen Vielfaltsteigerung im Produktprogramm herrscht in Unternehmen häufig eine mangelnde Transparenz über die Ursachen und Auswirkungen der Komplexität. Auch fehlen vielfaltspezifische Informationen. Dies hat einen weiteren unkontrollierten Anstieg der Produkt- und Prozesskomplexität zur Folge. Oft werden aufgrund von Unwissenheit nur die Symptome und nicht der Kern der Komplexität bekämpft. Es folgen Effizienzverluste im Leistungserstellungsprozess und die komplexitätsbedingten Kosten steigen, zum einen in Form der rüst- und nebenzeitbedingten Einzelkosten und zum anderen in Form der verschiedensten Gemeinkosten.[97]

Nach SCHUH haben die Folgen der Komplexität eine unmittelbare bzw. direkte Kostenwirkung. Neben den steigenden Entwicklungs- und Qualitätskosten bei steigender Produktvielfalt kann ein Unternehmen auf geringere Skaleneffekte bei einer hohen Vielfalt zurückgreifen. Auch herrscht eine mangelnde Transparenz über die Engpässe in der Wertschöpfungskette und es treten Reibungsverluste und Ineffizienzen im Overhead aufgrund der zahlreiche Produktvarianten auf. Neben den unmittelbaren Auswirkungen gibt es noch zahlreichen mittelbare Wirkungen der vorherrschenden Komplexität. Hiermit ist die Beeinflussung der Schlagkraft eines Unternehmens am Markt gemeint. Eine geringere Aktions- und Reaktionsgeschwindigkeit wird sich mittelfristig bei dem Unternehmen genauso einstellen wie eine sinkende Effektivität des Vertriebssystems. Eine weitere Gefahr stellt bei einer hohen Anzahl an Produktvarianten der sog. Produktkannibalismus im eigenen Produktprogramm dar.[98]

Zusammenfassend lässt sich festhalten, dass die Komplexität eines Systems durch die Anzahl und Vielfalt der dem System zugehörigen Elemente und deren Schnittstellen verstanden wird und sich in interne und externe Komplexität aufteilen lässt. Die externe Komplexität ergibt sich aus den steigenden Kundenanforderungen nach Vielfalt und ist nicht direkt durch ein Unternehmen beeinflussbar. Dahingegen ist die interne Komplexität die durch ein Unternehmen selbst beeinflussbare und

[96] vgl. Rathnow, P.J. (Variantenmanagement), 1993, S. 26 f.

[97] vgl. Schuh, G. (Produktkomplexität), 2005, S. 14 ff.

[98] vgl. Schuh, G. (Produktkomplexität), 2005, S. 21

selbst induzierte Komplexität. Diese, auch Leistungskomplexität eines Unternehmens genannte, Komplexität setzt sich zum einen aus der Produktkomplexität und der durch diese entstehende Innenkomplexität eines Unternehmens zusammen. Bei der Produktkomplexität wird zwischen der Komplexität eines Einzelproduktes (Teilevielfalt und Technologiekomplexität) und der Variationskomplexität (Variantenvielfalt) unterschieden. Beide verursachen durch die entstehende Innenkomplexität eines Unternehmens Komplexitätskosten. Komplexitätskosten sind der Kostenanteil, welcher durch die Entstehung bzw. Erhöhung von Komplexität in ein System entsteht. Dieser Kostenbestandteil steigt nicht linear und ist aufgrund der Vielzahl an Wechselwirkungen und funktionsübergreifenden Wirkung schwer eindeutig einem Verursacher zuordenbar. In der Literatur bestehen zahlreiche Ansätze zur Identifizierung der durch die Variationskomplexität entstehenden Komplexitätskosten. Die Ermittlung der direkten, einmaligen Komplexitätskosten aufgrund der Komplexität des Einzelproduktes findet allerdings zum heutigen Zeitpunkt in vielen Branchen geringe Beachtung.

## 2.2 Werkzeugbau

Die Branche Werkzeugbau nimmt eine besondere Position in der industriellen Produktion ein, da sie ein Unikatfertiger von komplexen, kundenindividuellen und produktspezifischen Werkzeugen, gleichzeitig jedoch Zulieferer von Massenproduzenten mit Teilen ist und somit im Umfeld der Serienproduktion agiert.[99] Die meisten Werkzeugbaubetriebe decken trotz ihrer Eigenschaft als Unikatfertiger die komplette Prozesskette mit dem Startpunkt bei der Angebotsbearbeitung über die Konstruktion, Arbeitsvorbereitung inklusive der NC-Programmierung bis zur mechanischen Fertigung und Werkzeugmontage ab.[100] Auch liefern die Werkzeugbauten neben den produzierten Werkzeugen weitere komplementäre Leistungen, wie z.B. Projektmanagement und Optimierung der Produktkonstruktion. Die Erstellung von Prototypen zählt genauso wie die Reparatur und Instandhaltung von Werkzeugen zu den Aufgabengebieten von Werkzeugbaubetrieben. Ferner wird der Produktionsanlauf unterstützt und die Optimierung der Produktion und die Fertigung und Veredelung von Produkten (z.B. Nachbearbeitung, Lackierung) angeboten.[101] Nach SCHUH haben „*Werkzeugbaubetriebe [...] durch die Bedeutung der technisch komplexen Produktionswerkzeuge für die Fertigungsprozesse des produzierenden Gewerbes einen starken Einfluss auf die wirtschaftliche*

---

[99] vgl. Giehler, F. (Planungsproduktivität), 2010, S. 26 und Klotzbach, C. (Industrialisierung im Werkzeugbau), 2007, S. 45

[100] vgl. Spennemann, F. (Organisationsstrukturen im Werkzeugbau), 2001, S. 12

[101] vgl. Frick, L. (Geschäftsmodelle im Werkzeugbau), 2006, S. 21 und Klotzbach, C. (Industrialisierung im Werkzeugbau), 2007, S. 47

*Leistungsfähigkeit der industriellen Wertschöpfungsprozesse eines Landes"*[102]. Es lässt sich festhalten, dass *„die Aufgabe des Werkzeug- und Formenbaus [...] in der Bereitstellung von Betriebsmitteln für produzierende Unternehmen"* liegt[103].

### 2.2.1 Begriffsverständnis und Abgrenzung

In der gesamten produzierenden Industrie werden Werkzeuge zur Herstellung hoher Stückzahlen zu kostengünstigen Preisen eingesetzt. Eine öffentliche Wahrnehmung dessen findet selten statt. Vielmehr werden unter dem Begriff Werkzeuge Handwerkzeuge wie z.B. Hammer oder Schraubendreher verstanden.[104] Auch liegt sowohl in der Theorie als auch in der Praxis keine eindeutige Definition der Begriffe „Werkzeug" und „Werkzeugbau" vor.[105] Für die vorliegende Arbeit werden die beiden Begriffen „Werkzeug" und „Werkzeugbau" im Nachfolgenden eindeutig voneinander abgegrenzt.

#### 2.2.1.1 Definition Werkzeug

Werkzeuge sind Betriebsmittel, mit denen eine mechanische oder physikalisch-chemische Einwirkung auf ein bestimmtes Material unmittelbar zum Zweck der Form- oder Substanzänderung vollzogen wird.[106] Hierbei wird das Werkzeug als Präzisionswerkzeug angesehen.[107] Unter der sehr allgemeinen Klassifizierung der Werkzeuge als Unterklasse der Betriebsmittel sind neben den Standardwerkzeugen, wie z.B. Bohrer oder Fräsköpfe, und Sonderwerkzeugen, wie z.B. Räumnadeln, auch Hohlformwerkzeuge zusammengefasst. Hohlformwerkzeuge dienen zur Bearbeitung von Blech-, Kunststoff- oder Aluminiumteilen.[108] Hohlformwerkzeuge lassen sich in Press-, Kunststoff-, Gießwerkzeuge und Schmiedegesenke aufteilen (s. Abbildung 2-9). EVERSHEIM versteht unter einem Werkzeugbau einen Produzenten von Hohlformwerkzeugen, die teilweise oder vollständig die Werkstückform auf der Werkzeuggeometrie abbilden.

---

[102] s. Schuh, G. (Produkt-Service-Systeme), 2010, S. 592

[103] s. Klocke, F.; Bilsing, A. (Technologisches Benchmarking), 2002, S. 596

[104] vgl. Klotzbach, C. (Industrialisierung des Werkzeugbau), 2007, S. 42

[105] vgl. Pitsch, M. (Kompetenzfeldbasierte Vernetzung), 2014, S. 33

[106] vgl. o.V. (VDI Richtlinie 2815), 1978

[107] vgl. Gaus, F. (Geschäftsmodelle), 2010, S. 17

[108] vgl. Eversheim, W. (Werkzeugbau mit Zukunft), 1998, S. 25

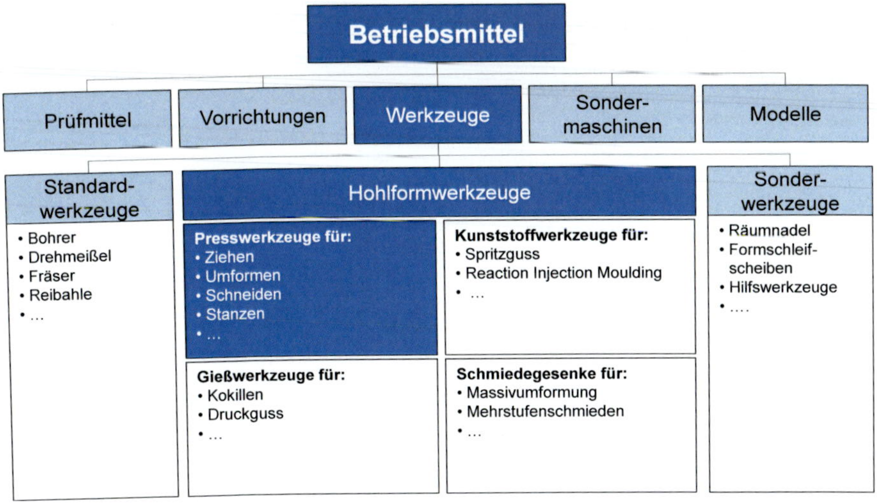


**Abbildung 2-9: Leistungsspektrum des Werkzeugbaus**[109]

Im Rahmen der vorliegenden wissenschaftlichen Arbeit werden im weiteren Verlauf unter dem Begriff „Werkzeug“ Presswerkzeuge der Gruppe Hohlformwerkzeuge verstanden (s. Abbildung 2-9).

### 2.2.1.2 Definition Werkzeugbau

Als **Werkzeugbau** wird ein produzierendes Unternehmen oder ein produzierender Bereich eines Unternehmens bezeichnet, welches bzw. welcher Werkzeuge nach obiger Definition herstellt. Neben der zentralen Funktion der Werkzeugerstellung kann ein Werkzeugbau ein erweitertes Erzeugnisspektrum mit u.a. Prototypen, Vorrichtungen etc. haben.[110]

Hinsichtlich des Kundenspektrums liegt eine typische Unterteilung der Werkzeugbauten vor. Der interne und externe Werkzeugbau unterscheiden sich in der Kundenstruktur und -anzahl und der daraus resultierenden Zielsetzung und strategischen Ausrichtung. Der **interne Werkzeugbau** ist in den Mutterkonzern integriert.[111] Der Mutterkonzern als Hauptkunde oder einziger Kunde wird durch den Werkzeugbau mit Werkzeugen beliefert. Die Ziele eines internen Werkzeugbaus ergeben sich direkt aus dieser Kunden-Lieferanten-Beziehung. Neben der Sicherstellung der Produktion und der Erhöhung der Ausbringungsmenge durch

---

[109] i.A.a. Eversheim, W. (Werkzeugbau mit Zukunft), 1998, S. 24 f.; vgl. Boos, W. (Modulare Werkzeuge), 2008, S. 34

[110] vgl. Eversheim, W. (Werkzeugbau mit Zukunft), 1998, S. 25

[111] vgl. Eversheim, W. (Werkzeugbau mit Zukunft), 1998, S. 74

optimierte Werkzeuge sind dies auch die Reduktion und Optimierung der Kommunikationsschnittstellen.[112] Ein **externer Werkzeugbau** stellt ein selbstständiges und unabhängiges Unternehmen mit der betriebswirtschaftlichen Hauptzielsetzung der Gewinnmaximierung dar. Er fertigt Werkzeuge zur Bauteilproduktion im Auftrag verschiedenster Unternehmen. Er ist durch ein breites Kundenspektrum gekennzeichnet und besitzt folglich ein breites kundenunabhängiges Fachwissen.[113]

Werkzeugbaubetriebe, vor allem interne Werkzeugbauten, werden mit einem sehr heterogenen Auftragsspektrum konfrontiert. Neben den Aufträgen für neue Werkzeuge müssen auch Aufträge seitens der Produktion, wie z.B. Reparaturen und Änderungen, zeitnah abgearbeitet werden. Nach SPENNEMANN lassen sich die Aufträge im Werkzeugbau in fünf Arten einteilen[114] (s. Abbildung 2-10). Bei den **Neu- und Wiederholaufträgen** wird ein komplettes Werkzeug erstellt, wobei bei den Wiederholaufträgen die Konstruktion und die NC-Programmierung schon vom Erstauftrag vorhanden sind und die bereits erlangte Erfahrung aus Vorgängerwerkzeugen vollständig genutzt werden kann, um eine kostengünstigere Fertigung zu gewährleisten.[115] Bei Neuaufträgen wird eine neue Lösung von der Angebotserstellung bis zur Teileproduktion erstellt. Erkenntnisse aus ähnlichen Projekten können unterstützend genutzt werden.[116] **Änderungsaufträge** können sowohl Änderungen während der Erstellung eines Neuwerkzeuges als auch selbstständige Änderungen an bereits fertigen Werkzeugen bedeuten. Diese Aufträge führen meist zu sehr arbeitsintensiven Änderungen und treffen häufig ohne Voranmeldung ein.[117] Die **Reparatur- und dringenden Reparaturaufträge** (Eilaufträge) müssen immer in Verbindung mit der Teileproduktion gesehen werden und werden in den meisten Fällen nur von den internen Werkzeugbauten durchgeführt.[118] Aufgrund der Tatsache, dass die meisten Werkzeuge nicht doppelt hergestellt werden, ist z.B. bei einem Stempelbruch während der laufenden Serienproduktion die Neuanfertigung des defekten Bauteils erforderlich. Folglich müssen diese Aufträge in den meisten Fällen als **Eilaufträge** zwischen den

---

[112] vgl. Pitsch, M. (Kompetenzfeldbasierte Vernetzung), 2014, S. 34 f.; vgl. Kuhlmann, K. K. (Geschäftsprozesse im Werkzeugbau), 2011, S. 27

[113] vgl. Boos, W. (Modulare Werkzeuge), 2008, S. 28

[114] vgl. Spennemann, F. (Organisationsstrukturen im Werkzeugbau), 2001, S. 12 f.

[115] vgl. Spennemann, F. (Organisationsstrukturen im Werkzeugbau), 2001, S. 12 f.; vgl. Frick, L. (Geschäftsmodelle im Werkzeugbau), 2006, S. 29

[116] vgl. Frick, L. (Geschäftsmodelle im Werkzeugbau), 2006, S. 28

[117] vgl. Spennemann, F. (Organisationsstrukturen im Werkzeugbau), 2001, S. 13 f.; vgl. Frick, L. (Geschäftsmodelle im Werkzeugbau), 2006, S. 29

[118] vgl. Spennemann, F. (Organisationsstrukturen im Werkzeugbau), 2001, S. 12 f.

laufenden Neuaufträgen priorisiert bearbeitet werden und sind nicht planbar[119] (s. Abbildung 2-10).

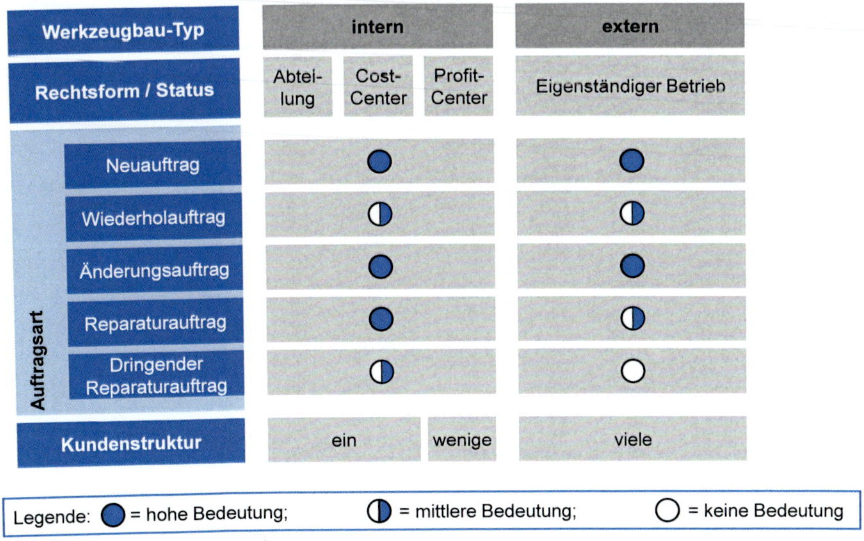


**Abbildung 2-10: Werkzeugbautypen und Auftragsarten[120]**

Zu den in Abbildung 2-10 aufgelisteten Auftragsarten nach SPENNEMANN fügen sowohl KLOTZBACH als auch FRICK zwei weitere Auftragsarten hinzu[121]:

- **Instandhaltungsaufträge** und
- **Beratungsaufträge**

Im Gegensatz zu den nicht planbaren Reparatur- bzw. Eilaufträgen werden die Instandhaltungsaufträge in regelmäßigen Zeitabständen durchgeführt und sind somit planbar. Im Rahmen von Beratungsaufträgen werden die Bauteilentwicklung und Fertigung von der Werkzeugkonstruktion beraten, um so schnell und effizient wie möglich Bauteile mit höchster Qualität und Produktivität herstellen zu können.[122] Durchschnittlich 35% aller Aufträge eines internen Werkzeugbaus können zu den dringenden Reparaturaufträgen (Eilaufträge) gezählt werden. Ferner zeigt die Untersuchung, dass ca. 35-40% der unternehmensinternen Ressourcen eines Werkzeugbaus für Reparaturen verplant sind. Eine Vielzahl von Änderungswünschen

---

[119] vgl. Frick, L. (Geschäftsmodelle im Werkzeugbau), 2006, S. 29

[120] vgl. Spennemann, F. (Organisationsstrukturen im Werkzeugbau), 2001, S. 13

[121] vgl. Klotzbach, C. (Industrialisierung des Werkzeugbau), 2007, S. 48; vgl. Frick, L. (Geschäftsmodelle im Werkzeugbau), 2006, S. 29

[122] vgl. Frick, L. (Geschäftsmodelle im Werkzeugbau), 2006, S. 29

nach Auftragseingang verursachen bis zu 50% der Werkzeugkosten und ca. 19% der Gesamtbearbeitungszeit.[123]

### 2.2.2 Rolle in der Gesamtwertschöpfungskette

Die Grundaufgabe des Werkzeugbaus ist die Bereitstellung von Betriebsmitteln für produzierende Unternehmen.[124] Grundsätzlich leistet der Werkzeugbau einen Mehrwert, indem er der Produktion sowohl exzellente organisatorische und technologische Prozesse bei daraus resultierender Güte der Erzeugnisse bereitstellt. Diese gelieferten Prozesse beeinflussen maßgeblich die Werkzeugkosten und die Time-to-market.[125] Der Werkzeugbau nimmt eine **Schlüsselstellung** in der Gesamtwertschöpfungskette ein.[126] Er stellt das Bindeglied zwischen der Produktentwicklung und der Teileproduktion dar.[127] Durch diese Schlüsselstellung in der Wertschöpfungskette besitzt der Werkzeugbau einen großen Einfluss sowohl auf die Herstellkosten der mit dem Werkzeug gefertigten Produkte als auch auf die Dauer der Produktanlaufphase und durch die limitierende Größe der Taktzahl auf die Dauer der Produktion einer bestimmten Produktionslosgröße.[128] Dies beinhaltet, dass die Produkte des Werkzeugbaus entscheiden, ob sich neue (innovative) Produkte mit geforderter Qualität zu marktadäquaten Preisen in hoher Stückzahl (Serienproduktion) herstellen lassen.[129] Diese Schnittstellenfunktion des Werkzeugbaus hat zur Konsequenz, dass der Werkzeugbau zwei Kunden hat: Die Produktentwicklung und die Teileproduktion.[130] Gegenüber der Produktentwicklung fungiert der Werkzeugbau als Berater bei Fragen der wirtschaftlichen und technischen Herstellbarkeit.[131] Aufgrund des hohen Einflusses der Kosten in den frühen Phasen der Produktentwicklung besitzt der Werkzeugbau eine große Bedeutung.[132] Gegenüber der Serienproduktion muss der Werkzeugbau Verfügbarkeit und Produktivität gewährleisten und die speziellen Anforderungen und

[123] vgl. Klocke, F.; Bilsing, A. (Technologisches Benchmarking), 2002, S. 596

[124] vgl. Eversheim, W. (Werkzeugbau mit Zukunft), 1998, S. 1; vgl. Klocke, F.; Bilsing, A. (Technologisches Benchmarking), 2002, S. 596

[125] vgl. Klotzbach, C. (Industrialisierung des Werkzeugbau), 2007, S. 45

[126] vgl. Eversheim, W. (Werkzeugbau mit Zukunft), 1998, S. 1; vgl. Klotzbach, C. (Industrialisierung des Werkzeugbau), 2007, S. 44; vgl. Schleyer, C. (Kooperationen im Werkzeugbau), 2006, S. 23

[127] vgl. Frick, L. (Geschäftsmodelle im Werkzeugbau), 2006, S. 29; vgl. Klotzbach, C. (Industrialisierung des Werkzeugbau), 2007, S. 45; vgl. Schleyer, C. (Kooperationen im Werkzeugbau), 2006, S. 23

[128] vgl. Döring, S. (Konfliktmanagement im Werkzeugbau), 2010, S. 23

[129] vgl. Frick, L. (Geschäftsmodelle im Werkzeugbau), 2006, S. 21; vgl. Schleyer, C. (Kooperationen im Werkzeugbau), 2006, S. 23

[130] vgl. Boos, W. (Modulare Werkzeuge), 2008, S. 31

[131] vgl. Giehler, F. (Planungsproduktivität), 2010, S. 28

[132] vgl. Klotzbach, C. (Industrialisierung des Werkzeugbau), 2007, S. 44

Bedürfnisse dieses Kunden befriedigen.[133] Dies kann unter anderem die Reduzierung der Zykluszeit und die Einsparung einzelner Montageschritte durch das Ersetzen von Prozessen bedeuten.[134] Die Möglichkeiten und Kompetenzen des Werkzeugbaus definieren entscheidend die herstellbare Geometrie des Artikels, die Wirtschaftlichkeit (Produktivität) der Produktion wie auch die Artikelkosten.[135] Hierbei beeinflusst das Werkzeug nicht nur die Dauer der Produktionsanlaufphase bis zum Start of Production (SoP), sondern auch deren Rüst- und Zykluszeiten stark.[136] In Abhängigkeit von dem Produktionszweig können die Betriebsmittelkosten bis zu 30% der gesamten Produktionskosten betragen.[137]

Die daraus entstehenden Hebeleffekte des Werkzeugbaus – Geschwindigkeit, Flexibilität und Qualität – haben somit sowohl auf den vorgelagerten Funktionsbereich Produktentwicklung als auch auf den nachgelagerten Bereich Teileproduktion Einfluss. Der Werkzeugbau muss gegenüber der Produktentwicklung die Verfügbarkeit von **Innovationen, Geschwindigkeit**, **Flexibilität** und **Qualität** gewährleisten. Die Teileproduktion erwartet demgegenüber eine hohe **Produktivität**, **Flexibilität** und **Qualität** der Werkzeuge sowie eine hohe **Geschwindigkeit** der Bereitstellung der Werkzeuge (s. Abbildung 2-11). Die Produktivität wird zum einen von der Dauer der Anfertigung und Anlieferung des Werkzeuges beeinflusst und zum anderen von der Verfügbarkeit und Prozessfähigkeit des Werkzeuges. Es wird ferner deutlich, dass die Innovationsfähigkeit eines Unternehmens maßgeblich durch den Werkzeugbau beeinflusst wird.[138] Hierbei ist zu beachten, dass der Werkzeugbau nicht nur zur strategischen Differenzierung des Kunden beiträgt, sondern auch wesentlich die Produktkosten bestimmt.[139]

---

133 vgl. Boos, W. (Modulare Werkzeuge), 2008, S. 31; vgl. Schleyer, C. (Kooperationen im Werkzeugbau), 2006, S. 23

134 vgl. Klotzbach, C. (Industrialisierung des Werkzeugbau), 2007, S. 45

135 vgl. Frick, L. (Geschäftsmodelle im Werkzeugbau), 2006, S. 22 f.

136 vgl. Klocke, F.; Bilsing, A. (Technologisches Benchmarking), 2002, S. 596

137 vgl. Eversheim, W. (Werkzeugbau mit Zukunft), 1998, S. 2; vgl. Klotzbach, C. (Industrialisierung des Werkzeugbau), 2007, S. 46

138 vgl. Schleyer, C. (Kooperationen im Werkzeugbau), 2006, S. 24

139 vgl. Frick, L. (Geschäftsmodelle im Werkzeugbau), 2006, S. 23

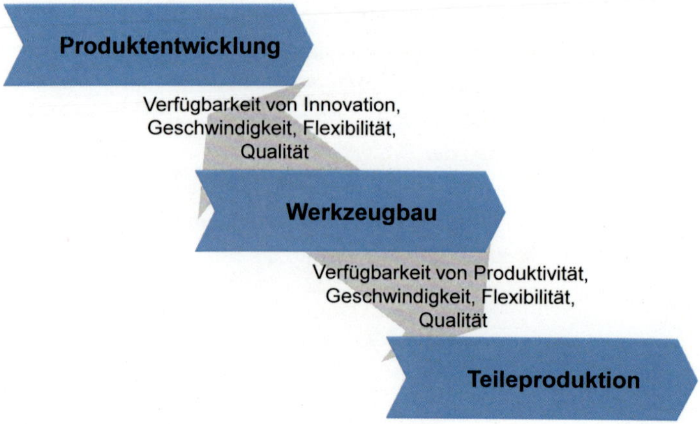


**Abbildung 2-11: Hebeleffekte im Werkzeugbau**[140]

Abschließend lässt sich zusammenfassen, dass der Werkzeugbau eine entscheidende Rolle bei der Konzeption und Realisierung von Prozess- und Produktinnovationen, der Zuverlässigkeit und Qualität von Produkten sowie bei der Nutzung von Skaleneffekten in der Fertigung spielt, da der Werkzeugbau genau an dieser Schnittstelle zwischen Produktentwicklung und Teileproduktion zu finden ist und somit auch die Leistungsfähigkeit der Teileproduktion festlegt.[141] Die hergestellten Werkzeuge beeinflussen maßgeblich sowohl die Teilequalität und die Produktionseffizienz als auch die Produktionskosten des Produktes.[142] Es lassen sich nur diejenigen Produkte kostengünstig in Serie produzieren, deren Geometrien und Qualität mit einem Werkzeug wirtschaftlich herzustellen sind.[143] Somit resultiert die Bedeutung des Werkzeugbaus sowohl aus dessen Stellung in der Wertschöpfungskette als auch seiner Sonderrolle als Einzelfertiger im Serienumfeld und seinem großen Einfluss auf die **Time-to-market** und die **Produktkosten**.[144]

### 2.2.3 Prozesskette im Werkzeugbau

In der Literatur finden sich zahlreiche Beschreibungen der Prozesskette im Werkzeugbau. Die Autoren sind sich bezüglich der Hauptprozessschritte einig. Unterschiede herrschen nur im Detaillierungsgrad der Prozesskette und den

---

[140] vgl. Schleyer, C. (Kooperationen im Werkzeugbau), 2006, S. 24

[141] vgl. Schuh, G. (Produkt-Service-Systeme), 2010, S. 592; vgl. Schleyer, C. (Kooperationen im Werkzeugbau), 2006, S. 23

[142] vgl. Schuh, G. (Produkt-Service-Systeme), 2010, S. 592; vgl. Spennemann, F. (Organisationsstrukturen im Werkzeugbau), 2001, S. 1

[143] vgl. Frick, L. (Geschäftsmodelle im Werkzeugbau), 2006, S. 22

[144] vgl. Klotzbach, C. (Industrialisierung des Werkzeugbau), 2007, S. 46

Benennungen der einzelnen Schritte.[145] FRICKER gliedert die Prozesskette des Werkzeugbaus in die Hauptschritte Angebotsbearbeitung, Werkzeugentwicklung, Arbeitsvorbereitung, NC-Programmierung und Werkzeugproduktion.[146] In dieser Arbeit wird die Beschreibung der Prozesskette in Anlehnung an FRICK verwendet (s. Abbildung 2-12).

Der Werkzeugbau beginnt seine Aktivitäten parallel (Simultaneous Engineering) zu den Arbeiten der Produktentwicklung in Form der Auftragsakquise. Dieser Schritt stellt in den meisten Fällen die Schnittstelle zwischen der Artikelkonstruktion und dem Projektmanagement und/oder Vertrieb dar. Je nach Auftragsart variieren die einzelnen Prozessschritte. Der Vertrieb betreut sowohl die internen als auch die externen Kunden und ist für die Angebotskalkulation verantwortlich. Die Werkzeugentwicklung, welche in vielen Fällen schon während der Produktentwicklung beratend tätig ist, beginnt mit der Methodenplanung. In diesem Schritt wird das Konzept des Werkzeugs entwickelt und Simulationen werden durchgeführt. In manchen Fällen werden diese Informationen schon für die Angebotskalkulation benötigt. Die anschließende Konstruktion detailliert das Werkzeugkonzept und erzeugt ein CAD-Modell des Werkzeugs. Ferner stellt die Konstruktion die Stücklisten der Werkzeuge für die Arbeitsplanung bereit. Die Arbeitsplanung definiert daran anschließend mithilfe der Werkzeugzeichnungen und der Stücklisten die Arbeitspläne und somit auch die Fertigungsverfahren der Einzelteile. Die daraus resultierenden Fertigungsaufträge werden dann durch die Arbeitsplanung in die Werkzeugproduktion eingesteuert. Nach der NC-Programmierung folgt die mechanische Fertigung der Einzelteile. Hier sind die gängigsten Fertigungsverfahren das Fräsen, Schleifen, Senk- und Drahterodieren und Drehen. Danach werden in der Werkbankarbeit die Einzelteile von dem Werkzeugmechaniker zu einem Werkzeug montiert. Anschließend beginnen die ersten Abstimmungsversuche auf der Produktionsmaschine. In den meisten Fällen muss das montierte Werkzeug noch an die Umgebung bzw. die Produktionsmaschine angepasst werden, bis die gewünschte Artikelgeometrie mit dem Werkzeug realisiert werden kann und auch die Produktivität die kundenseitigen Anforderungen erfüllt. Bei hochinnovativen Werkzeugen kommt der Werkbankarbeit und Erprobung eine entscheidende Rolle zu. Diese folgt aus der Tatsache, dass erst in der Erprobung anspruchsvolle Artikelgeometrien und eine optimale Produktivität durch Feinjustierung realisiert werden können. Hierbei ist jedoch zu beachten, dass jede Optimierungsschleife einen entscheidenden Kostenfaktor und -treiber darstellt. Dies liegt darin begründet, dass zum einen noch manuelle Tätigkeiten durch den Werkzeugmechaniker durchzuführen sind, aber zum anderen schon

[145] vgl. Schleyer, C. (Kooperationen im Werkzeugbau), 2006, S. 30

[146] vgl. Fricker, I. C. (Strategische Stringenz), 2005, S. 46

Produktionsmaschinen belegt werden. Besonders kostenintensiv werden diese Optimierungen dann, wenn dadurch die eigentliche Teileproduktion behindert wird. Der Werkzeugbau ist auch mit der für die Branche typischen Tatsache konfrontiert, dass kundenseitig zahlreiche Änderungswünsche in das Werkzeug eingebracht werden müssen, bevor es an die Teileproduktion übergeben werden kann.[147]

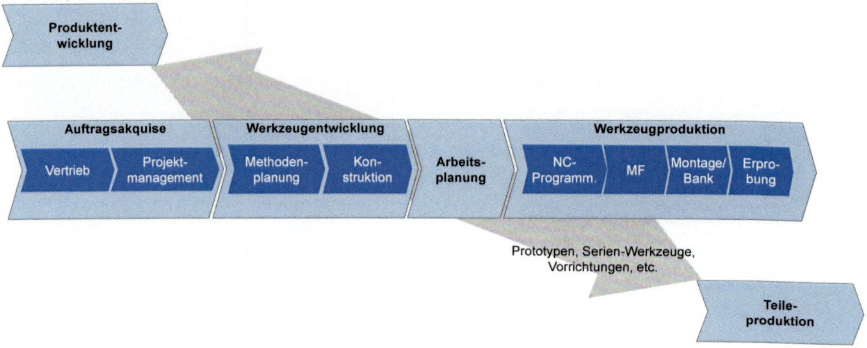


**Abbildung 2-12: Prozesskette des Werkzeugbaus nach FRICK[148]**

Abschließend lässt sich festhalten, dass das Leistungsspektrum des Werkzeugbaus nicht nur aus der Herstellung, sondern auch aus der Beratung der Produktentwicklung und der Teileproduktion während des Anlaufs sowie der Reparatur, Instandhaltung und Wartung besteht.[149] Aus dieser Position in der Schnittstelle zwischen Entwicklung und Produktion kann die sehr wichtige Rolle des Werkzeugbaus bzgl. der Konzeption und Realisierung von Prozess- und Produktinnovationen, der Zuverlässigkeit und Qualität der Produktion als auch bei der Nutzung von Skaleneffekten in der Fertigung abgeleitet werden.[150]

Nachdem die organisatorischen Rahmenbedingungen und Herausforderungen eines Werkzeugbaus erläutert worden sind, beginnt im folgenden Unterkapitel die technische Betrachtung der für diese Arbeit relevanten Umformwerkzeuge. Umformwerkzeuge gehören zu der Gruppe der Presswerkzeuge innerhalb der in Kapitel 2.2.1 dargestellten Hohlformwerkzeuge (s. Abbildung 2-9).

[147] vgl. Frick, L. (Geschäftsmodelle im Werkzeugbau), 2006, S. 26 ff.

[148] vgl. Frick, L. (Geschäftsmodelle im Werkzeugbau), 2006, S. 27

[149] vgl. Klotzbach, C. (Industrialisierung des Werkzeugbau), 2007, S. 47

[150] vgl. Schuh, G. (Produkt-Service-Systeme), 2010, S. 592

### 2.2.4 Umformwerkzeuge

Allgemein werden Fertigungsverfahren nach DIN 8580 in 6 Hauptgruppen eingeteilt:[151]

- Urformen
- Umformen
- Trennen
- Fügen
- Beschichten
- Stoffeigenschaft ändern

Die Umformtechnik beschreibt nach DIN 8580 eine Gruppe von Verfahren der Fertigungstechnik, welche eine gegebene Form eines festen Körpers (Werkstück) bei Beibehaltung der Masse und der Stoffzusammensetzung in eine andere Gestalt bringen.[152] Aufgrund der derzeitigen Energie- und Rohstoffverknappung besitzt die Umformtechnik im Vergleich zu den Verfahren der spanenden Fertigungstechniken durch die deutlich höhere Werkstoffausnutzung Vorteile. Auch fallen durch diese hohe Materialausnutzung bei der Kalkulation der Produktkosten die Materialkosten weniger stark ins Gewicht.[153]

Bei dem Fertigungsverfahren Umformen wird die Geometrie des Werkstücks komplett oder wenigstens teilweise durch die Geometrie des Werkzeugs hergestellt. Im Falle einer komplizierten Geometrie des Werkstücks muss es in mehreren Arbeitsschritten hergestellt werden. Ein Arbeitsschritt kann mehrere Fertigungsverfahren wie Umformen und Schneiden beinhalten. Ein Werkzeug wird umso komplexer, je mehr Fertigungsschritte darin integriert sind. Zusätzlich steigen auch die Störanfälligkeit und Kosten des Werkzeugs. Besondere Merkmale des Umformverfahrens sind neben den hohen erforderlichen Kräften die Tatsache, dass Werkstücke hauptsächlich im Ganzen umgeformt werden und die hohen Investitionen für Maschinen und Werkzeuge.[154]

Nach BOOS kann man die Presswerkzeuge nach Teilegröße, der auszubringenden Stückzahl und der Art des Bauteiltransportes innerhalb der Werkzeuge unterscheiden. Grundsätzlich lassen sich diese Werkzeuge in **Einzelwerkzeuge** und **Folgeverbundwerkzeuge** unterteilen. In Folgeverbundwerkzeugen werden hauptsächlich kleine Blechteile in einer „endlosen“ Fertigung hergestellt. In dieser

[151] vgl. o.V. (DIN 8580 Fertigungsverfahren), 2003, S. 9
[152] vgl. Lange, K. (Umformtechnik), 2002, S. 7
[153] vgl. Doege, E.; Behrens, B.-A. (Handbuch der Umformtechnik), 2010, S. 5
[154] vgl. Lange, K. (Umformtechnik), 2002, S. 9

Werkzeugart sind mehrere Fertigungsoperationen mithilfe sog. Werkzeugstufen in einem Aufbau realisiert (s. Abbildung 2-13).[155]

Neben der Integration zahlreicher Funktionen sind auch komplizierte formgebende Teile vorhanden, bei denen die Oberflächengüte und die Form eine wesentliche Rolle spielen. Auch sind bspw. häufig bewegliche Elemente, wie Schieber, Wendeteller, etc. integriert, um komplexe Artikel herstellen zu können. Die Fertigung von Werkzeugen ist bedingt durch die Vielzahl und Vielfalt der Einzelteile eines Werkzeugs personalintensiv. Auch ist ein hohes Maß an Erfahrung und Expertenwissen aufgrund von schwer kalkulierbaren Faktoren, wie z.B. Rückfederung der Materialen nach der Umformung, vonnöten.[156] Innerhalb der Werkzeugbaubetriebe variiert die Komplexität und Größe der Werkzeuge erheblich. Ein Werkzeug kann aus mehreren tausend Einzelteilen bestehen, deren Lage und Bewegung zueinander höchste Präzision erfordern.[157] Es lässt sich grob festhalten, dass mit dem Gewicht eines Werkzeuges auch seine Komplexität zunimmt. Ferner erhöht sich die Komplexität zum Beispiel durch Bewegungen im Werkzeug, mehrere Kavitäten oder eine steigende Funktionsintegration.[158]

[155] vgl. Boos, W. (Modulare Werkzeuge), 2008, S. 34f.

[156] vgl. Frick, L. (Geschäftsmodelle im Werkzeugbau), 2006, S. 22

[157] vgl. Klotzbach, C. (Industrialisierung des Werkzeugbau), 2007, S. 47

[158] vgl. Frick, L. (Geschäftsmodelle im Werkzeugbau), 2006, S. 21

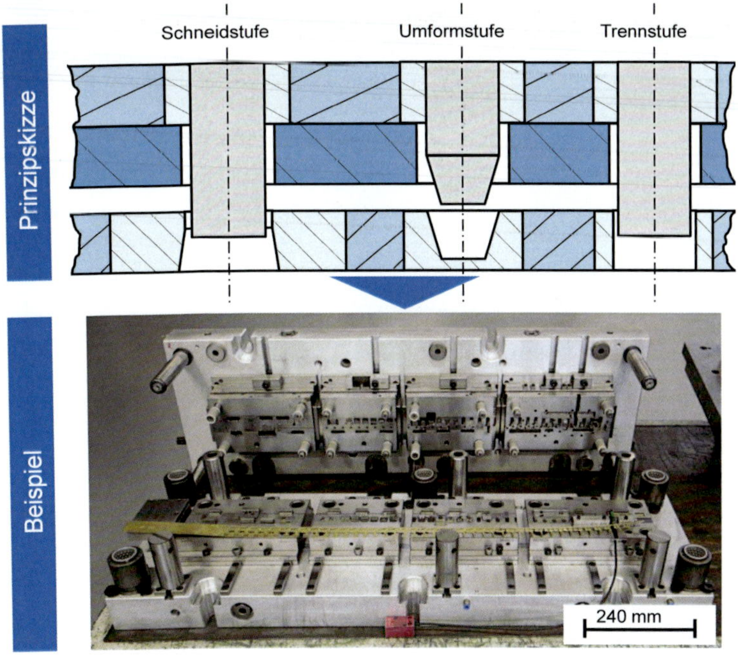


**Abbildung 2-13: Folgeverbundwerkzeug: Prinzipskizze und Beispiel (Quelle: Phoenix Feinbau GmbH & Co.KG)**

Im Folgenden werden die Funktionsweise und die Elemente eines Folgeverbundwerkzeuges detailliert beschrieben, da diese Art eines Umformwerkzeugs in der vorliegenden Arbeit als Referenz- und Vailiderungsobjekt bei der Entwicklung der Methodik dient.

### 2.2.4.1 Funktionsweise eines Folgeverbundwerkzeugs

In einem Folgeverbundwerkzeug werden Umform- und Schneidvorgänge aufeinander folgend in einem Werkzeug durchgeführt.[159] Die in solchen Werkzeugen durchgeführten Einzeloperationen sind in der Regel sehr umfangreich und besitzen oft mechanische Kraftumlenkungssysteme, um in einer Stufe der Bearbeitung entsprechende Umformungen in verschiedenen Wirkrichtungen durchführen zu können.[160]

Bei einem Folgeverbundwerkzeug ist die **Werkzeugführung** von hoher Bedeutung. Zur Sicherstellung einer exakten Position der Schneidstempel zur Schneidplatte

---

[159] vgl. Klocke, F.; König, W. (Umformen), 2006, S. 489

[160] vgl. Dolmetsch, H. et. al. (Werkzeugbau), 2013, S. 91

werden Führungen integriert.[161] Die Art der Stempelführung entscheidet über den konstruktiven Aufbau des Folgeverbundwerkzeugs in eine Platten- und eine Säulenführung.

Bei der **Plattenbauweise** ist die Führungsplatte im Werkzeugunterteil angeordnet und wird mit der Einsatzplatte, den Führungsleisten und der Grundplatte verschraubt und/oder verstiftet. In der Einsatzplatte sind die notwendigen Einsätze sowohl für das Schneiden als auch für das Umformen verbaut. Die entsprechenden Stempel zum Schneiden und Umformen sind im Werkzeugoberteil in der Halteplatte befestigt. Diese Bauweise ist bei abwärtsgerichteten Umformkräften, Blechdicken größer als 0,5 mm und nur kleinen seitlich gerichteten Kräften anzuwenden[162] (s. Abbildung 2-14).

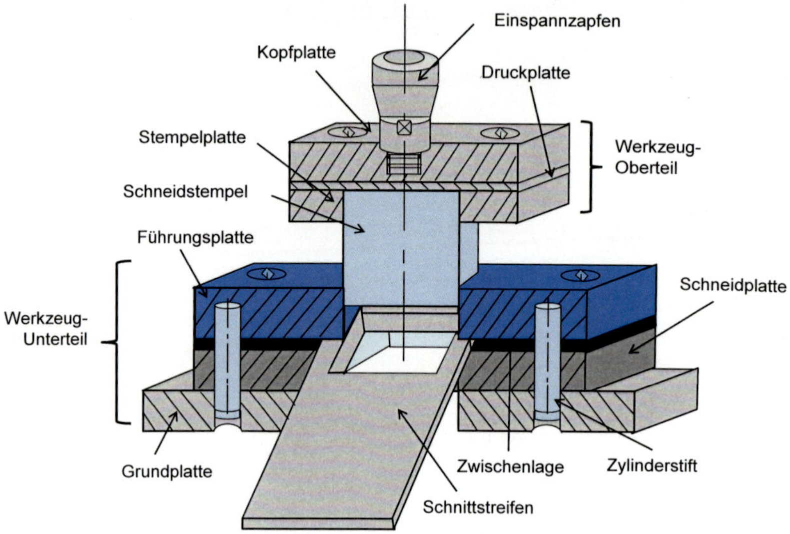


**Abbildung 2-14: Plattenbauweise einer Schneidoperation (Schema)**

Bei der **Säulenführungsbauweise** führt die gefederte Führungsplatte die Stempel und hält gleichzeitig das Halbzeug bzw. den Streifenwerkstoff fest. Biegungen nach unten, oben und seitlich sind bei dieser Bauweise durch die eingebauten Biegeeinsätze möglich. Die Streifenhebung wird durch gefederte Abhebestifte realisiert. Somit kann der Streifen ohne Behinderung zur nächsten Bearbeitungsstufe geleitet werden. Anwendungsbereiche dieser Bauweise können u.a. sein, wenn Seitenkräfte aufgrund außermittig liegender Umformungen erzeugt werden, die

[161] vgl. Klocke, F.; König, W. (Umformen), 2006, S. 491

[162] vgl. Dolmetsch, H. et. al. (Werkzeugbau), 2013, S. 92

Blechdicken i.d.R. kleiner 0,5 mm sind und/oder entgegen der Stößelbewegung Umformungen durchzuführen sind[163] (s. Abbildung 2-15).

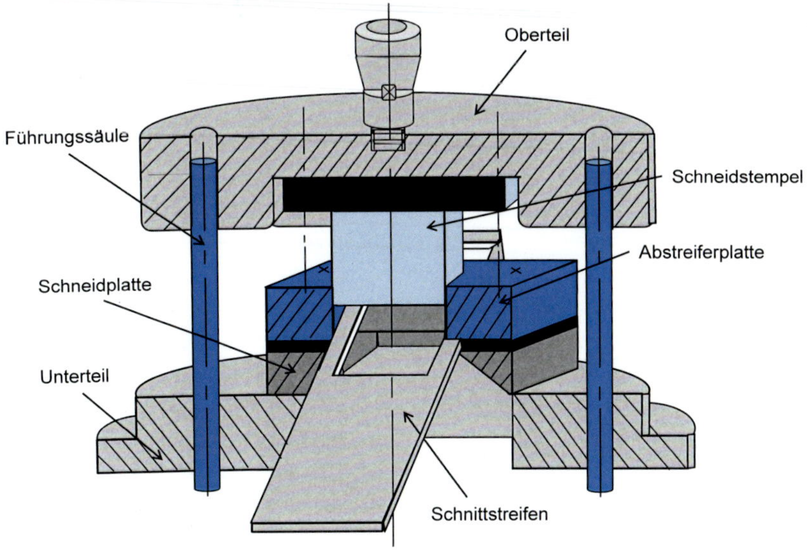


**Abbildung 2-15: Säulenführungsbauweise einer Schneidoperation (Schema)**

Die Bearbeitungsschritte eines Folgeverbundwerkzeugs in Hinblick auf die Bearbeitungen können in drei Stufen unterteilt werden: Schneidstufe, Umformstufe und Trennstufe (s. Abbildung 2-16).

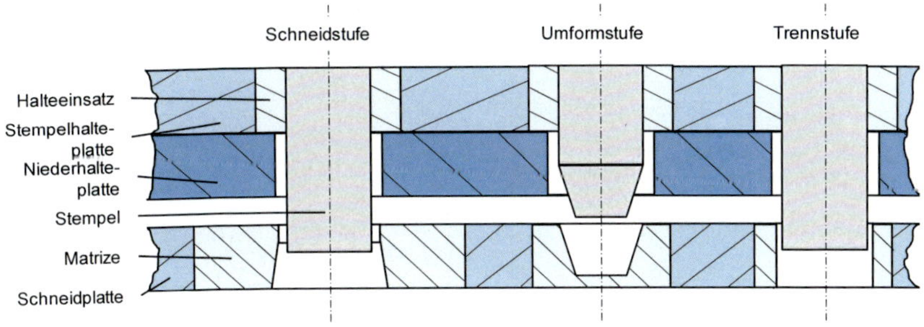


**Abbildung 2-16: Typische Arbeitsstufen eines Folgeverbundwerkzeugs**

Zuerst erfolgt im Allgemeinen das Schneiden z.B. zum Freischneiden oder Lochen in der **Schneidstufe** (s. Abbildung 2-17).[164] Hauptsächlich hierbei angewandte Verfahren sind das Scherschneiden und Keilschneiden. Benennungen am Werkzeug

---

[163] vgl. Dolmetsch, H. et. al. (Werkzeugbau), 2013, S. 92

[164] vgl. Dolmetsch, H. et. al. (Werkzeugbau), 2013, S. 92

werden mit der Stammsilbe „Schneid-“ benannt (z.B. Schneidspalt, Schneidstempel) und Benennungen am Werkstück mit der Silbe „Schnitt-“ (z.B. Schnittfläche).[165] Einen wesentlichen Einfluss auf die Qualität des Produktes und die Standzeit des Werkzeuges hat in der Schneidstufe der Schneidspalt u. Dieser Schneidspalt wird als rechtwinkliger Abstand zwischen der Schneidkante des Stempels und der dazugehörigen Schneidkante des Durchbruchs in der Schneidplatte gemessen. Die Dimensionierung des Schneidspalts ist von der Dicke und den Festigkeitseigenschaften des zu schneidenden Materials (Halbzeug) abhängig. Auch spielen die Art des Werkzeugaufbaus und die geforderte Qualität der Schnittflächen eine Rolle.[166] In Abbildung 2-17 ist exemplarisch eine Schneidoperation dargestellt. Der Schneidstempel wird kraftschlüssig in einem Halteeinsatz befestigt. Dieser Halteeinsatz ist wiederum in der Stempelhalteplatte montiert. Über diese Halteplatte erfährt der Stempel seine Bewegung in vertikaler Richtung. Die Niederhalteplatte dient zur Klemmung des Streifens während der Schneidoperation und ist mit der Stempelhalteplatte verbunden. Der Stempel taucht während der Schneidoperation durch den Streifen durch, schneidet die entsprechende Geometrie heraus und erfährt dann eine Rückwärtsbewegung. In der Schneidplatte, welche durch das Gestell positionsgenau mit der Stempelhalte- und der Niederhalteplatte verbunden ist, ist eine Matrize befestigt, durch welche der Abfall des Streifens ausgeworfen wird. Ergebnis dieser Stufe ist die Herstellung der geforderten Kontur des Werkstücks (s. Abbildung 2-17).

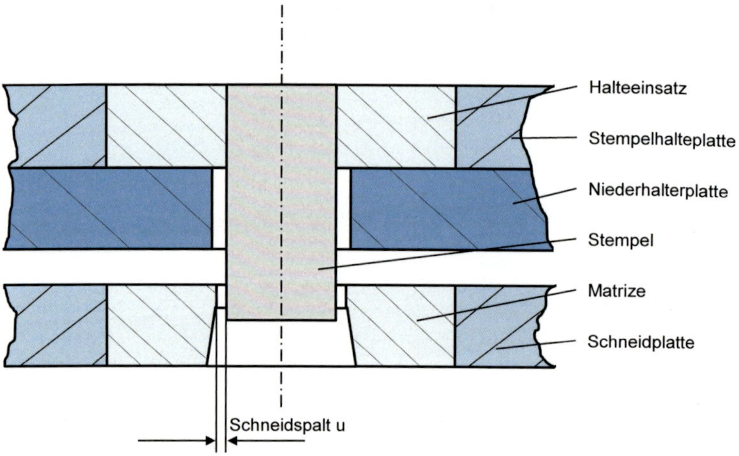


**Abbildung 2-17: Schematische Darstellung einer Schneidoperation inkl. Schneidspalt**

[165] vgl. Hellwig, W.; Kolbe, M. (Stanzen), 2012, S. 5

[166] vgl. Dolmetsch, H. et. al. (Werkzeugbau), 2013, S. 42

In der darauffolgenden **Umformstufe** werden Umformstempel, wie z.B. Biegestempel, eingesetzt. Hier wird durch Biegen die Form des Werkstücks hergestellt. Verfahren der Biegeumformung sind nach DIN 8586 z.B. das Freie Biegen, Gesenkbiegen, Schwenkbiegen, Rollbiegen und Walzbiegen.[167] Je nach Materialeigenschaften des Halbzeuges kann eine Rückfederung des Materials nach der Umformung erfolgen. Um diesen Effekt der Rückfederung auszugleichen, ist ein dem Biegen folgendes Richten in der Umformstufe zu implementieren. Wie schon für die Schneidstufe erläutert, wird der Biegestempel z.B. kraftschlüssig über einen Halteeinsatz in der Halteplatte befestigt und der Stempel erfährt über die Stempelhalteplatte seine Bewegung. Während des Biegevorgangs übernimmt die Niederhalteplatte die Klemmung des Streifens. Die Matrize in der Umformstufe ist das Negativ der herzustellenden Umformkontur und dient als Gesenk. Neben dem Biegen gehören zum Umformen auch das Prägen und Ziehen.[168] Abschließend wird in der **Trennstufe** das Werkstück aus dem Halbzeug mittels Schneidvorgang final abgetrennt.[169] Die Trennstufe entspricht in ihrer Funktion einer Schneidstufe.

### 2.2.4.2 Elemente eines Folgeverbundwerkzeugs

Nachdem die grundsätzliche Funktionsweise eines Folgeverbundwerkzeugs erläutert worden ist, folgt nun die Klassifizierung der Elemente eines solchen. Grundsätzlich können die Elemente nach der Sicherstellung der Haupt- und der Nebenfunktion eingeteilt werden.

Unter **Hauptfunktion** werden in dieser Arbeit diejenigen Funktionen verstanden, welche zur Formveränderung des Werkstückausgangsmaterials direkt notwendig sind. Diese sind zum einen die formgebenden Stempel in den Arbeitsstufen Schneiden, Umformen und Trennen. Diese Elemente werden auch als Aktivelemente bezeichnet. Auch die jeweiligen Matrizen als Gegenstück zu den formgebenden Stempeln in der Schneidplatte werden hierzu gezählt. Die Matrizen sind genau wie die Stempel abhängig von der herzustellenden Kontur und werden den Aktivelementen zugeordnet. Die Verwendung der Einsätze in einem Folgeverbundwerkzeug lässt sich mit der aufwandsärmeren Instandhaltung während der Serienproduktion erklären. Falls der Einsatz nach einer bestimmten produzierten Stückzahl verschlissen ist, kann dieser ausgetauscht werden. Andernfalls müsste die gesamte Platte neu gefertigt werden. Dies würde aufgrund der Bearbeitungszeit zu Stillstandzeiten des Folgeverbundwerkzeugs in der Serienproduktion führen. Neben diesen formgebenden Werkzeugelementen existieren weitere Elemente in einem

---

[167] vgl. Hellwig, W.; Kolbe, M. (Stanzen), 2012, S. 10

[168] vgl. Hellwig, W.; Kolbe, M. (Stanzen), 2012, S. 8

[169] vgl. Dolmetsch, H. et. al. (Werkzeugbau), 2013, S. 92

Folgeverbundwerkzeug, welche indirekte Funktionen abbilden und somit als **Nebenfunktion** bezeichnet werden. Diese lassen sich in Platten, wie z.B. die Stempelhalteplatte, die Niederhalteplatte und Schneidplatte, Normteile (Schrauben, Federn, etc.) sowie unterstützende Elemente (Streifenführung, Positionierung des Materials im Werkzeug, Modulbefestigung, Führungssäulen, etc.) unterteilen (s. Abbildung 2-18). In einem Folgeverbundwerkzeug ist es aufgrund der dicht aufeinanderfolgenden Arbeitsstufen und den am Produkt geforderten Toleranzen von zentraler Bedeutung, eine Fertigung der formgebenden Werkzeugelemente mit höchster Präzision sicherzustellen.

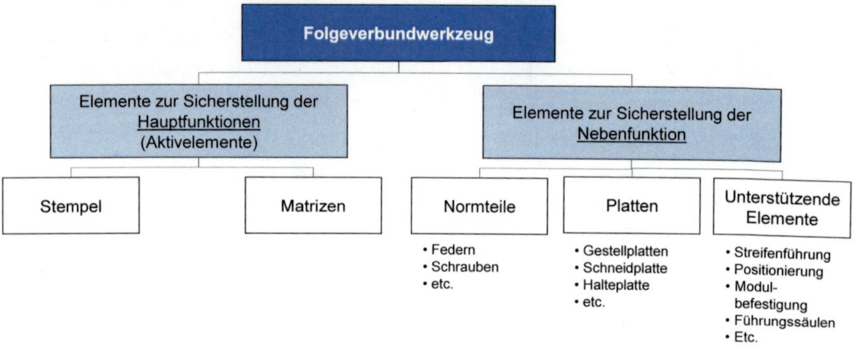


**Abbildung 2-18: Elemente eines Folgeverbundwerkzeugs**

Zusammenfassend lässt sich festhalten, dass ein Folgeverbundwerkzeug die Möglichkeit bietet, mehrere Operationen, sowohl Schneid- als auch Umformvorgänge, in einem Werkzeugaufbau zu kombinieren. Neben den Vorteilen, dass für ein komplexes Produkt mit mehreren Biegungen, Sonderapplikationen wie Gewinde etc. nur ein Werkzeug und somit auch nur ein Fertigungsschritt benötigt wird, steigt die Anzahl der Bauteile und deren Zusammenspiel. Dies erfordert pro Werkzeugelement eine entsprechende Fertigungsgenauigkeit von ± 2 µm. Neben der Sicherstellung der Genauigkeiten der einzelnen Werkzeugelemente stellt die Abstimmung der einzelnen Funktionen untereinander eine besondere Herausforderung dar.[170] Es existiert in einem Folgeverbundwerkzeug eine Vielzahl von Wirkzusammenhängen zwischen einzelnen Werkzeugelementen.[171]

### 2.2.5 Herausforderungen für den Werkzeugbau

Der Werkzeugbau als Bindeglied und ausführende Einheit zwischen der Produktentwicklung und der Serienproduktion ist aufgrund seiner Rolle

[170] vgl. Boos, W. (Modulare Werkzeuge), 2008, S. 54

[171] vgl. Feldhusen, J.; Grote, K.-H. (Hrsg.) (Konstruktionslehre), 2013, S. 479 ff.

unterschiedlichen Herausforderungen gegenübergestellt. Diese lassen sich in organisatorische und technische unterteilen.

*Organisatorische Herausforderungen*

Organisatorische Herausforderungen liegen u.a. in der besonderen Position des Werkzeugbaus in der industriellen Wertschöpfungskette begründet. Auf der einen Seite fordert die Produktentwicklung die Erstellung eines Werkzeugs zur zeichnungsgerechten Produktion des konzipierten Produktes, auf der anderen Seite fordert die Serienproduktion neben einer schnellen Realisierung für eine kurze Produktionsanlaufphase auch eine möglichst **kostenoptimale Werkzeug- und Produkterstellung**. Kriterien hierfür sind u.a. Prozessstabilität, minimale Rüstaufwände und geringe Werkzeugkosten. Dies führt in Summe zu der Forderung nach qualitativ hochwertigen Werkzeugen zu geringen Kosten in kürzesten Durchlaufzeiten. Des Weiteren ist der Werkzeugbau als Einzelfertiger mit der Herausforderung konfrontiert, aufgrund der **Einmaligkeit der Werkzeugerstellung** kostengünstige Werkzeuge ohne die Nutzung von Skaleneffekten, wie sie ein Massenfertiger hat, zu produzieren. Gleichzeitig erfolgt auf Seite der Produktentwicklung eine zunehmende Produktderivatisierung. Dies führt zu einer hohen Produktvielfalt seitens der Kunden eines Werkzeugbaus. Durch eine steigende Anzahl an Produkten werden kontinuierlich mehr **Werkzeuge unterschiedlicher Ausprägungen** beauftragt.[172] Gleichzeitig sinken die Stückzahlen einzelner Derivate und daraus resultierend steigt der Anteil der Werkzeugkosten an den Gesamtkosten eines Produktes, da die Werkzeugkosten durch die Gesamtzahl der zu produzierenden Artikel getragen werden müssen.[173] Daraus folgt, dass das Budget je Werkzeug sinkt, was eine kostengünstigere Herstellung der Werkzeuge bedingt.[174] Um diese kostengünstigere Herstellung bewusst vorantreiben zu können, ist eine **Transparenz** bzgl. der Kostentreiber während der Werkzeugerstellung unabdingbar. Ferner kann der Endkunde des Werkzeugs (Produktentwicklung) die kostentechnische **Auswirkung variierender Merkmale** nicht beurteilen und somit auch nicht seine Anforderungen unter monetären Aspekten genauer spezifizieren. Hierfür sind detaillierte Kenntnisse der Wirkzusammenhänge innerhalb eines Werkzeugs notwendig[175] (s. Abbildung 2-19).

---

172 vgl. Schuh, G. et al. (Strategie), 2011, S. 65

173 vgl. Schuh, G. et al. (Synchronisierung im industriellen Werkzeugbau), 2011, S. 375

174 vgl. Pitsch, M. (Kompetenzfeldbasierte Vernetzung), 2014, S. 52

175 vgl. Westekemper, M. (Angebotspreisbildung), 2002, S. 49

**Abbildung 2-19: Organisatorische Herausforderungen eines Werkzeugbaus**

*Technische Herausforderungen*

Neben den organisatorischen existieren ebenso technische Herausforderungen für einen Werkzeugbau. In einem Folgeverbundwerkzeug sind mehrere formverändernde Arbeitsstufen in einem Werkzeugaufbau realisiert. Diese Funktionsintegration in einem Werkzeug impliziert eine höhere **Vielzahl und Vielfalt an Funktionen** als bspw. in einem Einzelwerkzeug pro Arbeitsstufe.[176] Dies führt zu einer hohen Vielzahl und Vielfalt an Einzelelementen zur Herstellung der Funktionen und einer hohen Komplexität bei der Kombination und dem Zusammenwirken dieser Funktionalitäten in dem System Folgeverbundwerkzeug[177]. Neben der Anzahl und Vielfalt der Einzelelemente liegt durch die hohe Funktionsdichte innerhalb eines Werkzeugaufbaus die Notwendigkeit des Zusammenspiels der einzelnen Bauteile vor. Die Einzelelemente innerhalb des Werkzeugs müssen zur anforderungsgerechten Herstellung der Produkte aufeinander abgestimmt sein. Aus dieser hohen Anzahl an Einzelelementen resultiert eine große **Vielzahl und Vielfalt an Wirkflächen** innerhalb eines Folgeverbundwerkzeuges zur Realisierung der formändernden Arbeitsoperationen. Dies erfordert eine entsprechende **Fertigungsgenauigkeit** der Einzelelemente.[178]

Das System Folgeverbundwerkzeug ist durch eine hohe Vielfalt und Vielzahl an Funktionen und Wirkflächen charakterisiert. Aufbauend auf der in Kapitel 2.1.1 hergeleiteten Definition der Komplexität eines Systems wird die Annahme getroffen, dass das System Folgeverbundwerkzeug bei steigender Funktionsintegration mit einer steigenden **technischen Komplexität** konfrontiert ist (s. Abbildung 2-20).

---

[176] vgl. Boos, W. (Modulare Werkzeuge), 2008, S. 54

[177] vgl. Boos, W. (Modulare Werkzeuge), 2008, S. 54

[178] vgl. Dolmetsch, H. et. al. (Werkzeugbau), 2013, S. 92

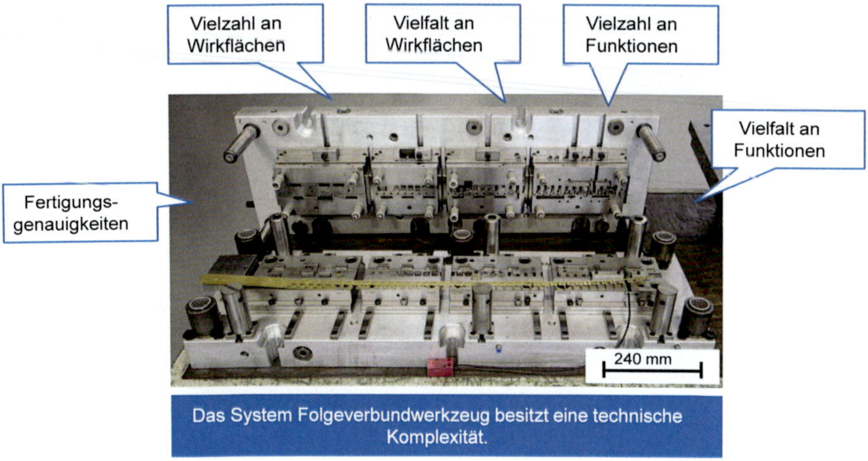


**Abbildung 2-20: Technische Herausforderungen eines Werkzeugbaus**

Auf **organisatorischer Seite** sieht sich der Werkzeugbau mit der kundenseitigen Forderung nach sinkenden Werkzeugkosten konfrontiert. Voraussetzung hierfür ist erstens eine transparente Funktion der Werkzeugkosten in Abhängigkeit von bekannten Einflussgrößen. Zweitens müssen diese Einflussgrößen und deren Variation untereinander der Produktentwicklung bekannt gemacht werden. Das Produkt des Werkzeugbaus, z.B. ein Folgeverbundwerkzeug, ist durch eine technische Komplexität gekennzeichnet. Diese ergibt sich aus der Vielzahl und Vielfalt an Funktionen und den Wirkflächen. Der Werkzeugbau steht in dem Spannungsfeld zwischen transparenten Werkzeugkosten und einem gewissen Grad an technischer Komplexität des Werkzeugs.

## 2.3 Handlungsbedarf

Im Spannungsfeld zwischen der Produktentwicklung und der Serienproduktion dient der Werkzeugbau als Umsetzer der Ideen der Produktentwicklung und als Befähiger der Serienproduktion zur Herstellung der entwickelten Produkte im Zieldreieck von Kosten, Qualität und Zeit. Der Werkzeugbau sieht sich mit einer steigenden Anzahl an Derivaten auf der Produktebene bei gleichzeitig sinkenden Stückzahlen pro Derivate konfrontiert. Dies führt zu einer steigenden Anzahl an Werkzeugen. In den Herstellkosten eines Produktes spielen die Werkzeugkosten bei sinkenden Stückzahlen eine immer größer werdende Rolle, da die Werkzeugkosten auf die zu produzierende Stückzahl umgelegt werden. Folglich sinkt das bereitgestellte Budget zur Herstellung eines Werkzeugs. Der Werkzeugbau muss somit in die Lage versetzt werden, bei sinkenden Stückzahlen die Herstellkosten des Werkzeugs zu reduzieren, um die Produkte zu gleichbleibenden Preisen anbieten zu können. Hierfür ist Voraussetzung, dass die Werkzeugkosten als Funktion von Variablen transparent ermittelt werden können. Auch sollten der Einfluss der einzelnen Variablen und deren Kombination auf die Werkzeugkosten sowohl dem Werkzeugentwickler als auch dem Endkunden des Werkzeugbaus (Produktentwicklung) bekannt sein. Aktuell ist dies nicht der Fall. Dem Endkunden des Werkzeugs fehlt i.d.R. Wissen und Erfahrung um die Auswirkungen unterschiedlicher Merkmalsvariationen. Die Produktentwicklung kann dementsprechend die Konsequenzen (Kosten) einzelner Produktmerkmale nicht berücksichtigen. Jedoch herrscht eine starke Wirkbeziehung zwischen der Komplexität eines Produktes (Produktkomplexität) und der Komplexität eines Werkzeugs (Werkzeugkomplexität).[179] Die Komplexität eines Werkzeugs wird neben den spezifischen Eigenschaften eines Produktes auch aus zusätzlichen Merkmalen ermittelt (z.B. Art der Stempelbefestigung). Diese führen bei gleichbleibender Komplexität eines Produktes aus geometrischer Sicht zu divergierenden Komplexitäten bei den resultierenden Werkzeugen.[180] Ursächlich hierfür ist u.a. das fehlende Wissen über die Kostentreiber bei der Werkzeugerstellung. Neben den klassischen direkten Kostenbestandteilen der Werkzeugerstellung (Personal-, Maschinen- und Materialkosten) hat auch die vorherrschende Werkzeugkomplexität einen zentralen Einfluss auf die Herstellkosten. Oftmals liegt bei einer Steigerung der Vielfalt keine Transparenz bzgl. der Ursachen und Auswirkungen steigender Komplexität vor. Dies führt, wie bereits erwähnt, zu einem weiteren Anstieg der Komplexität und den damit verbundenen komplexitätsbedingten Kosten, sog. Komplexitätskosten[181] (s. Abbildung 2-21).

Um zukünftig eine Kostenreduzierung bei der Werkzeugerstellung zu ermöglichen, ist es zunächst notwendig, Transparenz bzgl. der Kostenbestandteile zu erlangen. Hierbei stellen insbesondere die Komplexitätskosten eine Herausforderung dar, da diese aktuell noch nicht quantitativ erfasst werden können. Hier sind neben den durch die Werkzeugerstellung entstehenden komplexitätsbedingten Kosten auch produktseitige Ursachen der Komplexitätssteigerung relevant. Der Werkzeugbau ist ausführendes Element der Produktentwicklung. Zentrale Entscheidungen bzgl. der Werkzeugkomplexität und -kosten werden dementsprechend schon während der Produktentwicklung getroffen. Die Bestimmung der Werkzeugkosten als Funktion der Herstell- und der Komplexitätskosten unter Beachtung der Ursache-Wirkungs-Beziehungen zwischen Werkzeugkomplexität und Produktmerkmalen ist notwendig. Ziel ist die Ermittlung der wertschöpfungsübergreifenden Auswirkungen einer Produktentwicklung auf die Komplexitätskosten eines Werkzeugs, um mithilfe dieses

[179] vgl. Westekemper, M. (Angebotspreisbildung), 2002, S. 56

[180] vgl. Westekemper, M. (Angebotspreisbildung), 2002, S. 56

[181] vgl. Schuh, G. (Produktkomplexität), 2005, S. 14 ff.

Wissens Optimierungsmaßnahmen zur zielgerichteten Reduktion der Werkzeugkosten entwickeln zu können.

Mit dem hier aufgezeigten Defizit in der Praxis durch die fehlende Transparenz der Ursache-Wirkungs-Beziehungen zwischen Produktmerkmalen und Komplexitätskosten eines Werkzeugs ist nun das Grundlagenkapitel abgeschlossen. Im nächsten Schritt ist es erforderlich, die vorhandenen Lösungsansätze hinsichtlich ihrer Anwendbarkeit auf die formulierte Fragestellung zu analysieren.

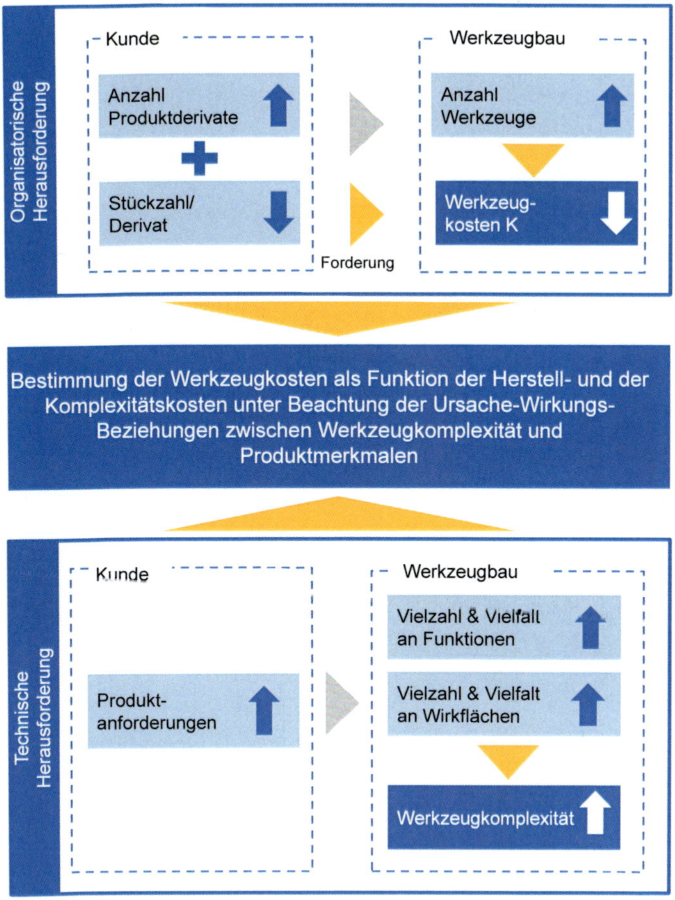


**Abbildung 2-21: Handlungsbedarf**

# 3 Analyse und Bewertung existierender Ansätze

Aufbauend auf der Herleitung des Handlungsbedarfes aus der Praxis im vorhergehenden Kapitel werden in diesem Kapitel gemäß der vorgestellten Forschungsmethodik (s. Kapitel 1.3) die relevanten bestehenden Theorien vorgestellt und bewertet.[182] Hierzu werden im ersten Unterkapitel Anforderungen an die Methodik allgemeiner, formaler Art sowie aus der Zielsetzung und dem Objektbereich der Arbeit hergeleitet. Anschließend werden die ausgewählten Ansätze unter Berücksichtigung der Anforderungen an die Methodik vorgestellt und im Kapitel 3.3 anhand dieser bewertet und daraus im Kapitel 3.4 der Forschungsbedarf hergeleitet. Den Abschluss des dritten Kapitels stellt die Konkretisierung der Forschungsfrage dar.

## 3.1 Anforderungen an eine Methodik

In diesem Kapitel werden Anforderungen an die zu konzipierende Methodik hergeleitet. Dies ist die Grundlage des zielgerichteten Aufbaus einer Methodik zur Ermittlung der komplexitätskostenrelevanten Ursache-Wirkungs-Beziehungen im Werkzeugbau. Die definierten Anforderungen dienen im nächsten Kapitel als Bewertungskriterien für bestehende Modelle und Ansätze aus der Wissenschaft. Auch wird bei der Konzeption und Detaillierung der Methodik in den nachfolgenden Kapiteln 4 und 5 auf diese zurückgegriffen.

Die Anforderungen an die Methodik lassen sich in drei Gruppen aufteilen. Neben den Anforderungen der Ermittlung komplexitätskostenrelevanter Ursache-Wirkungs-Beziehungen resultieren Anforderungen aus dem Objektbereich des Werkzeugbaus. Dies ist z.B. die Berücksichtigung der hohen Varianz eines Werkzeugbaus als Unikatfertiger. In der letzten Anforderungsgruppe werden die wissenschaftlichen Anforderungen an die Konzeption und Detaillierung einer Methodik zusammengefasst (s. Abbildung 3-1).

### 3.1.1 Anforderungen aus der Zielsetzung

Zielsetzung dieser Arbeit ist die Ermittlung der komplexitätskostenrelevanten Ursache-Wirkungs-Beziehungen im Werkzeugbau. Die Methodik muss somit eine Möglichkeit schaffen, die Werkzeugkomplexität quantitativ zu bewerten. Basis hierfür ist die **Quantifizierbarkeit von Komplexität** zur Verknüpfung der Komplexität mit den Komplexitätskosten. Die Auswirkung einer bestimmten Werkzeugkomplexität auf die Komplexitätskosten als Anteil der Werkzeugkosten ist zentraler Bestandteil der

---

[182] vgl. Ulrich, H.: (Management), 1984, S. 193

Methodik. Folglich ist die Eigenschaft der **Kostentransparenz** für die Methodik unabdingbar. Die Komplexität eines Werkzeugs als Betriebsmittel zur Erstellung bestimmter Produkte resultiert zum einen aus der Werkzeugkonstruktion, aber auch aus den Merkmalen des Produktes, welches zu fertigen ist. Dies bedeutet, dass bei einer Methodik zur Ermittlung der komplexitätskostenrelevanten Beziehungen auch eine **wertschöpfungsübergreifende Betrachtung** der Komplexität und deren Ursachen und Auswirkungen erfolgen müssen.

### 3.1.2 Anforderungen aus dem Objektbereich

Wie in Kapitel 2.2.3 beschrieben, erfolgt die Werkzeugerstellung grundsätzlich in vier Wertschöpfungsschritten: Konstruktion, mechanische Fertigung, Montage und Try-Out. Die Konstruktion übernimmt im Hinblick auf die Werkzeugkomplexität die wichtigste Rolle. An dieser Stelle werden alle Entscheidungen bzgl. der Gestalt und Umsetzung der Funktionen getroffen. Um mithilfe der Methodik die komplexitätskostenrelevanten Zusammenhänge eines Werkzeugs ermitteln und bewerten zu können, ist eine wesentliche Anforderung an die Methodik somit die **Integration in den Entwicklungsprozess**.

Der Werkzeugbau als Unikatfertiger hat i.d.R. die Aufgabe, jedes Werkzeug neu zu konzipieren und herzustellen. Daraus entsteht eine hohe Varianz der Werkzeuge. Die Methodik muss stabil bzw. robust gegenüber dieser hohen Varianz sein und somit für eine **Einzelfertigung** geeignet sein.

Auch die **Fokussierung auf den Herstellungsprozess** ist eine wichtige Anforderung an die Methodik. Auch wenn die während der Werkzeugerstellung induzierte Komplexität Auswirkungen auf die nachfolgenden Phasen des Lebenszyklus hat, liegt der Fokus dieser Arbeit auf den direkt aus der steigenden Komplexität entstehenden Kostenanteilen der Herstellkosten und nicht der Werkzeuglebenskosten.

### 3.1.3 Allgemeine, formale Anforderungen

Eine Methodik zur Ermittlung der komplexitätskostenrelevanten Ursache-Wirkungs-Beziehungen im Werkzeugbau muss den allgemeinen, formalen Anforderungen der Wissenschaft genügen. Diese sind die Praktikabilität, Wirtschaftlichkeit und konkrete Vorgehensweise.[183]

Ein fundamentaler Aspekt einer wissenschaftlichen Methodik ist die **Praktikabilität**. Es muss ein ausreichend hoher Realitätsbezug vorhanden sein, welcher die Grundlage für einen hohen Anwendungsgrad in der Praxis darstellt. Neben einer

[183] vgl. Pitsch, M. (Kompetenzfeldbasierte Vernetzung), 2014, S. 59

klaren Struktur der Methodik und einer guten Handhabbarkeit für den Anwender müssen alle notwendigen Informationen und Daten zu deren Anwendung verfügbar sein. Es ist sicherzustellen, dass verlässliche Ergebnisse erzielt werden, welche einen deutlichen Mehrwert bei der Anwendung darstellen.[184]

Neben der Praktikabilität ist die **Wirtschaftlichkeit** einer Methodik von zentraler Bedeutung. Dies impliziert ein hohes Aufwand-Nutzen-Verhältnis. Der Nutzen der Anwendung der Methodik übersteigt deutlich die notwendigen Aufwendungen. Aufwendungen resultieren aus Ressourcenaufwänden u.a. in Form von technischen und/oder organisationalen Änderungen oder Schulungsaufwänden. Aufwendungen sind in Form von Zeit und Geld quantifizierbar und somit auch bewertbar. Auch der Aufwand für eine wiederkehrende Durchführung sollte gering gehalten werden. Hierfür ist eine Transparenz und Nachvollziehbarkeit der Methodik und den dazu nötigen Aufwendungen notwendig. Hierbei ist die Anforderung der Wirtschaftlichkeit oft konträr zu anderen Zielgrößen bzw. Anforderungen, wie z.B. Genauigkeit, Aktualität der Methodik. In diesem Spannungsfeld ist Pragmatismus erforderlich, um die Aufwände unterschiedlicher Anforderungen gegenüber dem Nutzen abzuwägen.[185]

Um eine einfache Anwendung der Methodik sicherstellen zu können, ist eine **konkrete Vorgehensweise** nötig. Die Methodik braucht eine stringente Struktur, welche durch aufeinander aufbauende Phasen charakterisiert ist. Die einzelnen Phasen sind voneinander abgegrenzt und jeweils inhaltlich abgeschlossen. Die Ausgangsgrößen einer Phase stellen die Eingangsgrößen der nächsten Phase dar. Dies ermöglicht sowohl ein sequenzielles als auch zyklisches Vorgehen. Diese Vorgehensweise ist zentraler Bestandteil, um den gewünschten Zielzustand einer Methodik zu erreichen.[186]

---

184 vgl. Pitsch, M. (Kompetenzfeldbasierte Vernetzung), 2014, S. 59

185 vgl. Giehler, F. (Planungsproduktivität), 2010, S. 43

186 vgl. Pitsch, M. (Kompetenzfeldbasierte Vernetzung), 2014, S. 60

| Anforderungen an eine Methodik | | |
|---|---|---|
| **aus der Zielsetzung** | **aus dem Objektbereich** | **allgemeine, formale** |
| Quantifizierbarkeit von Komplexität | Integration in Entwicklungsprozess | Praktikabilität |
| Kostentransparenz | Einzelfertigung | Wirtschaftlichkeit |
| Wertschöpfungs-übergreifend | Fokussierung auf Herstellungsprozess | Konkrete Vorgehensweise |

**Abbildung 3-1: Anforderungen an die Methodik**

## 3.2 Darstellung und Bewertung relevanter Ansätze der Wissenschaft

Ziel dieses Kapitels ist es, aufbauend auf der Definition der Anforderungen an eine Methodik zur Ermittlung komplexitätskostenrelevanter Ursache-Wirkungs-Beziehungen im Werkzeugbau, existierende Ansätze des Komplexitätsmanagements und der Angebotskalkulation auf ihre Eignung für die Zielstellung der Arbeit zu überprüfen. Im Folgenden werden ausgewählte Ansätze vorgestellt und im darauffolgenden Kapitel 3.3 anhand der gestellten Anforderungen an eine Methodik beurteilt. Die Auswahl der Ansätze erfolgte nach der Relevanz für die dieser Arbeit zugrunde liegenden Gestaltungs- und Betrachtungsbereiche. Auswahlkriterium für die dargestellten Ansätze, Methoden und Modelle war auf der einen Seite die Definition und Quantifizierbarkeit von Komplexität und auf der anderen Seite Lösungen zur Kostenkalkulation in der Unikatfertigung.

### 3.2.1 Design for Variety (DFV) nach MARTIN

Die Methode „Design for Variety“ (DFV) von MARTIN dient der systematischen Entwicklung einer robusten Produktarchitektur. Dies impliziert eine Produktarchitektur, welche bei wechselnden Produktanforderungen einen geringen Entwicklungsaufwand für die Umsetzung benötigt. Nach MARTIN existieren zwei wesentliche Treiber solcher Änderungen. Dies sind die **externen Treiber**, wie z.B. wechselnde Kundenbedürfnisse oder gesetzliche Änderungen, und die **internen Treiber**. Diese ergeben sich aus Wechselwirkungen zwischen den Komponenten eines Produktes.[187] Die vier-Phasen-Methode DFV identifiziert Schwachstellen in der Produktarchitektur und zeigt Optimierungsansätze.[188] Diese vier Schritte werden im Folgenden näher erläutert.

### 3.2.1.1 Generierung der Kennzahlen

Die Auswirkungen der externen und internen Treiber werden mithilfe zweier Kennzahlen messbar gemacht. In dem ersten Schritt der Methode werden diese Kennzahlen ermittelt.

Der Einfluss der externen Treiber auf die einzelnen Komponenten wird durch den sog. **„Generation Variety Index“** (GVI) quantifiziert. Er macht den Änderungsaufwand bei der Entwicklung für die Berücksichtigung der geänderten Anforderungen quantifizierbar.[189] Hierfür werden die geforderten Produkteigenschaften und die Produktvarianz definiert. Die notwendigen Anpassungen einzelner Komponenten werden identifiziert und der Einfluss dieser auf die jeweiligen Produktkomponenten durch eine vorgenommene Gewichtung der Beziehung quantifiziert. Die Summe der Einflussfaktoren auf eine Komponente ist der GVI [190] (s. Abbildung 3-2).

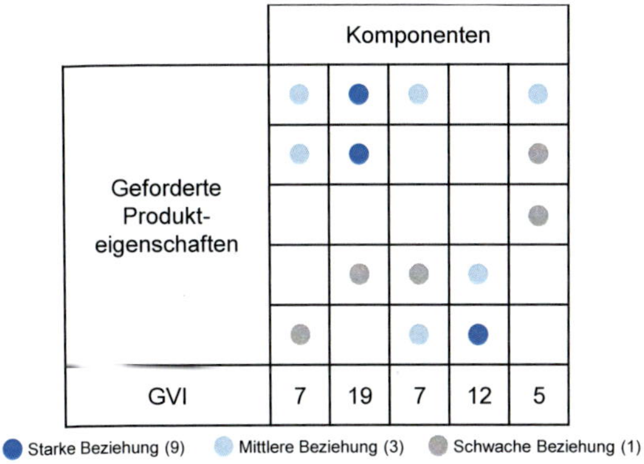


**Abbildung 3-2: Berechnung des GVI (in Anlehnung an MARTIN)** [191]

[187] vgl. Martin, M.V. (Design for Variety), 1999, S. 51

[188] vgl. Martin, M.V. (Design for Variety), 1999, S. 55 ff.

[189] vgl. Martin, M.V.; Ishii, K. (DFV), 2000, S. 3

[190] vgl. Martin, M.V. (Design for Variety), 1999, S. 21 ff.

[191] s. Nussbaum, C. L. (Wirkungsgrad der Produktkomplexität), 2011, S. 98; vgl. Martin, M.V. (Design for Variety), 1999, S. 29

Neben den externen Einflüssen gilt es die internen Einflüsse bzw. die Abhängigkeiten zwischen Komponenten bei Änderungen messbar zu machen. Diese sind indirekte Auswirkungen externer Faktoren auf die Produktarchitektur und werden durch den **„Coupling Index“** (CI) quantifiziert. Dieser Index bestimmt die Stärke der Verbindung zweier Produktkomponenten. Je größer die Beziehung zwischen zwei Komponenten ist, desto größer ist die Wahrscheinlichkeit, dass die Anpassung einer Komponente aufgrund externer Einflüsse auch eine Änderung der zweiten Komponente verursacht.[192] Die Beziehungen zwischen den Komponenten werden in einer sog. Coupling Matrix abgebildet, gewichtet und messbar gemacht. In der Matrix werden die Beziehungen noch nach ihrer Richtung differenziert. Der „Coupling Index – Supply“ (CI-S) umfasst die Komponenten, von denen die sich ändernden Anforderungen ausgehen. Der „Coupling Index – Receive“ (CI-R) beinhaltet alle an die Komponente gestellten Anforderungen.[193] Dies sei an dem Beispiel eines Druckers kurz erläutert. Die an die Komponente Druckerpatrone gestellte Anforderung (gedruckte Seiten pro Minute) und deren Auswirkungen haben einen Einfluss auf die Konzeption der Firmware des Druckers. Die Firmware muss die geforderte Anzahl an gedruckten Seiten pro Minuten datentechnisch umsetzen können.

In Abbildung 3-3 ist eine Coupling Matrix schematisch zum besseren Verständnis dargestellt.

[192] vgl. Martin, M.V. (Design for Variety), 1999, S. 31

[193] vgl. Martin, M.V. (Design for Variety), 1999, S. 46 ff.

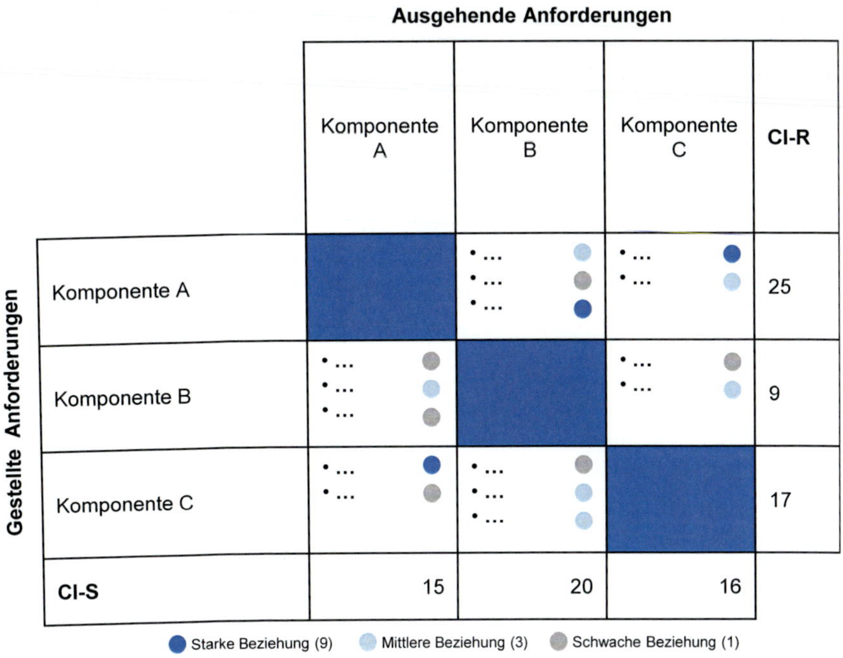


**Abbildung 3-3: Berechnung von CI-S und CI-R**[194]

### 3.2.1.2 Sortierung der Komponenten und Identifizierung der Optimierungspotenziale

Der zweite Schritt der Methode beinhaltet die Sammlung der Komponenten und ihre Sortierung nach ihrem GVI. Hierbei wird mit der Komponente begonnen, bei der eine Anpassung aufgrund externer Einflüsse am wahrscheinlichsten ist.[195]

Im dritten Schritt der Methode werden die Komponenten identifiziert, welche die größten Optimierungspotenziale aufweisen[196]. Grundsätzlich lässt sich festhalten, dass Komponenten mit einem hohen GVI einen hohen Entwicklungsaufwand aufweisen und somit eine besondere Beachtung genießen sollten. Ferner differenziert MARTIN zwischen zwei Optimierungsansätzen zur Steigerung der Robustheit der Produktarchitektur gegenüber externen Einflüssen. Dies sind die **Standardisierung** und die **Modularisierung**. Liegt ein hoher GVI und CI-S bei geringem CI-R vor, bietet sich der Ansatz zur Standardisierung an, da die

---

[194] s. Nussbaum, C. L. (Wirkungsgrad der Produktkomplexität), 2011, S.99; vgl. Martin, M.V. (Design for Variety), 1999, S. 45

[195] vgl. Martin, M.V.; Ishii, K. (DFV), 2000, S. 11

[196] vgl. Martin, M.V. (Design for Variety), 1999, S. 56

Komponenten auf viele andere Komponenten Einfluss haben. Sind hingegen der GVI und der CI-R hoch bei geringem CI-S, sollte die Strategie der Modularisierung Berücksichtigung finden.[197]

#### 3.2.1.3 Optimierung der Produktarchitektur

In dem letzten Schritt der Methode DFV nach MARTIN wird die eigentliche Optimierung der Produktarchitektur zur Steigerung der Robustheit durchgeführt. Ziel ist es, die Produktarchitektur der Komponenten so zu optimieren, dass der Entwicklungsaufwand bei Anpassungen aufgrund von externen Änderungswünschen für neue Produktvarianten so gering wie möglich ausfällt.[198]

Die DFV nach MARTIN fokussiert in dem dreistufigen Vorgehen die Optimierung einer bestehenden Produktarchitektur hinsichtlich Robustheit und Stabilität gegenüber wechselnden internen und externen Einflüssen. Betrachtet wird in dieser Methode jedoch nur die Auswirkung einer steigenden Produktkomplexität für die Entwicklungsabteilung eines Serienfertigers. Die Auswirkungen der Produktkomplexität auf den Herstellungsprozess werden genauso wenig berücksichtigt wie die wertschöpfungsübergreifenden Wirkzusammenhänge der Komplexität. Ferner erfolgt keine ausreichende Quantifizierbarkeit der Komplexität und folglich ist durch die Methode auch keine ausreichende Kostentransparenz gegeben.

### 3.2.2 Complexity Management Model nach MARTI

Das Complexity Management Model nach MARTI verfolgt die Zielsetzung, die Produktarchitektur eines Unternehmens zu optimieren und die Komplexität zu reduzieren. Die Grundlage hierfür ist eine Analyse des Produktumfelds und der Produktkomplexität.[199] Die Kernaufgabe des Komplexitätsmanagements ist nach MARTI die Gestaltung einer Produktarchitektur mit dem Ziel größtmöglichen Kundennutzens bei geringstmöglichen Komplexitätskosten. Bei dieser Optimierung ist bei der Ermittlung der Handlungsempfehlungen neben der Produkt- auch die Unternehmensstrategie zu berücksichtigen. Dadurch wird vermieden, dass zur Zielerreichung sich widersprechende Maßnahmen eingeleitet werden, die Teilaspekte optimieren, aber nicht das Gesamtoptimum betrachten.[200] Folglich setzt sich das Modell aus drei Phasen zusammen (s. Abbildung 3-4). Die erste und zweite Phase sind voneinander unabhängig und benötigen keine Informationen

[197] vgl. Martin, M.V. (Design for Variety), 1999, S. 61 f.

[198] vgl. Martin, M.V. (Design for Variety), 1999, S. 67 ff.

[199] vgl. Marti, M. (Complexity Management), 2007, S. 11, 91f.

[200] vgl. Marti, M. (Complexity Management), 2007, S. 3

voneinander, sodass diese Phasen auch parallel statt sequenziell durchlaufen werden könnten.[201]

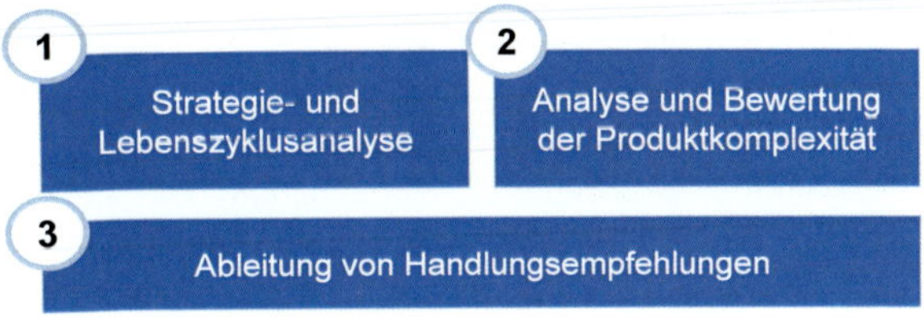


**Abbildung 3-4: Phasen im Complexity Management Model nach MARTI**[202]

#### 3.2.2.1 Strategie- und Produktlebenszyklusanalyse

Im ersten Schritt erfolgt eine Strategie- und Produktlebenszyklusanalyse, um die allgemeinen Rahmenbedingungen im Umfeld eines Unternehmens unter qualitativen Kriterien zu analysieren. Hierbei sind alle Unternehmensbereiche von der Entwicklung bis zur Produktion betroffen. Die Strategieanalyse dient zur Gewährleistung, dass die potenziellen Änderungen der Produktarchitektur nicht konträr zur Zielsetzung des Unternehmens vollzogen werden und analysiert somit zuerst die strategische Positionierung des Unternehmens.[203]

Bei der strategischen Positionierung eines Unternehmens wird zwischen den zwei Ausrichtungspolen „Customization“ und „Standardization“ unterschieden. Bei der strategischen Ausrichtung **„Customization“** werden alle kundenspezifischen Anforderungen an ein Produkt erfüllt. Es herrscht eine sehr enge Kommunikation mit dem Kunden bzgl. seiner Produktanforderungen. Ein Unternehmen grenzt sich durch das spezifische Produkt vom Markt ab. Es liegen niedrige Substitutionsrisiken vor. Diese Ausrichtung bedingt eine hohe Investition in das unternehmensinterne Know-How. Resultat sind steigende Komplexitätskosten über die gesamte Wertschöpfungskette eines Unternehmens. Im Idealfall können diese steigenden Kosten durch erhöhte Verkaufspreise kompensiert werden.[204] Die andere Möglichkeit der strategischen Unternehmenspositionierung ist die **„Standardization“** mit dem Ziel, einen möglichst großen Kundenkreis durch ein standardisiertes Produkt anzusprechen. Die Produktmerkmale stellen einen Durchschnitt über die Anforderungen eines betrachteten Marktsegments dar. Es existiert kein enger Kontakte zwischen dem produzierendem Unternehmen und dem Kunden. Resultat ist aufgrund der hohen Menge an gleichen Produkten ein sinkender Verkaufspreis. Das

[201] vgl. Marti, M. (Complexity Management), 2007, S. 92
[202] vgl. Marti, M. (Complexity Management), 2007, S. 91
[203] vgl. Marti, M. (Complexity Management), 2007, S. 92 f.
[204] vgl. Marti, M. (Complexity Management), 2007, S. 94

Substitutionsrisiko der Produkte ist hoch. Durch die Skalen- und Lerneffekte entstehen Kostenersparnisse, welche idealerweise einen Wettbewerbsvorteil darstellen. Der geringe funktionale Kundennutzen kann idealerweise kompensiert werden.[205]

Zur Optimierung der Produktarchitektur ist neben der Betrachtung der strategischen Ausrichtung eines Unternehmens auch die Untersuchung des Lebenszyklus des zu optimierenden Produktes von hoher Relevanz. MARTI identifiziert vier Phasen eines Produktlebenszyklus: Produkteinführung, Wachstumsphase, Produktreife und Rückgangsphase (s. Abbildung 3-5). In jeder Phase kann eine charakteristische Absatz- und Gewinnentwicklung beobachtet werden, welche zu unterschiedlichen Maßnahmen bei der Optimierung der Produktarchitektur führen.[206]

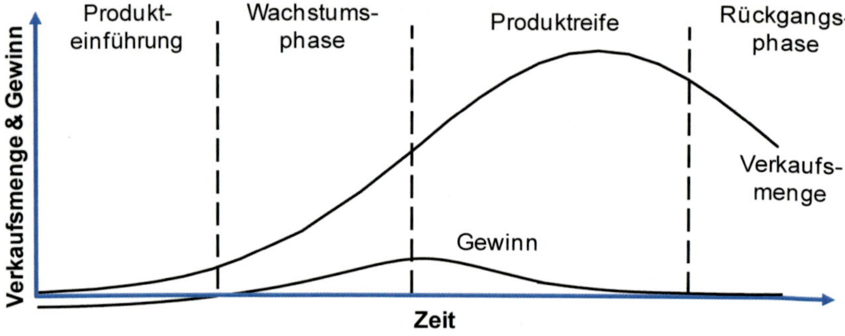


**Abbildung 3-5: Die vier Phasen des Produktlebenszyklus (in Anlehnung an MARTI)[207]**

### 3.2.2.2 Analyse und Bewertung der Produktkomplexität

Im zweiten Schritt des Complexity Management Models nach MARTI werden die qualitativen Ergebnisse der Strategie- und Produktlebenszyklusanalyse durch eine quantitative Bewertung der Produktkomplexität erweitert. Die Bewertung der Produktkomplexität entwickelt MARTI aus dem Spannungsfeld zwischen interner und externer Komplexität.

Unter **externer Komplexität** werden alle Anforderungen aus Kunden- und Marktsicht zusammengefasst und vereinfacht über die Funktionalität der Produktkomponenten bewertet. Diese bewertete Funktionalität einer Produktkomponente stellt den Beitrag

[205] vgl. Marti, M. (Complexity Management), 2007, S. 94 f.

[206] vgl. Marti, M. (Complexity Management), 2007, S. 107 ff.

[207] vgl. Marti, M. (Complexity Management), 2007, S. 108 f.

zur Kundenzufriedenheit dar.[208] Um die Funktionalität eines Produktes quantifizieren zu können, wird die Funktionsstruktur des Produktes herangezogen. Nachdem die Funktionsstruktur bzw. der Funktionsbaum eines Produktes aufgebaut worden ist, wird die Funktionalität jeder Komponente entsprechend ihrem Beitrag zum Kundennutzen durch einen abgeschätzten Prozentwert bewertet.

Die **interne Komplexität** wird bei MARTI unter dem Begriff der technischen Komplexität zusammengefasst. Dieser wird aus der allgemeinen Definition der Komplexität eines Systems nach PATZAK abgeleitet.[209] Somit resultiert die Wirkung einer Komponente auf die technische Komplexität des Gesamtproduktes aus der Anzahl und Vielfalt der Elemente und Schnittstellen. Zur quantitativen Ermittlung der technischen Komplexität einer Komponente müssen folglich vier Werte ermittelt werden. Neben der Anzahl und Vielfalt der Elemente sind dies die Anzahl und Vielfalt der Schnittstellen mit anderen Komponenten.[210] Diese Werte werden in einer Berechnungsformel zusammengeführt und es kann eine technische Komplexität $C_i$ pro Komponenten i berechnet werden.[211] Die vier Werte werden zur Bestimmung der technischen Komplexität einer Produktkomponente immer auf die maximal auftretende Anzahl bezogen. Die Werte der technischen Komplexität repräsentieren hierbei einen relativen und keinen absoluten Term[212] (s. Abbildung 3-6).

$$C_i = \alpha * N_{e,i} / N_{e,max} + \beta * V_{e,i} / V_{e,max} + \gamma * N_{r,i} / N_{r,max} + \delta * V_{r,avg,i} / V_{r,avg,max}$$

$C_i$ = Technische Komplexität der Komponente i
$N_{e,i}$ = Anzahl der Teile von Komponente i
$N_{e,max}$ = Maximal auftretende Teileanzahl einer Komponente des Produkts
$V_{e,i}$ = Vielfalt von Komponente i
$V_{e,max}$ = Maximal auftretende Vielfalt einer Komponente des Produkts
$N_{r,i}$ = Anzahl der Schnittstellen von Komponente i
$N_{r,max}$ = Maximal auftretende Schnittstellenanzahl einer Komponente des Produkts
$V_{r,avg,i}$ = Durchschnittliche Vielfalt der Schnittstellen von Komponente i
$V_{r,avg,max}$ = Maximal auftretende durchschnittliche Schnittstellenvielfalt einer Komponente des Produkts

**Abbildung 3-6: Formel zur Bestimmung der technischen Komplexität**

Nach der Ermittlung der externen und internen Komplexität wird die Komplexitätsmatrix erstellt (s. Abbildung 3-7).[213] Die externe Komplexität als Bewertung der Funktionalität und somit dem Beitrag zum Kundennutzen wird auf der

---

208 vgl. Nussbaum, C. L. (Wirkungsgrad der Produktkomplexität), 2011, S. 88
209 vgl. Patzak, G. (Systemtechnik), 1982, S. 22 ff.
210 vgl. Marti, M. (Complexity Management), 2007, S. 120 f.
211 vgl. Marti, M. (Complexity Management), 2007, S. 128 f.
212 vgl. Marti, M. (Complexity Management), 2007, S. 130
213 vgl. Marti, M. (Complexity Management), 2007, S. 114 ff.

senkrechten Achse aufgetragen und die interne bzw. technische Komplexität als Anteil der Komponenten an den Komplexitätskosten wird auf der waagerechten Achse aufgetragen. Das Verhältnis der beiden Dimensionen gibt die Lage einer Komponente in der Matrix wieder und zeigt, welcher Grad an Funktionalität einer Komponente mit welchem internen Aufwand bzw. mit welcher technischen Komplexität im Unternehmen umgesetzt werden kann.[214] Die Komponente D in dem gezeigten Beispiel hat z.B. eine sehr hohe Funktionalität aus Kundensicht. Im Vergleich zu den Komponenten A und C hat D gleichzeitig eine geringe technische Komplexität. Die Komponente D ist in der Lage, eine hohe externe Komplexität (Funktionalität) mithilfe einer niedrigen internen Komplexität (Technische Komplexität) zu realisieren (s. Abbildung 3-7).

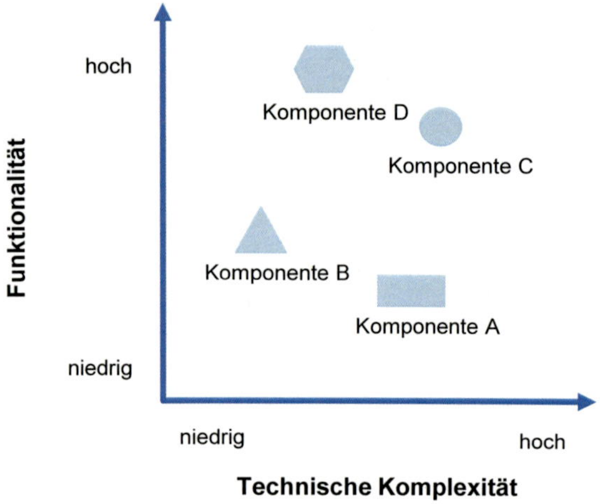


**Abbildung 3-7: Komplexitätsmatrix nach MARTI**[215]

### 3.2.2.3 Ableitung von Handlungsempfehlungen

Der dritte Schritt des Modells kombiniert die Ergebnisse der Strategie- und Produktlebenszyklusanalyse aus dem ersten Schritt mit der Komplexitätsbewertung nach externer und interner Komplexität aus dem zweiten Schritt. Ergebnis ist eine Portfolio-Analyse, bei der die Produktkomponenten entsprechend ihrer Lage in der Matrix kategorisiert werden, um anschießend zielgerichtet Handlungsempfehlungen ableiten zu können.[216]

---

[214] vgl. Marti, M. (Complexity Management), 2007, S. 130 ff.

[215] vgl. Marti, M. (Complexity Management), 2007, S. 115

[216] vgl. Marti, M. (Complexity Management), 2007, S. 133

Die Komplexitätsmatrix wird, wie in Abbildung 3-8 dargestellt, in vier Felder unterteilt. Im ersten Feld sind die „Lucky Strikes". Diese zeichnen sich durch eine hohe Funktionalität und eine geringe technische Komplexität aus. Dadurch stellen sie eine ideale Komponente dar. Mit gleicher Wichtigkeit für die Erfüllung der Kundenwünsche folgen die „Stars". Die Komponenten in diesem Feld sind jedoch von einer hohen technischen Komplexität geprägt. Die hohe technische Komplexität wird aufgrund des sehr hohen Kundennutzens akzeptiert. Die sog. „Standard"-Komponenten im dritten Feld der Matrix besitzen eine geringe Funktionalität und technische Komplexität. Hier finden sich standardisierte Module und Normteile wieder, welche vom Kunden wenig beachtet werden. Die „Money Burner" besitzen das höchste Verbesserungspotenzial, da bei ihnen eine hohe technische Komplexität bei geringer Funktionalität aus Kundensicht vorherrscht. Bei der Optimierung der Produktarchitektur zur Erhöhung des Kundennutzens bei einer Reduktion der Komplexitätskosten sind die Komponenten in diesem Feld unter besonderer Beobachtung.[217] Grundsätzlich sollten Komponenten mit einer wichtigen Funktion eine höhere technische Komplexität aufweisen als für die Funktionserfüllung weniger wichtige Komponenten.

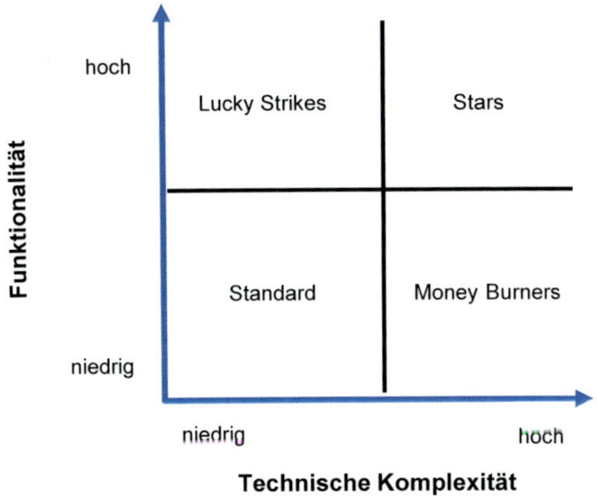


**Abbildung 3-8: Kategorisierung der Komponenten in der Komplexitätsmatrix[218]**

Es existieren für jedes der vier Felder in der Matrix unter Berücksichtigung der Strategie- und Produktlebenszyklusanalyse jeweils bestimmte Normstrategien (z.B. Reduktion der Bauteilanzahl, Schnittstellenreduktion, Hinzufügen neuer

---

[217] vgl. Marti, M. (Complexity Management), 2007, S. 133 ff.

[218] vgl. Nussbaum, C. L. (Wirkungsgrad der Produktkomplexität), 2011, S. 91; Marti, M. (Complexity Management), 2007, S. 134

Funktionen),[219] um Handlungsempfehlungen zur Optimierung der Produktarchitektur ableiten zu können. Grundsätzlich sind diese die Erhöhung der Funktionalität und die Reduktion der technischen Komplexität einer Produktkomponente.[220]

Die Methode des Complexity Managements nach MARTI bewertet in einem dreistufigen, konkreten Vorgehen die Produktkomplexität durch das Zusammenspiel der externen Komplexität (wahrgenommene Funktionalität) und der internen bzw. technischen Komplexität. Hierbei wird die Komplexität im Verhältnis zu anderen Produktvarianten ermittelt und mittels einer relativen Kennzahl quantifiziert. Die Methode bietet keine Transparenz bzgl. Kostenwirksamkeit bei sich ändernder Komplexität. Der Fokus liegt auf dem Produktprogramm eines Unternehmens und nicht auf den wertschöpfungsübergreifenden Auswirkungen oder dem Herstellungsprozess eines Produktes. Die Methode leistet einen Beitrag bei der Ausarbeitung einer Produktarchitektur, und die hergeleitete, mathematische Funktion der technischen Komplexität kann bei der Entwicklung neuer Varianten im Hinblick auf die Komplexitätstreiber unterstützen.

### 3.2.3 Integriertes Variantenmanagement nach RATHNOW

RATHNOW entwickelt eine Methodik zur Optimierung der Variantenvielfalt in einem Unternehmen durch die Entwicklung konkreter, unternehmensspezifischer Maßnahmen. Die Einflussgrößen einer solchen Optimierung sind unterschiedlich. Neben der Nutzenseite mit Einflussgrößen wie dem Produktprogamm kann auch auf der Kostenseite, z.B. durch die Entscheidung über die selbst zu erbringende Wertschöpfung, Einfluss auf die ergebnismaximierende Optimierung der Variantenvielfalt genommen werden. Diese Gegebenheit setzt eine gleichzeitige Optimierung aller Einflussgrößen voraus. Da dies jedoch nicht der unternehmerischen Praxis entspricht, hat RATHNOW eine Methodik bestehend aus drei Schritten entwickelt. Die Schritte sind Leistungsoptimierung, Strukturoptimierung und Gesamtoptimierung.[221]

Die **Leistungsoptimierung** als erster Schritt der Methodik verfolgt das Ziel, die optimale Vielfalt eines Produktprogramms unter den gegebenen Randbedingungen zu ermitteln. Hierbei wird eine Optimierung der Leistungsvielfalt im ersten Schritt isoliert durchgeführt. Die Struktur des Unternehmens wird als gegeben und unbeeinflussbar angenommen. Ziel ist es, eine *„(isoliert) ergebnismaximale Produktausstattung und Produktprogramm zu bestimmen“*[222]. In der darauffolgenden

---

[219] vgl. Marti, M. (Complexity Management), 2007, S. 151

[220] vgl. Marti, M. (Complexity Management), 2007, S. 136 ff.

[221] vgl. Rathnow, P. J. (Variantenmanagement), 1993, S. 41

[222] s. Rathnow, P. J. (Variantenmanagement), 1993, S. 42

**Strukturoptimierung** wird die Sichtweise umgedreht und versucht, die als gegeben angenommene Produktvielfalt eines Unternehmens bestmöglich kostenminimal zu beherrschen. Im dritten und letzten Schritt dieser Methode werden die Teillösungen der beiden Sichtweisen, Leistungs- und Strukturoptimierung, unter Beachtung der existierenden Wechselwirkungen und Rahmenbedingungen eines Unternehmens sowie den Unsicherheiten des Planungshorizontes zusammengeführt und zu einer **optimierten Gesamtlösung** weiterentwickelt.[223] In Abbildung 3-9 ist die Methodik schematisch dargestellt.

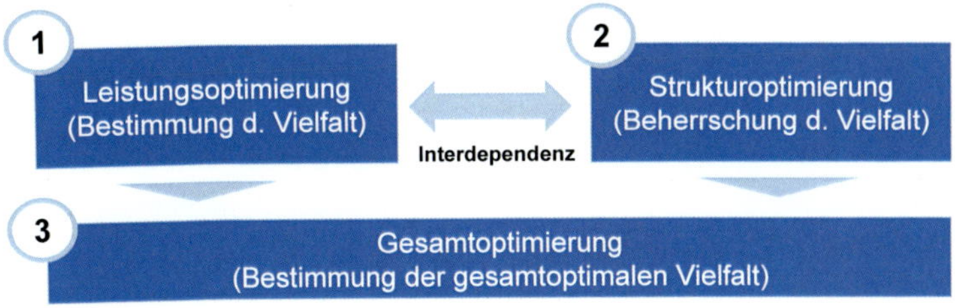


**Abbildung 3-9: Integriertes Variantenmanagement nach RATHNOW**[224]

3.2.3.1 Leistungsoptimierung: Bestimmung der Vielfalt

Die Leistungsoptimierung als erster Schritt der Methode verfolgt die Zielsetzung, bei gegebener Unternehmensstruktur eine Kosten-Nutzen-optimale Produktvielfalt zu erreichen. Dies impliziert, dass die Differenz zwischen Grenznutzen und Grenzkosten bei der optimalen Produktvielfalt maximal ist. Zu diesem Zeitpunkt werden die Kosten- und Nutzenfunktion als konstant und exogen angenommen. Aufgrund der zahlreichen Wechselwirkungen eines Produktes mit einem anderen Produkt aus dem Produktprogramm eines Unternehmens ist eine direkte mathematische Lösung der Aufgabenstellung für ein einzelnes Produkt nicht möglich. Vielmehr sollte nach RATHNOW eine gleichzeitige Lösung erzielt werden. Dies erfordert jedoch eine genaue Quantifizierung der Kosten- und der Nutzenwirkung.[225]

Bei der **Quantifizierung der Kostenwirkung** wird sich der Activity-Based-Costing-Methode[226] (ABC-Methode) bedient, da konventionelle Kostenrechnungssysteme gewisse Schwächen aufweisen. Die ABC-Methode ermöglicht durch die Analyse der Betriebsabläufe, Aktivitäten, Haupt- und Teilprozesse zu ermitteln. Darauf aufbauend werden Bezugsgrößen ermittelt zur verursachungsgerechten Kostenverteilung (primär der Gemeinkosten). Dies ermöglicht eine bereichsübergreifende Ermittlung

---

[223] vgl. Rathnow, P. J. (Variantenmanagement), 1993, S. 41f.

[224] vgl. Rathnow, P. J. (Variantenmanagement), 1993, S. 42

[225] vgl. Rathnow, P. J. (Variantenmanagement), 1993, S. 44 f.

[226] Activity Based Costing: Prozesskostenrechnung

und Bewertung der kostentechnischen Konsequenzen einer gewissen Produktvielfalt und eine über den gesamten Produktlebenszyklus integrierte Betrachtung.[227]

Bei der **Quantifizierung der Nutzenwirkung** werden die aufgrund einer gewissen Produktvielfalt entstehenden zusätzlichen Erlöse quantifiziert. Diese Erlöse können u.a. durch die bessere Anpassung des Produktprogramms an die Kundenanforderungen oder durch die Erschließung neuer Märkte entstehen. Im Gegensatz zur Ermittlung der Kostenwirkung muss bei der Nutzenwirkung neben dem eigenen System auch das zahlreiche Kundenumfeld betrachtet werden. Dies stellt aufgrund der unzureichenden Informationen bzgl. des Abnehmerverhaltens eine Herausforderung dar. Auch müssen bei einer Bewertung neben den aktuellen Produkten auch potenzielle Produkte berücksichtigt werden. Fokus bei der Quantifizierung der Nutzenwirkung liegt auf den Abnehmern. Ihnen obliegt die endgültige Entscheidung über den Wert einer Variation, da sie die angebotene Leistung bezahlen müssen.[228] RATHNOW bedient sich zur Quantifizierung der Nutzenwirkung der sog. Conjoint-Analyse, da diese die Präferenzbildung, also das Gesamturteil des Kunden, mit den Produktmerkmalen verknüpft.[229] Der Produktnutzen kann als Funktion der Teilnutzen verstanden werden. Die Quantifizierung der Teilnutzen wird in der Conjoint-Analyse in vier Schritten ermittelt. Nachdem im ersten Schritt die zu untersuchenden Merkmale und Merkmalsausprägungen festgelegt werden, folgt die Ableitung des Befragungskonzepts in Form eines Fragebogens, um das Forschungsdesign zu bestimmen. Nach der Erstellung des Fragebogens werden die Basisdaten im dritten Schritt erhoben. Die Ergebnisse der Datenerhebung werden anschließend transformiert, um die Teilnutzenwerte errechnen zu können. Hiermit ist die Quantifizierung der Abnehmereinschätzung abgeschlossen[230] (s. Abbildung 3-10).

[227] vgl. Rathnow, P. J. (Variantenmanagement), 1993, S. 53 ff.

[228] vgl. Rathnow, P. J. (Variantenmanagement), 1993, S. 61 f.

[229] vgl. Rathnow, P. J. (Variantenmanagement), 1993, S. 65

[230] vgl. Rathnow, P. J. (Variantenmanagement), 1993, S. 68-73

**Abbildung 3-10: Vorgehen zur Ermittlung der Teilnutzenwerte**[231]

Im Anschluss an die Conjoint-Analyse werden dann die dadurch gewonnenen Nutzungsdaten durch eine Grundanalyse, der Marktsimulation und der Marktsegmentierung interpretiert. Mit der **Grundanalyse** werden die durchschnittlichen Differenzen der Nutzen zwischen verschiedenen Varianten zur Bestimmung der relativen Wichtigkeit ermittelt. Bei der **Marktsimulation** werden neben der Validierung des Modells die absatzmaximale Ausstattung und das Produktprogramm durch das Variieren der Produktmerkmale bestimmt. Durch die **Marktsegmentierung** werden kundenseitige Interessen zusammengefasst und in Segmente zusammengeführt. Durch diese Segmentierung des Marktes kann ein Unternehmen homogene Teilmärkte identifizieren und zielgerichteter handeln.[232]

### 3.2.3.2 Strukturoptimierung: Beherrschung der Vielfalt

Der zweite Schritt der Methode, die Strukturoptimierung, verfolgt eine kostenminimale Beherrschung der als gegeben angenommenen Produktvielfalt. RATHNOW identifiziert grundsätzlich fünf Stellhebel zur Strukturoptimierung, welche im Folgenden erläutert werden (s. Abbildung 3-11).[233]

---

231 s. Rathnow, P. J. (Variantenmanagement), 1993, S. 74

232 vgl. Rathnow, P. J. (Variantenmanagement), 1993, S. 75-83

233 vgl. Rathnow, P. J. (Variantenmanagement), 1993, S. 107 f.

Die **Produktgestaltung** als Ausgangspunkt der Strukturoptimierung und erster Stellhebel hat die Möglichkeit, in frühen Phasen des Produktlebenszyklus Komplexität entweder gänzlich zu vermeiden oder aber die Komplexitätsbewältigung zu erleichtern. Hierbei sind mögliche Prinzipen das Modulprinzip, eine Teilefamilienbildung, Normung der Einzelteile oder eine hohe Wiederholteilverwendung.[234] Durch die Ermittlung eines optimalen **Integrationsgrades** kann eine bewusste Entscheidung für das optimale Eigenfertigungsvolumen und ein gutes Fremdbezugsvolumen vollzogen werden. Hierbei kann durch eine kostenoptimale Fertigungstiefe eine geeignete Arbeitsteilung erreicht werden. Prozessschritte, deren Kosten bei einem Fremdbezug unter den für eine Entscheidung relevanten Kosten der Eigenfertigung liegen, werden ausgelagert.[235] Bei dem **Betriebsmitteleinsatz** ist unter den Gesichtspunkten der kostenminimalen Vielfaltsbeherrschung zu beachten, dass Betriebsmittel ohne großen Aufwand auch für andere Zwecke nutzbar gemacht werden. Zielsetzung bei der Entwicklung des Betriebsmittels sollte es sein, dass eine Änderung des Produktprogramms geringstmögliche Auswirkungen auf das Betriebsmittel hat.[236] Unter dem Gesichtspunkt der Kostenminimierung bei der Änderung der Produktvielfalt im Rahmen der Strukturoptimierung muss der Stellhebel **Personaleinsatz** differenzierter betrachtet werden. In den unmittelbar produktiven Bereichen sollten die Mitarbeiter befähigt werden, Wechseldurchführungen besser ableisten zu können. Dies kann durch eine größere funktionale Flexibilisierung der Mitarbeiter erreicht werden. In den administrativen, mittelbar betroffenen Bereichen ist eine Sensibilisierung der Mitarbeiter bzgl. der Auswirkungen und der Zusammenhänge der Notwendigkeiten einer Vielfalterhöhung notwendig. Bei der Auswahl geeigneter Maßnahmen unterscheidet RATHNOW zwischen der Erhöhung der Leistungsfähigkeit durch betriebliche Aus- und Weiterbildung und der Erhöhung der Leistungsbereitschaft. Dies ist mittelbar durch eine geeignete Personalauswahl möglich.[237] **Organisatorische Maßnahmen** zur Strukturoptimierung lassen sich in zwei Gruppen einteilen: zielorientierter und raumorientierter Ansatz. Bei dem **zielorientierten Ansatz** wird das Ziel verfolgt, mittels geeigneter Maßnahmen die Durchlaufzeit und die Lieferzeiten deutlich zu reduzieren. Dies kann durch eine Reduktion der Umlaufbestände und eine Erhöhung der Reaktionsgeschwindigkeit erfolgen. Der **raumorientierte Ansatz** verfolgt neben der besseren Bewältigung der Komplexität durch eine Fokussierung auf die relevanten Produktionsfaktoren eine

---

[234] vgl. Rathnow, P. J. (Variantenmanagement), 1993, S. 109 - 114
[235] vgl. Rathnow, P. J. (Variantenmanagement), 1993, S. 115 - 130
[236] vgl. Rathnow, P. J. (Variantenmanagement), 1993, S. 131 - 138
[237] vgl. Rathnow, P. J. (Variantenmanagement), 1993, S. 139 - 145

Reduktion der Innenkomplexität.[238] Durch einen späten Zeitpunkt der endgültigen Festlegung der Produktmerkmale kann ein Produktprogramm mit hoher Vielfalt sehr lange unter Nutzen von Skaleneffekten einer Massenfertigung produziert werden.[239]

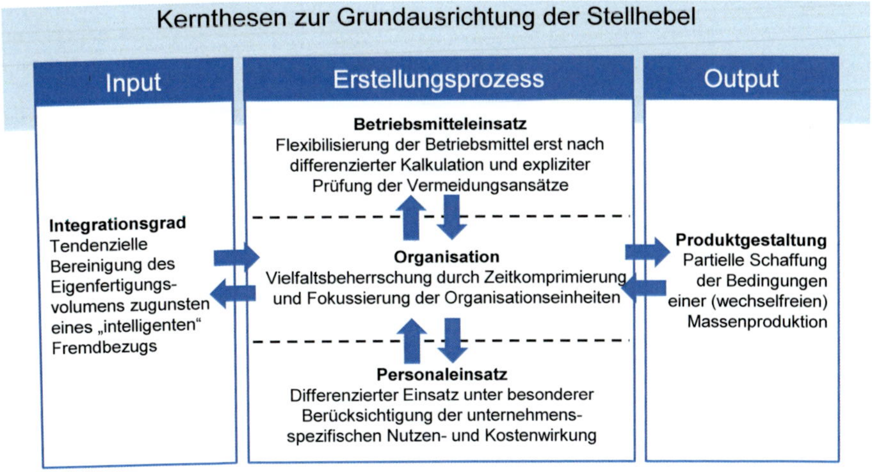


**Abbildung 3-11: Kernthesen zur Ausrichtung der Stellhebel**[240]

### 3.2.3.3 Gesamtoptimierung: Bestimmung der Kosten-Nutzen-optimalen Vielfalt

Nach der getrennt voneinander durchgeführten Leistungs- und Strukturoptimierung werden in dem letzten Schritt der Methode die beiden Teilergebnisse zusammengetragen und zu einer optimierten Gesamtlösung zusammengefügt. Hierbei finden die Rahmenbedingungen des betrachteten Unternehmens und der Umwelt Berücksichtigung.[241]

Das integrierte Variantenmanagement zeigt einen Weg zur Gesamtoptimierung eines Unternehmens im Hinblick auf eine Kosten-Nutzen-optimale Ausrichtung zur Beherrschung von Produktkomplexität. Die vorgestellten Maßnahmen sind für eine Anwendung in der Praxis zu generisch. Auch erfolgt keine quantitative Bewertung der vorherrschenden Produktkomplexität, und die Kostenauswirkung bei der Erhöhung der Komplexität eines Produktes ist nicht transparent. Aufgrund der sehr generischen Vorgehensweise zur Optimierung eins Unternehmens kann die Methodik nicht in einen Entwicklungsprozess integriert werden. Sie stellt vielmehr ein Hilfsmittel bei der Überprüfung der strategischen Ausrichtung einer Serienproduktion

[238] Erklärung zur Innenkomplexität s. Kapitel 2.1.2

[239] vgl. Rathnow, P. J. (Variantenmanagement), 1993, S. 146-160

[240] s. Rathnow, P. J. (Variantenmanagement), 1993, S. 162

[241] vgl. Rathnow, P. J. (Variantenmanagement), 1993, S. 167-177

dar. Hierbei werden auch die wertschöpfungs-übergreifenden Konsequenzen teilweise berücksichtigt.

### 3.2.4 Ressourcenorientierte Prozesskostenrechnung (RPK) nach SCHUH

Nach SCHUH ist es in der heutigen Zeit für den Erfolg eines Unternehmens unabdingbar, dass das Kostenmanagement bereits in frühen Phasen strategischer Entscheidungen als Unterstützung dienen muss. Hierfür sind Kostenrechnungssysteme notwendig, welche die Gemeinkosten transparent darstellen können und eine verursachungsgerechte Zuordnung und Produktkalkulation möglich machen. Die klassischen Kostenrechnungssysteme, wie z.B. Deckungsbeitragsrechnung o.ä., haben hier vor allem bei einer hohen Produktvielfalt Defizite, da diese die Gemeinkosten (hoher Anteil bei variantenabhängigen Kosten) über Mengen-, Zeit- oder Wertschlüssel zuweisen. Dies führt zu einer Fehlzuordnung der Kosten zulasten der Standardprodukte mit höheren Mengen. Auch erfolgt eine unzureichend differenzierte Betrachtung des Unternehmens, sodass eine Durchgängigkeit und Kostentransparenz fehlt. Klassischerweise erfolgt die Produktkalkulation über Zuschläge, bei denen Komplexität und Variantenvielfalt keine Rolle spielen. Die klassischen Kostenrechnungssysteme sind für eine strategische Entscheidung bzgl. des Produktprogramms nicht ergebnisorientiert.[242] Es ist somit eine Strategie notwendig, welche die Interdependenzen zwischen den Produktvarianten, Gesamtstückzahl und Herstellkosten durchgängig berücksichtigt und eine *„vollständige und verursachungsgerechte Verrechnung von Kostenstellenkosten auf Kostenträger ermöglicht“*.[243]

Aufgrund dieser Defizite hat SCHUH die **Ressourcenorientierte Prozesskostenrechnung (RPK)** entwickelt. Hierbei werden Elemente aus verschiedenen Verfahren der Kostenrechnung verbunden. Die Zuordnung der Kosten erfolgt im Gegensatz zu den anderen Verfahren entlang der Wertschöpfungskette und nicht durch hierarchisch orientierte Fixkostenstufen. Die kleinste Einheit der RPK ist die benötigte Ressource je Teilprozess. Dies hat den Vorteil, dass Veränderungen in den Prozessen oder Produkten dem veränderten Ressourcenverzehr eines Teilprozesses zugeordnet werden können.[244] Der RPK erfolgt in drei Schritten (Prozessorientierung, Ressourcenverfahren, Verbrauchs- und Kostenfunktion), welche im Folgenden detaillierter erläutert werden (s. Abbildung 3-12).

---

[242] vgl. Schuh, G. (Produktkomplexität), 2005, S. 199 f.

[243] s. Schuh, G. (Produktkomplexität), 2005, S. 200

[244] vgl. Schuh, G. (Produktkomplexität), 2005, S. 201 f.

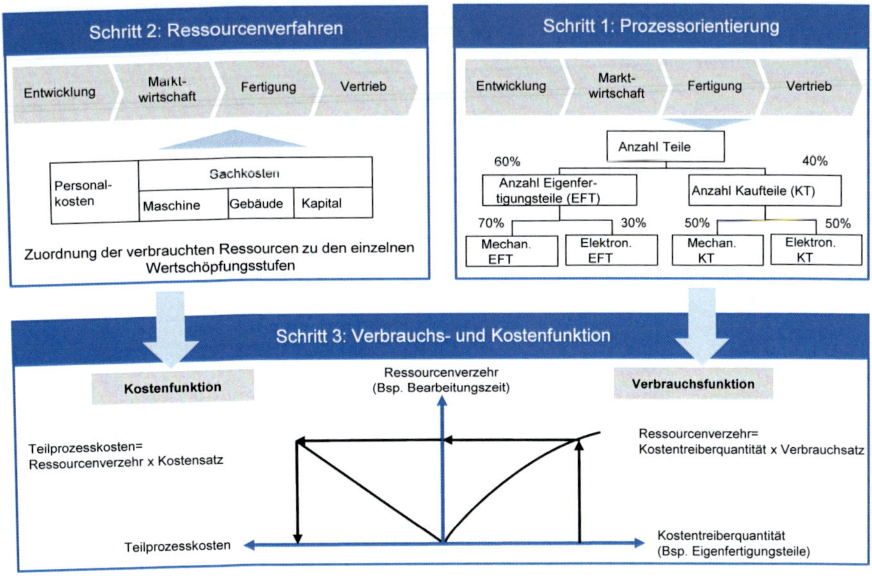


**Abbildung 3-12: Elemente der Ressourcenorientierten Prozesskostenrechnung (RPK)[245]**

### 3.2.4.1 Prozessorientierung

Um im späteren Verlauf eine Zuordnung der Kosten und Ressourcen pro Teilprozess durchführen zu können, ist in dem ersten Schritt der RPK die Ermittlung aller zur Leistungserbringung notwendigen Prozesse elementar. Hierbei ist zu beachten, dass die Prozessschritte so lange in Teilprozesse zu unterteilen sind, bis bei diesen der Ressourcenverzehr nur noch von einem Kostentreiber abhängig ist. Dies hat den Vorteil, dass der Ressourcenverzehr für unterschiedliche Produktvarianten exakt identifiziert werden kann. Das Ergebnis dieses Schrittes, die Kostentreiberquantität, dient als Inputgröße für die spätere Verbrauchsfunktion.[246] Diese stellt den funktionalen Zusammenhang zwischen Kostentreibern und Ressourcenverbrauch dar.[247] Dies führt dazu, dass ein Hauptprozess, wie z.B. die Fertigung, von mehreren Kostentreibern abhängig sein kann. In Abbildung 3-12 ist dies unter anderem die Anzahl zu fertigender Teile eines Produktes. Diese können weiter in die Treiber Anzahl Eigenfertigungsteile und Anzahl Kaufteile unterteilt werden. Die Kostentreiberquantität der Eigenfertigungsteile beträgt in diesem Beispiel 60% des Wertes der gesamten Anzahl an Teilen.

---

[245] s. Schuh, G. (Produktkomplexität), 2005, S. 203

[246] vgl. Schuh, G. (Produktkomplexität), 2005, S. 203

[247] vgl. Schuh, G. (Produktkomplexität), 2005, S. 202

### 3.2.4.2 Ressourcenverfahren

Im zweiten Schritt der RPK werden die benötigten Ressourcen den entsprechenden Wertschöpfungsstufen zugeordnet. Für den Fall, dass ein Prozessschritt mehrere Ressourcen benötigt, sind diese separat zu betrachten. Das Ergebnis dieses zweiten Schrittes, der Ressourcenverzehr pro Teilprozessschritt, dient als Input für die Kostenfunktion.[248]

### 3.2.4.3 Verbrauchs- und Kostenfunktion

Zur Darstellung der Verbrauchs- und Kostenfunktion nutzt SCHUH Nomogramme. Je Ressource und Teilprozess entsteht somit ein Nomogramm, welches den Ressourcenverzehr abbildet (s. Abbildung 3-13).

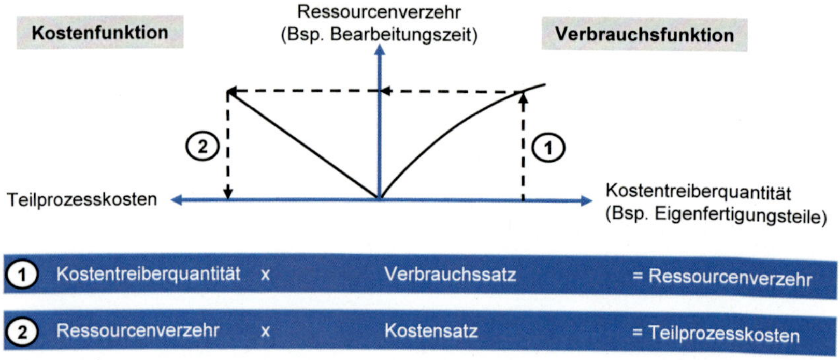


**Abbildung 3-13: Ressourcenverbrauch – Kostenfunktion als Nomogramm[249]**

Hierbei wird als Erstes die Verbrauchsfunktion im Nomogramm für jeden zu betrachtenden Teilprozess definiert. Dies erfolgt durch die Befragung der Prozessverantwortlichen, wie sich der Ressourcenverzehr bei geringem bzw. höherem Nutzen des Kostentreibers verändert. Das bietet den Vorteil, neben linearen Verläufen den Verlauf der Verbrauchsfunktion individuell je Anwendungsfall zu gestalten und somit realitätsnahe Verbrauchskurven zu erhalten. Der Ressourcenverzehr ergibt sich aus dem mathematischen Produkt von Verbrauchssatz und Kostentreiberquantität, welche im ersten Schritt der Prozessorientierung ermittelt worden ist.[250] Nach der Ermittlung des mengenorientierten Ressourcenverzehrs wird als Zweites der monetäre Verbrauch (Teilprozesskosten) der Ressourcen über die Kostenfunktion ermittelt. Die Teilprozesskosten ergeben sich als Produkt aus dem Ressourcenverzehr und dem

[248] vgl. Schuh, G. (Produktkomplexität), 2005, S. 203
[249] s. Schuh, G. (Produktkomplexität), 2005, S. 202
[250] vgl. Schuh, G. (Produktkomplexität), 2005, S. 203 f.

entsprechenden Kostensatz der Ressource. Hier wird eine lineare Abhängigkeit durch einen Standard-Kostensatz angenommen.[251] Durch die Trennung des mengenmäßigen Ressourcenverbrauchs und des monetären Ressourcenwerts kann das Modell getrennt angepasst werden. Ändert sich der Verbrauch einer Ressource, können ohne erneute Prozessanalyse die neuen Teilprozesskosten ermittelt werden. Veränderungen an Produkten, Prozessen und Kosten können so getrennt analysiert und ausgewiesen werden.[252]

Die Ressourcenorientierte Prozesskostenrechnung nach SCHUH ist fokussiert auf verursachungsgerechte Kostenrechnung eines Unternehmens entlang der Prozesskette mithilfe einer konkreten Vorgehensweise. Hierbei können bis auf Bauteilebene eines Produktes der Ressourcenverzehr desselben ermittelt und mithilfe des entwickelten Nomogramms auch die Teilprozesskosten dieses Bauteils bestimmt werden. Es sind somit quantifizierbare Kennzahlen zur Messung der Produktkomplexität bestimmbar und dienen während des Entwicklungsprozesses als Leitlinien. Produktkomplexität beinhaltet hierbei jedoch lediglich die durch steigende Varianten entstehende Komplexität in einem Unternehmen. Keine Berücksichtigung finden in diesem Verfahren allerdings die durch Wechselwirkung zwischen Bauteilen entstehenden Kosten. Der Fokus dieser Rechnung liegt auf der Bewertung von Produktvarianten einer Serienproduktion.

### 3.2.5 Bewertung des Wirkungsgrades von Produktkomplexität nach NUSSBAUM

Das Bewertungsmodell von NUSSBAUM zielt darauf ab, den Wirkungsgrad von Produktkomplexität in Hinblick auf das Spannungsfeld zwischen Economies of Scale und Economies of Scope[253] zu bewerten.

#### 3.2.5.1 Vier Spannungsfelder der Produktkomplexität

Nach NUSSBAUM stehen Unternehmen unter der Zielsetzung einer Gewinnmaximierung bei größtmöglicher Produktivität vor der Herausforderung, diese Ausrichtung nicht nur auf die angebotene Produktvielfalt, sondern auch auf den daraus notwendigen Leistungserstellungsprozess zu beziehen. Der Betrachtungsbereich des Modells zur Bewertung der Nutzen- und Aufwandwirkung von Produktkomplexität umfasst folglich neben der Produkt- auch die Prozesssicht.[254]

---

[251] vgl. Schuh, G. (Produktkomplexität), 2005, S. 202 ff.

[252] vgl. Schuh, G. (Produktkomplexität), 2005, S. 204

[253] Unter Skaleneffekten (economies of scale) werden Effizienzvorteile aufgrund der Produktionsmenge eines Produktes verstanden; unter Verbundeffekten (economies of scope) werden die Vorteile, die sich durch die Breite oder Tiefe der Leistungen ergeben, verstanden

[254] vgl. Nussbaum, C. L. (Wirkungsgrad der Produktkomplexität), 2011, S. 105 f.

Die Produktkomplexität hat ihren Ursprung in dem Produktprogramm und der Produktarchitektur. Das **Produktprogramm** definiert das Leistungsspektrum eines Unternehmens, mit dem es sich auf dem Markt platziert. Es wird hauptsächlich durch äußere Marktforderungen definiert und bildet die Grundlage für eine umsatzseitige Gewinnsteigerung. Die Abbildung des Produktprogramms unternehmensintern erfolgt durch die **Produktarchitektur**. Durch diese werden die Bestandteile eines Produktes hinsichtlich ihrer Funktionalität und der Schnittstellen zu anderen Bestandteilen technisch beschrieben. Die Produktarchitektur bildet somit das Bindeglied zwischen der Umwelt und dem Unternehmen. Das Produktprogramm und die Produktarchitektur sind folglich Urheber der Produktkomplexität.[255] Auf Prozessebene beschränkt sich NUSSBAUM aufgrund von Effizienz auf die Funktionsbereiche eines Unternehmens, welche in hohem Maß durch die Produktkomplexität beeinflusst werden und somit eine hohe Intensität der Komplexitätswirkung verspüren. Diese sind die Entwicklung, Produktion, Logistik und Marketing/Vertrieb.[256] Die Produkt- und Prozesssicht stellen den Rahmen des Modells dar. Führt man diese Sichten unter Berücksichtigung von Interdependenzen zusammen, ergeben sich bei NUSSBAUM vier Spannungsfelder bei der Bewertung von Produktkomplexität: Produktprogramm, Produktarchitektur, Supply Chain und Produktion. Die Unternehmensfunktion Entwicklung wird durch die Betrachtung der Produktarchitektur berücksichtigt. Die Entwicklung bestimmt in ihrer Funktion die Produktarchitektur. Ähnliches gilt für Marketing/Vertrieb. Dieser Bereich ist für die Gestaltung des Produktprogramms verantwortlich[257] (s. Abbildung 3-14).

[255] vgl. Nussbaum, C. L. (Wirkungsgrad der Produktkomplexität), 2011, S. 106

[256] vgl. Nussbaum, C. L. (Wirkungsgrad der Produktkomplexität), 2011, S. 107 ff.

[257] vgl. Nussbaum, C. L. (Wirkungsgrad der Produktkomplexität), 2011, S. 110

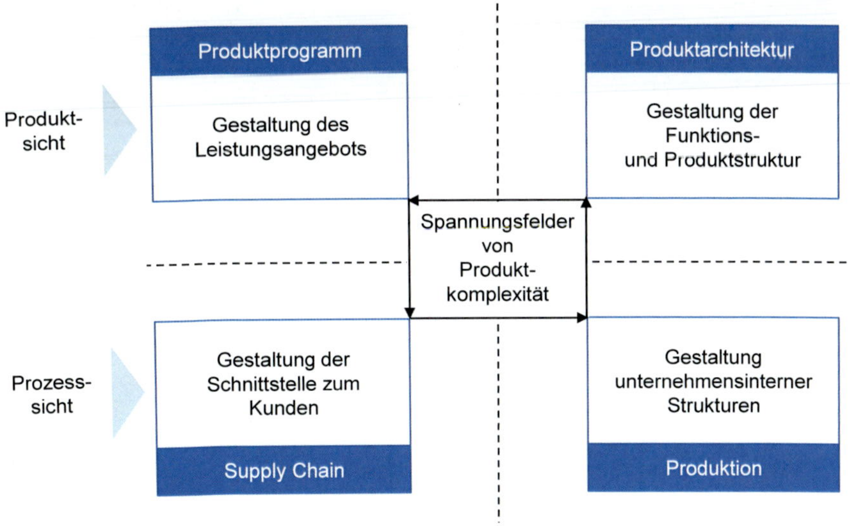


**Abbildung 3-14: Vier Spannungsfelder der Produktkomplexität**[258]

### 3.2.5.2 Hauptdimensionen der Spannungsfelder

Um die Auswirkungen von Produktkomplexität auf die vier Spannungsfelder Produktprogramm, Produktarchitektur, Produktion und Supply Chain bewerten zu können, wird jedes Spannungsfeld hinsichtlich seiner Positionierung innerhalb des Scale-Scope-Dilemmas untersucht. Die beiden Hauptdimensionen jedes einzelnen Spannungsfeldes werden so konzipiert, dass idealerweise bei gleichzeitiger Maximierung jeder der acht Dimensionen in den insgesamt vier Spannungsfeldern eine Auflösung des oben genannten Scale-Scope-Dilemmas resultiert[259] (s. Abbildung 3-15).

---

[258] s. Nussbaum, C. L. (Wirkungsgrad der Produktkomplexität), 2011, S. 110

[259] vgl. Nussbaum, C. L. (Wirkungsgrad der Produktkomplexität), 2011, S. 112

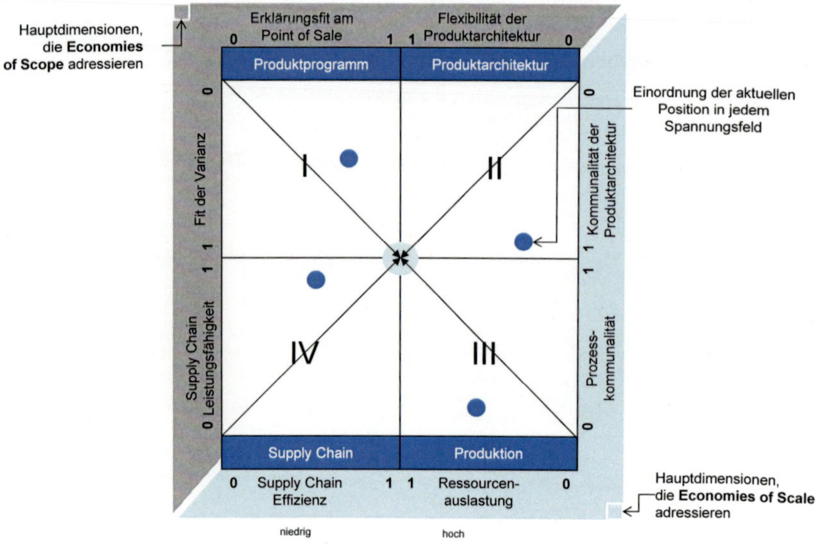


**Abbildung 3-15: Hauptdimensionen des Bewertungsmodells für die Produktkomplexität[260]**

Das Feld **Produktprogramm** hat die beiden Hauptdimensionen „Fit der Varianz“ und „Erklärungsfit am Point of Sale“. Bei der ersten Hauptdimension steht die Frage nach den richtigen Produktmerkmalen und -varianten im Vordergrund, sodass eine maximale Befriedigung der Kundenbedürfnisse erzielt werden kann. Neben dieser Fragestellung ist von zentraler Bedeutung, ob eine Erklärbarkeit der angebotenen Produktvielfalt vorliegt. So lautet die zu beantwortende Frage der zweiten Hauptdimension (Erklärungsfit am Point of Sale): *„Können die angebotenen Produktvarianten dem adressierten Kunden plausibel erklärt werden?“*[261]

Die **Produktarchitektur** als Bindeglied zwischen den Anforderungen aus Marktsicht und den internen an ein Produkt gestellten Forderungen beeinflusst mit ihrer Gestaltung im Wesentlichen die zu erzielenden Economies of Scale und Economies of Scope. Hieraus leiten sich die beiden Hauptdimensionen dieses Spannungsfeldes ab. Auf der einen Seite die gewünschte Flexibilität der Produktarchitektur, um auf sich ändernde Kundenanforderungen effektiv reagieren und sich anpassen zu können, und auf der anderen Seite die Kommunalität der Produktarchitektur, um ausreichend Skaleneffekte entlang der Wertschöpfungskette erzielen zu können. Diese beiden Hauptdimensionen verhalten sich dichotom zueinander, da bei einer

---

[260] s. Nussbaum, C. L. (Wirkungsgrad der Produktkomplexität), 2011, S. 119

[261] s. Nussbaum, C. L. (Wirkungsgrad der Produktkomplexität), 2011, S. 114

Erhöhung der Flexibilität die Kommunalität der Produktarchitektur reduziert wird und umgekehrt.[262]

Das Spannungsfeld **Produktion** wird in diesem Bewertungsmodell auf die primäre, direkte Aktivität der Produktion beschränkt. Die Zielgrößen innerhalb der Produktion sind Qualität, Kosten und Zeit. Um diese Zielgrößen erreichen zu können, ist ein wesentlicher Einflussfaktor die Nutzung der Skaleneffekte. Zielgröße ist neben der Ressourcenauslastung innerhalb der Produktion die Prozesskommunalität. Bei einer hohen Prozesskommunalität liegt eine niedrige Variation der Prozessfolgen bei einzelnen Aufträgen vor. Die Erhöhung der Prozesskommunalität innerhalb einer Produktion in Form einer standardisierten Reihenfolge kann wiederum zu einer durchschnittlich niedrigeren Ressourcenauslastung führen.[263]

Das Feld **Supply Chain**, mit der Zielsetzung Wertschöpfung aus Kundensicht in Form von Produkten oder Dienstleistungen zu erbringen, muss sich im Spannungsfeld zwischen Economies of Scale und Economies of Scope positionieren. Unter dem Gesichtspunkt der Skaleneffekte müssen die Leistungen der Supply Chain effizient erbracht werden (Supply Chain Effizienz). Auch ist die Leistungsfähigkeit der Supply Chain, Erfüllungsgrad der logistischen Kundenanforderungen, unter Economies of Scope von hoher Relevanz. Die Erhöhung der Leistungsfähigkeit ist mit erhöhten Kosten verbunden und wirkt sich folglich negativ auf die Supply Chain Effizienz aus.[264]

NUSSBAUM definiert acht Hauptdimensionen für vier Spannungsfelder mit Paarweisen Dichotomien zur Bewertung des Wirkungsgrades von Produktkomplexität. Die gewünschte Auflösung des Scale-Scope-Dilemmas erfolgt durch die Auflösung der Paarweisen Dichotomien mit der Zielsetzung, in jedem Spannungsfeld eine Migration zum Zentrum des Bewertungsmodells zu erlangen. Dies führt durch die ideale Positionierung innerhalb des Scale-Scope-Dilemmas zur Gewinnmaximierung.

### 3.2.5.3 Integrativer Bewertungsansatz

Durch die Ausprägung der Hauptdimensionen und die klaren Optimierungsrichtungen kann eine Bewertung der Auswirkungen der Produktkomplexität vorgenommen werden. Hierzu ist eine Zusammenführung der Dimensionskennzahlen zu einer aggregierten, messbaren Größe notwendig. NUSSBAUM greift dafür auf die Wirkungsgradbewertung technischer Systeme zur Analogiebildung zurück. Ein Wirkungsgrad beschreibt das Verhältnis zwischen abgeführter zu zugeführter

---

[262] vgl. Nussbaum, C. L. (Wirkungsgrad der Produktkomplexität), 2011, S. 115

[263] vgl. Nussbaum, C. L. (Wirkungsgrad der Produktkomplexität), 2011, S. 116 f.

[264] vgl. Nussbaum, C. L. (Wirkungsgrad der Produktkomplexität), 2011, S. 117

Leistung bzw. Nutzen zu Aufwand. Die Teilwirkungsgrade der jeweiligen Hauptdimension werden zu einem aggregierten Gesamtwirkungsgrad zusammengeführt. Die Teilwirkungsgrade ergeben eine Maßeinheit zur Auflösung des Dilemmas zwischen den beiden Hauptdimensionen pro Spannungsfeld. Aufgrund der vorgenommenen Normierung der Ausprägungen ergibt sich der Wert Eins für einen Teilwirkungsgrad, wenn beide Hauptdimensionen ihr Maximum erreicht haben. Ferner existieren Linien konstanter Wirkungsgrade, sog. Isoquanten, bei bestimmten Wertekombinationen der Hauptdimensionen. Dies lässt sich damit begründen, dass die Hauptdimensionen in einem gewissen Substitutionsverhältnis stehen und es somit unterschiedliche Zustände eines Unternehmens geben kann, die im Sinne der Economies of Scale bzw. Economies of Scope einen gleichen Beitrag des Nutzens liefern können. Die durch die Wirkungsgrade entstandene Maßzahl ermöglicht es, Produktionssysteme im Rahmen der vier Spannungsfelder hinsichtlich der vorherrschenden Produktkomplexität zu bewerten.[265]

NUSSBAUM entwickelt einen konkreten Bewertungsansatz für die Produktkomplexität auf Basis von vier zentralen Spannungsfeldern mit jeweils zwei dichotomen Hauptdimensionen. Neben der Produkt- findet auch die Prozesssicht Berücksichtigung. Jedoch liegt der Fokus des Ansatzes nicht auf dem Herstellungsprozess eines Produktes. Die Quantifizierbarkeit der Positionierung innerhalb der Spannungsfelder erfolgt durch Teilwirkungsgrade, welche zu einem Gesamtwirkungsgrad zusammengefasst werden können. Somit können Defizite bei dem Umgang eines Unternehmens mit der Produktkomplexität aufgezeigt und darauf aufbauend Verbesserungsmaßnahmen abgeleitet werden. Produktkomplexität wird in diesem Ansatz als ganzheitliche Komplexität eines Produktprogramms verstanden. Die technische Komplexität eines Produktes steht hierbei nicht im Fokus. Auch fehlt neben einer detaillierten Kostenbetrachtung aufgrund des umfassenden Ansatzes und der zahlreichen Analysen in den acht Hauptdimensionen die Möglichkeit einer effizienten Integration des Ansatzes in den Entwicklungsprozess.

### 3.2.6 Wissensbasierte Risikobewertung nach RIMPAU

Die Methode Wissensbasierte Risikobewertung nach RIMPAU beinhaltet eine strukturierte Bewertung für kundenindividuelle Produkte während der Phase der Angebotskalkulation und soll damit einen Beitrag zur Erzielung der Kostenführerschaft der betrachteten Produkte leisten. Die Komplexität eines kundenindividuellen Produktes soll mithilfe einer Risikobewertung in der Angebotskalkulation Berücksichtigung finden. Die Angebotskalkulation erfolgt nach dem technischen Lösungsvorschlag und vor der Preisbildung. Dementsprechend

[265] vgl. Nussbaum, C. L. (Wirkungsgrad der Produktkomplexität), 2011, S. 120 ff.

stehen die Stückliste aus dem technischen Lösungsvorschlag und ein Arbeitsplan aus dem entsprechenden Herstellprozess als Eingangsinformationen der Angebotskalkulation zur Verfügung.[266]

Der Kern der Methode ist ein zweistufiger Konfigurationsprozess (s. Abbildung 3-16). Auf Grundlage der kundenindividuellen Produkte werden die betroffenen Kostenelemente ausgewählt und spezifiziert. Anschließend erfolgt eine Zuweisung der ursachenbezogenen Risiken.[267] Das Ergebnis ist *„ein konfiguriertes Kalkulations- und Risikomodell, das zur Bewertung und Interpretation an den Planer übergeben wird“*.[268] Mit dem Kosten- und Risikomodell können sowohl die Selbstkosten als auch der Deckungsbeitrag unter Beachtung der jeweiligen Risikosituation für kundenindividuelle Produkte bestimmt werden[269]. Im Folgenden wird detailliert auf die einzelnen Schritte der Methode eingegangen.

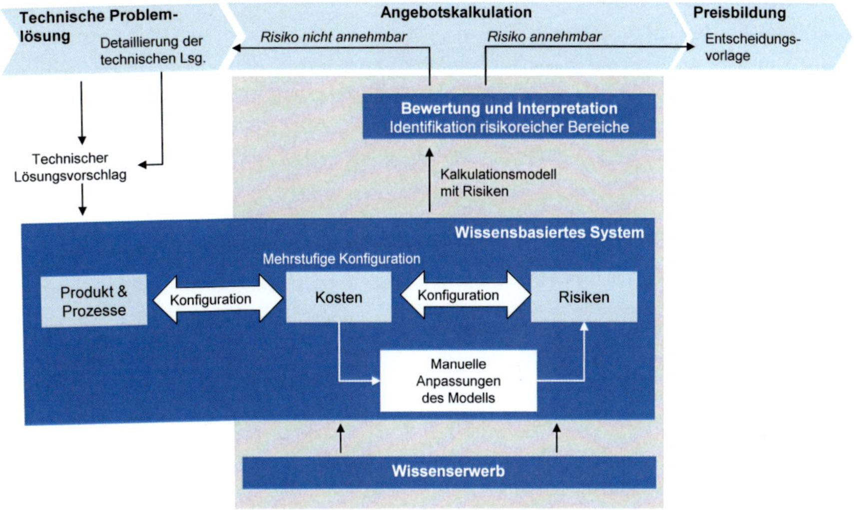


**Abbildung 3-16: Methode der wissensbasierten Risikobewertung nach RIMPAU 270**

### 3.2.6.1 Wissensbasiertes System

Zur Implementierung eines wissensbasierten Systems in die Angebotskalkulation ist es als Erstes notwendig, die benötigte Wissensbasis des Systems zu modellieren.

266 vgl. Rimpau, C. (Wissensbasierte Risikobewertung), 2011, S. 105
267 vgl. Rimpau, C. (Wissensbasierte Risikobewertung), 2011, S. 105
268 s. Rimpau, C. (Wissensbasierte Risikobewertung), 2011, S. 105
269 vgl. Rimpau, C. (Wissensbasierte Risikobewertung), 2011, S. 108
270 vgl. Rimpau, C. (Wissensbasierte Risikobewertung), 2011, S. 106

Das wissensbasierte System nach RIMPAU besteht aus drei Modellen, welche über sog. Beziehungswissen miteinander verknüpft sind. Diese lauten integriertes Produkt- und Prozessmodell, Kostenmodell und Risikomodell.[271] Neben diesem Strukturwissen ist auch das Beziehungswissen eines wissensbasierten Systems von elementarer Bedeutung. RIMPAU benutzt zur Modellierung die UML[272].

Ein **integriertes Produkt- und Prozessmodell** verbindet die Wechselwirkungen und Abhängigkeiten von Produkt- und Prozessstrukturen und dient somit der Visualisierung von Produktstrukturen, Arbeitsplänen und Fabriklayout sowie deren Beziehungen untereinander. Das Klassendiagramm des integrierten Produkt- und Prozessmodells besteht grundsätzlich aus der Klasse Produkt. Diese ist die oberste Klasse und kann u.a. die Merkmale Stückzahl, Geometrie oder Produktnummer zugewiesen bekommen haben. Die Klasse Produkt aggregiert dann die Klassen Baugruppe, Bauteil und Prozess. Hierdurch ist die hierarchische Struktur des Produktes in dem Klassendiagramm abgebildet. Die Klasse Bauteil mit Merkmalen, wie Material oder Lieferant, stellt die unterste Ebene der Struktur dar. Durch die noch auf der untersten Ebene hinzukommende Klasse Ressourcenverbauch wird eine Aufwandsbewertung vollzogen. Diese ist mit den Klassen Bauteil und Prozess verbunden und beschreibt auf der einen Seite die Menge bzw. Anzahl der Bauteile und auf der anderen Seite die Verbräuche eines Herstellprozesses.[273]

Das **Kostenmodell** stellt für ein Kostenelement die Wirkzusammenhänge dar. *„Kostenelemente stellen einzelne bewertete Ressourcenverbrauchswerte dar, die zur Herstellung des kundenindividuellen Produktes anfallen."*[274] In diesem Kostenmodell setzen sich die Kostenelemente aus den Klassen Kosten, Ressourcenverbrauch, Ressourcenpreis sowie Wechselkurs zusammen. Die Klasse Ressourcenverbrauch des Kostenmodells stellt die Verbindung zu dem integrierten Produkt- und Prozessmodell dar. Wie auch im ersten Modell beschreibt die Klasse Ressourcenverbrauch sowohl die Anzahl an Bauteilen als auch den Verbrauch von Ressourcen während des Herstellprozesses. Die Klasse Ressourcenpreis als weitere Klasse eines Kostenelements beschreibt den Preis, den eine bestimmte Menge einer Ressource kostet.[275] Die verschiedenen Kostenelemente werden dann

[271] vgl. Rimpau, C. (Wissensbasierte Risikobewertung), 2011, S. 107 f.

[272] Die UML (Unified Modeling Language) ist eine Modellierungssprache zur Spezifikation, Konstruktion und Dokumentation von Systemen.

[273] vgl. Rimpau, C. (Wissensbasierte Risikobewertung), 2011, S. 113 f.

[274] s. Rimpau, C. (Wissensbasierte Risikobewertung), 2011, S. 118

[275] vgl. Rimpau, C. (Wissensbasierte Risikobewertung), 2011, S. 118 ff.

mithilfe einer übergeordneten Kostengliederungsstruktur zusammengefasst und führen so zu einer Kalkulation der Selbstkosten.[276]

Bei der Konfiguration des **Risikomodells** wird die Wahrscheinlichkeitstheorie genutzt, um die Risiken in der Angebotskalkulation abbilden und bewerten zu können. Aufgrund der Tatsache, dass es sich bei der Einschätzung der Risiken durch das Management um zukünftige Entwicklungen handelt, spricht RIMPAU hier von einer subjektiven Wahrscheinlichkeit. Um die unrealistischen Wertebereiche im Vorfeld zu eliminieren, wird der Wahrscheinlichkeitsdichtefunktion eine Möglichkeitsfunktion überlagert, welche obere und untere Schranken für den Wertebereich definiert.[277] Aufgrund der situations- und unternehmensspezifischen Charakteristik der Risiken sind die jeweils passenden Risiken in das Modell zu integrieren und zu qualifizieren. Durch das Risikomodell wird das Wissen über die identifizierten Risiken abbildbar und bewertbar.

Neben der beschriebenen Modellierung des Strukturwissens ist für ein wissensbasiertes System das **Beziehungswissen** von elementarer Bedeutung. Durch das Wissen bzgl. der Beziehungen zwischen den Objekten und Merkmalen kann eine Anwendung im realen Problemfall erfolgen. Durch das Beziehungswissen werden die verschiedenen Modelle, deren Objekte und Merkmale miteinander in Relation gebracht. *„Es* [das Beziehungswissen] *legt somit fest, unter welchen Bedingungen, also bei welchen Produktspezifikationen, Umfeldbedingungen und Kostenarten welches Risiko in welcher Ausprägung wirkt.“*[278] Die konkrete Ausprägung und Gestaltung der Beziehungen kann aufgrund unternehmensspezifischer Risikosituationen nur unternehmensspezifisch erfolgen. Grundsätzlich werden zuerst die Anknüpfungspunkte der Modelle untereinander formuliert, um die Verbindungen zwischen dem integrierten Produkt- und Prozessmodell, dem Kostenmodell und dem Risikomodell definieren zu können.[279]

### 3.2.6.2 Wissenserwerb

Die Phase des Wissenserwerbs in der Methode der wissensbasierten Risikobewertung während der Angebotskalkulation hat die Aufgabe, das Wissen der Experten zu identifizieren und für die Implementierung in das wissensbasierte System zu formalisieren. Hierbei wird, wie bereits dargestellt, zwischen Strukturwissen (Modelle) und Beziehungswissen (Verknüpfungen) unterschieden. Das Strukturwissen ist bereits durch den Aufbau des Konfigurationsmodells

---

[276] vgl. Rimpau, C. (Wissensbasierte Risikobewertung), 2011, S. 107 f.

[277] vgl. Rimpau, C. (Wissensbasierte Risikobewertung), 2011, S. 121 f.

[278] s. Rimpau, C. (Wissensbasierte Risikobewertung), 2011, S. 136

[279] vgl. Rimpau, C. (Wissensbasierte Risikobewertung), 2011, S. 136 f.

entwickelt worden, welches unternehmensspezifisch ggf. durch Experten angepasst werden muss.[280] Der Erwerb des Beziehungswissens, als Verknüpfung und Ausprägung der verschiedenen Modelle, Klassen und Merkmale, erfolgt bei RIMPAU in einem vierstufigen Ablauf (s. Abbildung 3-17).

Als Erstes erfolgt die **Identifikation der risikobehafteten Einflussfaktoren**, um eine Auflistung der Faktoren für den nächsten Schritt zu erhalten. Dies kann zum einen retrospektiv durch das Durchführen einer Nachkalkulation und eine Untersuchung der Kostenabweichungen bereits produzierter Produkte, zum anderen prospektiv durch strukturierte Experteninterviews erfolgen. Mit der Eingangsgröße (aufgelisteten, risikobehafteten Einflussfaktoren) wird dann eine **Analyse der Einflussfaktoren** durchgeführt. Es werden u.a. mithilfe fokussierter Experteninterviews die Ursache-Wirkungs-Ketten für die identifizierten Einflussfaktoren erarbeitet. Diese durch Experten abgesicherten und konkretisierten Ursache-Wirkungs-Ketten werden in Regeln überführt. Die **Auswahl der in Regeln zu implementierenden Risiken** erfolgt mithilfe der Ermittlung einer Risikoregelprioritätszahl (RRPZ) je Einflussfaktor in Anlehnung an die Methode der Fehlermöglichkeits- und -einflussanalyse (FMEA[281]). Die RRPZ ergibt sich als Produkt aus der Höhe des ursachenbezogenen Risikos, der Wirkung der Abweichung und der Einschätzung der Auftretenswahrscheinlichkeit. Mithilfe der RRPZ können die Einflussfaktoren priorisiert werden und ausgewählte Faktoren in die Wissensbasis übernommen werden. Die **Anpassung bzw. Definition von Regeln** stellt den letzten Schritt beim Wissenserwerb dar. Die Ursache-Wirkungs-Beziehungen der ausgewählten Einflussfaktoren werden in Bedingungen und Regeln übersetzt.[282]

[280] vgl. Rimpau, C. (Wissensbasierte Risikobewertung), 2011, S. 139 f.

[281] FMEA: Failure Mode and Effects Analysis

[282] vgl. Rimpau, C. (Wissensbasierte Risikobewertung), 2011, S. 141-147

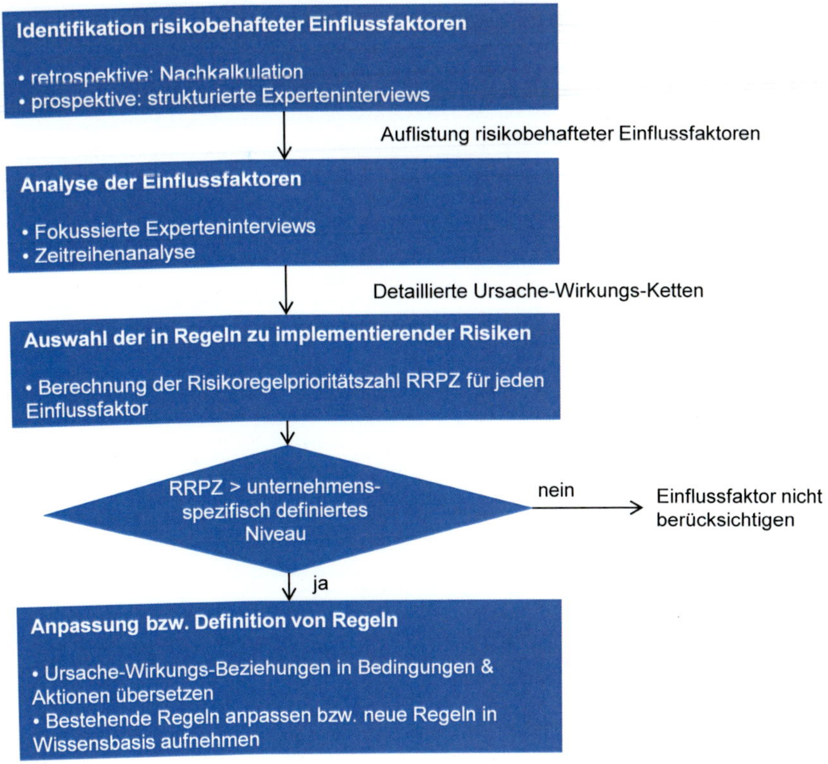


**Abbildung 3-17: Vorgehensweise zum Wissenserwerb**[283]

### 3.2.6.3 Bewertung und Interpretation

In der letzten Phase der Methode werden die im Modell konfigurierten Kosten und Risiken konkret berechnet und zu einem wirkungsbezogenen Risiko aggregiert.[284] Nach der Bewertung des Konfigurationsmodells erfolgt eine Interpretation dieser Bewertung. Diese dient

- als Entscheidungsvorlage zur Preisbestimmung,
- zur Erlangung einer Kosten- und Risikotransparenz als Ausgangspunkt für Maßnahmenableitung zur Risikoreduktion und
- als Kostencontrolling während der Auftragsabwicklung.[285]

---

[283] s. Rimpau, C. (Wissensbasierte Risikobewertung), 2011, S. 147

[284] vgl. Rimpau, C. (Wissensbasierte Risikobewertung), 2011, S. 147 ff.

[285] vgl. Rimpau, C. (Wissensbasierte Risikobewertung), 2011, S. 151

RIMPAU baut ein wissensbasiertes Modell zur Risikobewertung während der Angebotskalkulation auf, in dem neben der Produkt- und Prozesssicht die Kostensicht und abschließend auch die Betrachtung des Risikos Berücksichtigung finden. Neben der Berücksichtigung des Strukturwissens der Einzelmodelle ergibt sich das Zusammenspiel durch das Beziehungswissen zwischen den Klassen der Modelle. Hierbei wird das Expertenwissen formalisiert und dem Modell durch den Baustein Wissenserwerb zugefügt. Es erlaubt durch formalisiertes Erfahrungswissen eine Definition des Risikos bei der Herstellung eines Produktes während der Angebotsphase und stellt somit eine elementare Eingangsgröße für den anschließenden Entwicklungsprozess dar. Bei dieser Methode liegt der Fokus auf der Herstellung eines individuellen Produktes und dem damit behafteten Risiko. Die wertschöpfungsübergreifenden Auswirkungen werden nicht speziell betrachtet. Aufgrund der aufwendigen und iterativen Vorgehensweise bei dem Aufbau des wissensbasierten Modells ist die Praktikabilität im Unternehmensalltag nicht vollständig gegeben. Auch erfolgt keine Quantifizierbarkeit der Komplexität im engeren Sinne.

### 3.2.7 Angebotspreisbildung nach WESTEKEMPER

Die Methodik der Angebotspreisbildung am Beispiel des Werkzeug- und Formenbaus dient neben der Preisfindung, der Preisbestimmung und Preisbildung insbesondere einer pro-aktiven Preisargumentation für die Vorteile des Produktes. Ziel der Methodik ist es, ein partnerschaftliches Verhältnis zwischen Lieferant und Kunde durch Preistransparenz und Preisakzeptanz entwickeln zu können und somit einen Wettbewerbsvorteil für den Werkzeugbau zu generieren. Ferner kann langfristig der Aufwand zur Angebotserstellung deutlich reduziert werden. WESTEKEMPER entwickelt ein Instrumentarium, das zu einem Wechsel der Paradigmen von Denken in Suboptima zu einem globalen Optimum innerhalb der Wertschöpfungskette führt.[286]

Im Folgenden wird auf die einzelnen Phasen der Methodik (auch: Partialmethode) detailliert eingegangen. Diese sind neben der Preisfindung die Preisbestimmung, die Preisargumentation und die finale Preisbildung (s. Abbildung 3-18). Die detaillierte Beschreibung aller Teilmodelle innerhalb der einzelnen Partialmethoden würde jedoch an dieser Stelle den Rahmen sprengen.

---

[286] vgl. Westekemper, M. (Angebotspreisbildung), 2002, S. 143

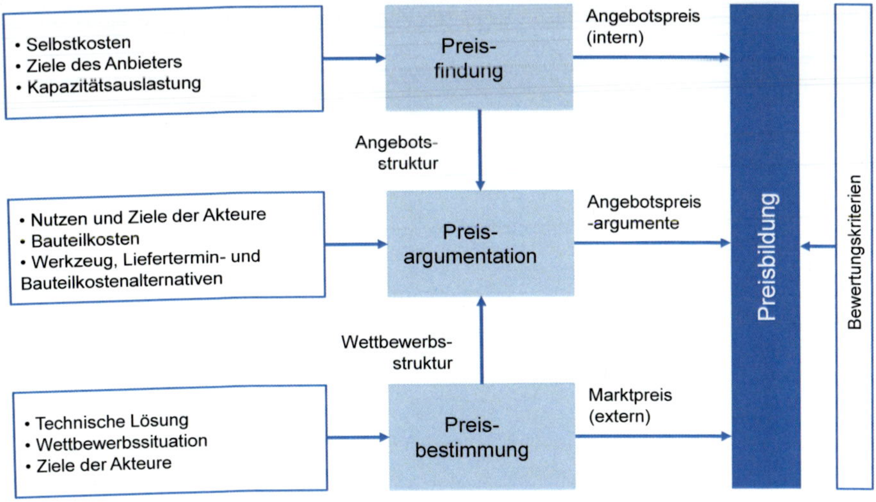


**Abbildung 3-18: Methodik der Angebotspreisbildung**[287]

### 3.2.7.1 Preisfindung

Die erste Phase der Methodik, die Preisfindung, ermittelt den unternehmensinternen Angebotspreis. Hierzu wird in einem ersten Schritt die Kalkulation der Selbstkosten für eine konkrete Anfrage mithilfe des Ressourcenverfahrens in Form eines definierten Kostenmodells für den Werkzeug- und Formenbau vorgenommen. Anschließend erfolgt die Preisfindung auf Basis der Ziele des anbietenden Unternehmens unter Berücksichtigung des zu entwickelnden Zielmodells für den Werkzeug- und Formenbau.[288]

Die Vorgehensweise zum **Aufbau des Kostenmodells** unterteilt sich in fünf Schritte unter Berücksichtigung unterschiedlicher Teilmodelle. Im Rahmen dieser Arbeit wird die generelle Vorgehensweise bei dem Aufbau der Modelle vorgestellt. Zuerst erfolgt die Analyse der kostenrelevanten Unternehmensprozesse mithilfe von Interviews bzw. Fragebögen. Hierbei werden in diesem Stadium alle Prozessschritte, sowohl die wertschöpfenden als auch die nicht-wertschöpfenden Schritte, aufgenommen und mit klassifizierenden Merkmalen ausgestattet. Durch die Auswertung der Daten und die Kostenermittlung je Einzelprozess können die kostenrelevanten Prozesse identifiziert werden. Anschließend erfolgt die Zuordnung der identifizierten Prozesse zu den Ressourcen und Kostenarten. Der dritte Schritt bei dem Aufbau eines Kostenmodells ist die Ermittlung der Kosteneinflussgrößen und deren Verdichtung zu je einem

---

[287] vgl. Westekemper, M. (Angebotspreisbildung), 2002, S. 48

[288] vgl. Westekemper, M. (Angebotspreisbildung), 2002, S. 48

Kostentreiber je Einzelprozess (s. Kapitel 3.2.4). Durch das Komplexitätsmodell können auch diejenigen Einflussgrößen Berücksichtigung finden, die erst in Korrelation mit anderen Größen zu Mehraufwänden führen. Anschließend erfolgt die Detaillierung des Modells über die Elemente der Produktstruktur. Abschließender Schritt bei dem Aufbau eines Kostenmodells ist die kontinuierliche Optimierung desselben durch einen Regelkreis[289] (s. Abbildung 3-19).

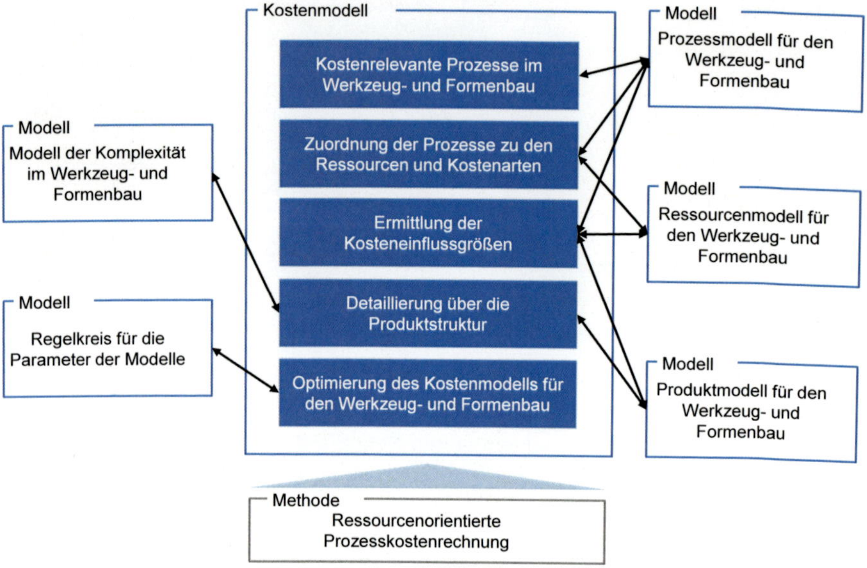


**Abbildung 3-19: Aufbau eines Kostenmodells für den Werkzeug- und Formenbau[290]**

Das **Zielmodell** eines Unternehmens besteht zum einen aus dem allgemeingültigen Zielsystem der Unternehmung und zum anderen auch aus konkreten mit dem Angebot verfolgten Zielen. Diese können dynamische Teilziele sein, wie z.B. Kapazitätsauslastung, Beschäftigung oder Neukundengewinnung.

Die Preisfindung erfolgt durch die als Eingangsgröße vorherrschende technische Lösung, den durch das Kostenmodell ermittelten Selbstkosten und dem durch das Zielmodell abzuleitenden Zielgewinn. Mithilfe der unternehmensspezifischen Gewinnerwartung, dem Zieldeckungsbeitrag und den Selbstkosten einer technischen

[289] vgl. Westekemper, M. (Angebotspreisbildung), 2002, S. 60-64

[290] vgl. Westekemper, M. (Angebotspreisbildung), 2002, S. 54

Lösung kann ein interner Angebotspreis ermittelt und folglich die Preisuntergrenze eines Produktes definiert werden.[291]

#### 3.2.7.2 Preisbestimmung

Die zweite Phase der Angebotspreisbildung, die Preisbestimmung, verfolgt das Ziel, den Marktpreis eines Produktes und somit die Preisobergrenze zu bestimmen. Hierbei liegt der Fokus auf den Leistungen und nicht auf den Funktionen eines Werkzeuges. Grund dafür ist die hohe Bandbreite an Werkzeugfunktionen, was die Vergleichbarkeit der Funktionen erschwert.[292]

Die Partialmethode Preisbestimmung unterteilt sich in vier Teilschritte (s. Abbildung 3-20). In einem ersten Schritt erfolgt die **Identifikation der preisrelevanten Leistungen**. Nach einer Bewertung, ob ein Zusammenhang zwischen den Werkzeugfeatures und den Kundenanforderungen und -zielen besteht, wird die Güte der Erfüllung dieser Kundenanforderungen mit einem quantitativen Erfüllungsgrad bewertet. Anschließend werden die ermittelten Leistungen in ein Preis-Leistungs-Diagramm übertragen. Dies ermöglicht eine Visualisierung der Positionierung der eigenen Leistung im Vergleich zum Wettbewerb. In dem zweiten Schritt, der **leistungsorientierten Ziel-/Marktpreisspaltung und -synthese**, ist die Zielsetzung, durch Spaltung in Elementarobjekte und deren Synthese, Leistungsobjekte zu erhalten. Ergebnis dieses Teilschrittes ist eine Leistungs- und Preisdefinition auf Einzelleistungsebene. Die **leistungs- und marktpreisorientierte Ziel-/ Marktpreisbestimmung** bildet die Summe aller Einzelleistungspreise und definiert so die Preisobergrenze auf Basis der im Rahmen der Leistungssynthese ermittelten Leistungsobjekte. Die Gewichtung der einzelnen Preis-/Leistungselemente wird entsprechend der definierten Verbundwirkungen in den Eingangsmodellen vorgenommen. Abschließend folgt der Aufbau von **Preis-Leistungs-Funktionen**. Diese ermitteln dann die Marktpreise bzw. die Preisobergrenze.[293]

---

[291] vgl. Westekemper, M. (Angebotspreisbildung), 2002, S. 67 f.

[292] vgl. Westekemper, M. (Angebotspreisbildung), 2002, S. 49

[293] vgl. Westekemper, M. (Angebotspreisbildung), 2002, S. 74-80

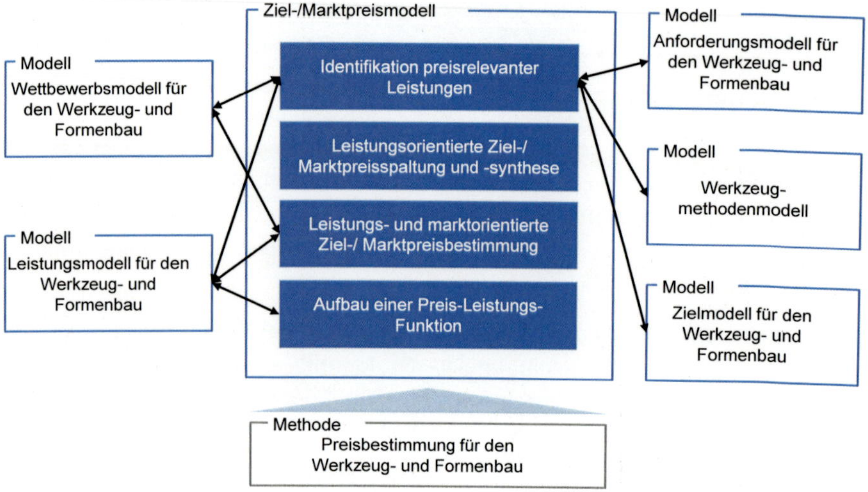


**Abbildung 3-20: Aufbau eines Ziel-/Marktpreismodells für den Werkzeug- und Formenbau[294]**

#### 3.2.7.3 Preisargumentation

Nach der internen Preisfindung und der Ermittlung des Marktpreises für die jeweiligen Leistungen dient die dritte Phase der Angebotspreisbildung dazu, eine Preisargumentation auf Basis einer integrativen Verhandlung zu erhalten. Hierfür werden zuerst die Elemente bereits vorliegender Angebote bzgl. ihrer Unterschiede hinsichtlich der Angebotsform und der an den Kunden übermittelten Informationen untersucht. Die der Angebotspreisbildung nachgelagerten Prozesse der Angebotsüberwachung und Auftragsverhandlung werden bzgl. der im Rahmen der Verhandlung eingesetzten Informationen untersucht. Die Differenz zwischen den Angebotsinformationen und den Verhandlungsinformationen bietet einen ersten Ansatzpunkt für potenzielle argumentationsrelevante Informationen. Abschließend werden mit den Informationen die relevanten Elemente einer Preisargumentation durch den Abgleich zwischen Informationen und Anforderungen identifiziert. Hier liegt der Fokus auf den für den spezifischen Serienproduzenten aktuell entscheidungsrelevanten Informationen. Im Regelfall sind die Stückkosten des mit dem Werkzeug herzustellenden Bauteils ein zentrales Entscheidungskriterium. Hierfür ist es wichtig, die Wechselwirkungen zwischen dem Wertschöpfungsprozess des Werkzeugs und dem des Bauteils im Serienprozess transparent und eindeutig aufzuzeigen. Weitere Entscheidungskriterien können die Lebenszykluskosten und

---

[294] vgl. Westekemper, M. (Angebotspreisbildung), 2002, S. 69

der Liefertermin unterschiedlicher Werkzeugkonzepte sein.[295] Es ist von Vorteil, unterschiedliche Werkzeugkonzepte im Vorfeld zu entwickeln und zu konzipieren, um die Einflüsse der Werkzeugkonzepte und des Werkzeug- und Formenbaus auf die Serienproduktion und die resultierenden Stückkosten des Bauteils darstellen zu können. Darauf aufbauend können die Einflussgrößen auf die Bauteilkosten identifiziert werden und eine Verhandlung und Entscheidung für ein „optimales" Werkzeugkonzept erfolgreich abgeschlossen werden[296] (s. Abbildung 3-21).

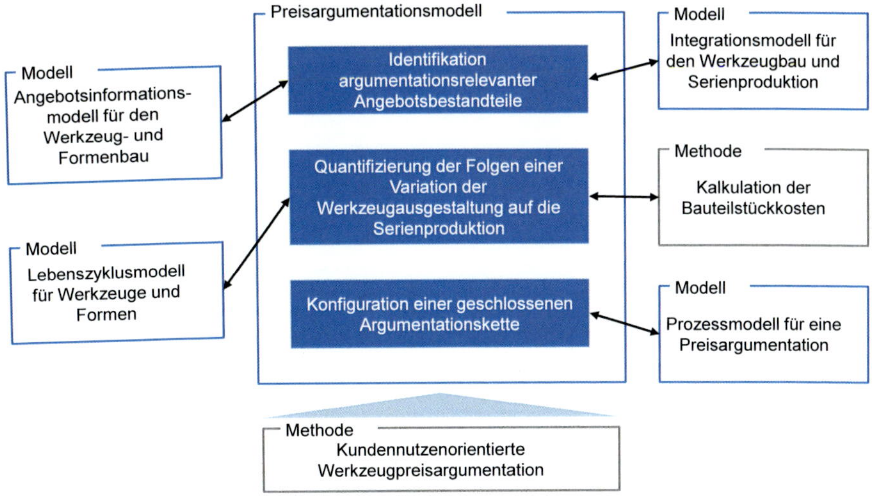


**Abbildung 3-21: Aufbau eines Preisargumentationsmodells für den Werkzeug- und Formenbau[297]**

### 3.2.7.4 Preisbildung

Aufbauend auf den Ergebnissen der bereits beschriebenen und entwickelten Partialmethoden erfolgt bei der abschließenden Preisbildung eine Identifikation und Strukturierung der für die Höhe des Angebotspreises entscheidungsrelevanten Kriterien. Anschließend wird zur Berücksichtigung der Ziele des Entscheiders und des Nutzers ein Präferenzmodell entwickelt. Die entscheidungsrelevanten Kriterien werden bewertet und abschließend wird ein Angebotspreis entscheidungs- und nutzenorientiert gebildet.[298]

---

[295] vgl. Westekemper, M. (Angebotspreisbildung), 2002, S. 114
[296] vgl. Westekemper, M. (Angebotspreisbildung), 2002, S. 50 f.
[297] vgl. Westekemper, M. (Angebotspreisbildung), 2002, S. 81
[298] vgl. Westekemper, M. (Angebotspreisbildung), 2002, S. 115

Die Methode der Angebotspreisbildung für den Werkzeug- und Formenbau ermittelt über die vier Partialmethoden den finalen Angebotspreis. Hierbei besteht jede der vier Partialmethoden aus Modellen, welche wiederum Ergebnis zahlreicher Modelle und Inputgrößen sind. Diese hohe Anzahl an Eingangsgrößen für die abschließende Angebotspreisbildung bietet keine hohe Praktikabilität für ein Unternehmen und ist nur mit großem Aufwand in den Entwicklungsprozess eines Werkzeugs zu integrieren.

## 3.3 Zwischenfazit

Aufbauend auf der Zielsetzung der vorliegenden Arbeit sind Anforderungen an eine Methodik definiert worden. Diese dienen als Grundlage für die Bewertung der Anwendung bereits existierender wissenschaftlicher Ansätze zur Bestimmung der komplexitätsbedingten Ursache-Wirkungs-Beziehungen im Werkzeugbau. Darüber hinaus dienen die definierten Anforderungen als Richtlinien bei der folgenden Entwicklung der Methodik.

| | Anforderungen an eine Methodik | | | | | | | | |
|---|---|---|---|---|---|---|---|---|---|
| | Allgemeine, formale | | | aus der Zielsetzung | | | hinsichtlich des Objektbereichs | | |
| Ansatz | Praktikabilität | Wirtschaftlichkeit | Konkrete Vorgehensweise | Quantifizierbarkeit von Komplexität | Kostentransparenz | Wertschöpfungs-übergreifend | Integration in Entwicklungsprozess | Einzelfertigung | Fokussierung auf Herstellungsprozess |
| Martin 1999 | Ansatzweise | Eingeschränkt | Nahezu ausgeprägt | Ansatzweise | Ansatzweise | Nicht ausgeprägt | Nahezu ausgeprägt | Nicht ausgeprägt | Nicht ausgeprägt |
| Marti 2007 | Nahezu ausgeprägt | Nahezu ausgeprägt | Vollständig ausgeprägt | Nahezu ausgeprägt | Ansatzweise | Ansatzweise | Nahezu ausgeprägt | Nicht ausgeprägt | Nicht ausgeprägt |
| Rathnow 1992 | Eingeschränkt | Eingeschränkt | Eingeschränkt | Nicht ausgeprägt | Ansatzweise | Eingeschränkt | Nicht ausgeprägt | Nicht ausgeprägt | Nicht ausgeprägt |
| Schuh 2005 | Nahezu ausgeprägt | Nahezu ausgeprägt | Vollständig ausgeprägt | Nahezu ausgeprägt | Vollständig ausgeprägt | Nahezu ausgeprägt | Nahezu ausgeprägt | Ansatzweise | Nahezu ausgeprägt |
| Nussbaum 2011 | Eingeschränkt | Eingeschränkt | Vollständig ausgeprägt | Nahezu ausgeprägt | Ansatzweise | Ansatzweise | Nicht ausgeprägt | Nicht ausgeprägt | Ansatzweise |
| Rimpau 2011 | Ansatzweise | Eingeschränkt | Eingeschränkt | Ansatzweise | Nahezu ausgeprägt | Ansatzweise | Nahezu ausgeprägt | Vollständig ausgeprägt | Vollständig ausgeprägt |
| Westekemper 2002 | Ansatzweise | Ansatzweise | Ansatzweise | Eingeschränkt | Vollständig ausgeprägt | Nahezu ausgeprägt | Ansatzweise | Vollständig ausgeprägt | Nahezu ausgeprägt |

Nicht ausgeprägt – Eingeschränkt – Vollständig ausgeprägt – Ansatzweise – Nahezu ausgeprägt

**Abbildung 3-22: Bewertung existierender Komplexitätsansätze**

Die Betrachtung im vorangegangenen Kapitel hat gezeigt, dass zahlreiche Methoden und Ansätze zu dem Themenfeld Komplexitätsbewertung existieren. Diese lassen sich sowohl in ihrem Fokus als auch in ihrem Detaillierungsgrad unterteilen. Die Vielzahl der vorgestellten Ansätze legt die Grenze des Betrachtungsraumes um das gesamte Unternehmen. Produktkomplexität beinhaltet dort die durch eine Erhöhung der Produktvarianten steigende Komplexität. Die Komplexität eines einzelnen Produktes wird in diesen Ansätzen wenig thematisiert. Der Fokus der Ansätze liegt auf der Produktkomplexität einer Serienproduktion und ist nur bedingt für einen Einzelfertiger anwendbar. Einige Ansätze haben das Ziel, die strategische Ausrichtung eines Unternehmens durch eine optimale Auslegung der Produktkomplexität zu verbessern bzw. neu zu definieren. Aufgrund dieser Zielsetzung fehlt einigen Ansätzen die notwendige Detaillierung zur Quantifizierung der Komplexität und der Kostentransparenz, um so die kostentechnische Auswirkung steigender Produktkomplexität zu bestimmen (s. Abbildung 3-22).

Der **DFV Ansatz** nach MARTIN beschreibt eine Vorgehensweise zur Entwicklung einer robusten Produktarchitektur, d.h. geringer Entwicklungsaufwand bei wechselnden Produktanforderungen. Die Methodik analysiert sehr umfassend Beziehungen zwischen Komponenten eines Produkts bei bestimmten Anforderungen. Diese Prozedur ist sehr aufwändig und führt zu einer eingeschränkten Wirtschaftlichkeit. Die Praktikabilität ist durch den hohen Aufwand zur Ermittlung der Beziehungen zwischen Komponenten lediglich ansatzweise praktikabel. Der Fokus der Methodik liegt eindeutig auf der qualitativen Optimierung der bestehenden Produktarchitektur in der Produktentwicklung. Eine wertschöpfungsübergreifende Betrachtung findet nicht statt. Eine Quantifizierbarkeit der Komplexität und eine Kostentransparenz sind ansatzweise durch den GVI gegeben. Anwendungsbereich des Ansatzes ist die Serienproduktion und nicht die Einzelfertigung. Die Fokussierung auf den Herstellungsprozess eines Produktes ist nicht gegeben. Es wird ausschließlich der Entwicklungsprozess betrachtet. Es liegt somit eine nahezu vollständige Integration in den Entwicklungsprozess vor (s. Kapitel 3.2.1).

Das **Complexity Management Model** nach MARTI hat die Zielsetzung, die bestehende Produktarchitektur eines Unternehmens zu optimieren und die Komplexität zu reduzieren. Das dreistufige Vorgehen stellt eine konkrete Vorgehensweise dar. Durch die Einordnung der Komponenten in die Komplexitätsmatrix nach Erfahrungswerten und Berechnungsformeln besitzt das Modell eine hohe Praktikabilität und Wirtschaftlichkeit. Die technische Komplexität eines Produktes ist durch eine Relationszahl im Verhältnis quantifizierbar. Die Kostentransparenz des Produktes steht in diesem Modell nicht im Fokus und erfolgt nur ansatzweise. Die wertschöpfungsübergreifende Betrachtung der Komplexität erfolgt ansatzweise durch die Berücksichtigung der kundenseitig geforderten Funktionalität eines Produktes (externe Komplexität). Aufgrund der konkreten Vorgehensweise und der Fokussierung auf die Optimierung der Produktarchitektur ist das Modell gut in den Entwicklungsprozess integrierbar. Betrachtungsbereich dieses Modells ist auch der Entwicklungsprozess in einer Serienproduktion. Der Herstellungsprozess findet keine Berücksichtigung (s. Kapitel 3.2.2).

Das **Integrierte Variantenmanagement** nach RATHNOW dient der Optimierung der Variantenvielfalt eines Unternehmens mithilfe einer Kosten-Nutzen-Analyse. Durch die Definition von drei Phasen innerhalb der Methodik liegt eine konkrete Vorgehensweise vor. Durch die sehr detaillierte Analyse und Bestimmung der optimalen Produktvielfalt liegt nur eine eingeschränkte Praktikabilität und Wirtschaftlichkeit im Unternehmensumfeld vor. Die Methode bietet keine

Quantifizierung der Komplexität. Es wird mittels Leistungs- und Strukturoptimierung die gesamtoptimale Produktvielfalt eines Unternehmens bestimmt. Durch die Quantifizierung der Kostenwirkung innerhalb der Leistungsoptimierung wird ansatzweise eine Transparenz der entstehenden Kosten erlangt. Im Rahmen der Strukturoptimierung erfolgt eingeschränkt eine wertschöpfungsübergreifende Betrachtung der Einflussgrößen. Der Ansatz stellt ein Hilfsmittel zur strategischen Neuausrichtung eines Unternehmens dar und ist demzufolge nicht in den Entwicklungsprozess integrierbar. Der Fokus liegt auf der Optimierung einer Serienproduktion auf strategischer Ebene. Die Fokussierung auf den Herstellungsprozess eines Produktes erfolgt nicht (s. Kapitel 3.2.3).

Die **Ressourcenorientierte Prozesskostenrechnung** nach SCHUH dient der verursachungsgerechten Kostenverrechnung entlang der Wertschöpfungskette. Diese berücksichtigt die Interdependenzen zwischen der Anzahl an Produktvarianten, Stückzahlen und Herstellkosten. Das dreistufige Vorgehen mit klaren In- und Outputgrößen stellt eine konkrete Vorgehensweise dar. Die Methode ist u.a. durch die Nutzung von Nomogrammen zur Darstellung der Kostenfunktion praktikabel und wirtschaftlich. Mittels der Kostenfunktion ist die durch eine Produktvielfalt vorherrschende Komplexität quantifizierbar und die verursachten Kosten sind transparent. Durch die Betrachtung der Kostenentstehung entlang der Wertschöpfungskette finden die einzelnen Wertschöpfungsstufen Berücksichtigung. Die Methode ist gut in den Entwicklungsprozess eines Unternehmens zu integrieren und legt den Fokus auf die Herstellung eines Produktes. Anwendungsbereich ist nicht die Einzelfertigung (s. Kapitel 3.2.4).

Die **Bewertung des Wirkungsgrades von Produktkomplexität** nach NUSSBAUM bietet eine Bewertungsmöglichkeit der Produktkomplexität auf Basis von vier zentralen Spannungsfeldern (Produktprogramm, Produktarchitektur, Supply Chain und Produktion). Die Ermittlung von Wirkungsgraden, deren Positionierung in einem Bewertungsmodell mit Migrationsempfehlungen stellt eine sehr konkrete Vorgehensweise zur Bewertung der Produktkomplexität eines Unternehmens dar. Die Wirtschaftlichkeit und Praktikabilität liegt eingeschränkt vor, da ein Aufwand zur Ermittlung der Teilwirkungsgrade unternehmens-spezifisch betrieben werden muss. Durch die Ermittlung der Teilwirkungsgrade ist die Produktkomplexität als Komplexität des Produktprogrammes quantifizierbar. Eine Kostentransparenz wie auch eine wertschöpfungsübergreifende Betrachtung findet nur ansatzweise statt. Als strategisches Analysemittel wird dieser Ansatz nicht in den Entwicklungsprozess in einem Unternehmen integriert werden. Bei der Bewertung des existierenden Produktprogramms eines Unternehmens liegt der Fokus auf der Entwicklung des Produktprogramms einer Serienproduktion (s. Kapitel 3.2.5).

Die **Wissensbasierte Risikobewertung** nach RIMPAU ermittelt Risiken bei der Erstellung kundenindividueller Produkte (Einzelfertigung) und berücksichtigt diese in der Angebotskalkulation. Durch den iterativen Aufbau eines wissensbasierten Modells als Basis der Risikobewertung ist der Initialaufwand für die Anwendung hoch und folglich die Wirtschaftlichkeit des Ansatzes eingeschränkt. Die Praktikabilität innerhalb der Angebotskalkulation ist nur ansatzweise gegeben. Die Methode stellt eine konkrete Vorgehensweise in Form des Wissenserwerbs, des wissensbasierten Systems und der Bewertung und Interpretation dar. Eine Quantifizierbarkeit der Komplexität eines Produktes ist lediglich durch die Ermittlung des Risikos gegeben und erfüllt somit nur ansatzweise die Forderung. Auch finden die wertschöpfungsübergreifenden Auswirkungen einer steigenden Produktkomplexität in dieser Methode keine Berücksichtigung. Der Fokus der Methode liegt auf dem Herstellungsprozess eines Produktes und kann in den Entwicklungsprozess zur Kostenabschätzung integriert werden (s. Kapitel 3.2.6).

Die **Angebotspreisbildung** nach WESTEKEMPER stellt eine Methodik zur Ermittlung finaler Angebotspreise im Werkzeug- und Formenbau als Einzelfertiger dar. Diese Methodik besteht aus vier Partialmethoden (Preisbestimmung, Preisfindung, Preisargumentation, Preisbildung). Die einzelnen Partialmethoden bestehen aus Teilschritten, welche als Inputgrößen unterschiedliche Modelle (Ressourcenmodell, Prozessmodell, Produktmodell, etc.) benötigen. Die Modelle müssen innerhalb der Methodik entwickelt werden. Eine konkrete Vorgehensweise wird in der Methodik nicht geliefert. Diese Aufteilung der Methodik in Partialmethoden mit jeweils unterschiedlichen, notwendigen Modellen führt zu einer nur ansatzweise vorhandenen Praktikabilität im Unternehmensumfeld und der hohe Aufwand reduziert die Wirtschaftlichkeit. Auch führt dies zu einer erschwerten Integration in den Entwicklungsprozess. Durch die Benutzung unterschiedlicher Modelle findet neben der wertschöpfungsübergreifenden Betrachtung (Prozessmodell) auch eine Fokussierung auf den Herstellprozess statt. Durch die Ermittlung des Werkzeugpreises liegt eine vollständige Kostentransparenz vor. Eine Quantifizierung der Komplexität des Werkzeugs erfolgt über das Modell der Komplexität im Werkzeug- und Formenbau innerhalb des Kostenmodells (s. Kapitel 3.2.7).

Zusammengefasst lässt sich somit festhalten, dass keiner der vorgestellten Ansätze ein Instrument bietet, um die komplexitätskostenrelevanten Ursache-Wirkungs-Beziehungen in einem Werkzeugbau ausreichend genau im Sinne der Zieldefinition dieser Arbeit bestimmen zu können. Neben der fehlenden Fokussierung auf die eigentliche Produktkomplexität während des Produktherstellungsprozesses sind auch die Quantifizierbarkeit der Komplexität und eine kostentechnische Bestimmung nicht vorhanden.

## 3.4 Ableitung des Forschungsbedarfs

Neben der Erarbeitung eines Forschungsbedarfs wurde in Kapitel 2 aus der Praxis der Handlungsbedarf hergeleitet. Der Werkzeugbau als Bindeglied zwischen der Produktentwicklung und Serienproduktion wird immer stärker mit den Forderungen nach sinkenden Werkzeugkosten aufgrund der durch die Produktderivatisierung sinkenden Produktstückzahlen konfrontiert. Gleichzeitig fehlt sowohl in der Produktentwicklung als auch im Werkzeugbau Wissen um die kostentechnischen Auswirkungen von Merkmalsvariationen in der Produktentwicklung. Ein derzeit noch nicht quantifizierter Bestandteil der Herstellkosten eines Werkzeugs sind die Komplexitätskosten, welche durch Komplexität im Werkzeug entstehen. Um die Herstellkosten systematisch senken zu können, ist im ersten Schritt die Ermittlung der komplexitätskostenrelevanten Ursache-Wirkungs-Beziehungen zwischen der Produktentwicklung und dem Werkzeugbau notwendig, um im zweiten Schritt Abstellmaßnahmen identifizieren und umsetzen zu können.

Es konnte sowohl aus der Praxis als auch aus der Theorie das Fehlen einer konkreten Vorgehensweise zur Bestimmung der komplexitätskostenrelevanten Ursache-Wirkung-Beziehungen im Werkzeugbau aufgezeigt werden. Der in der Zielsetzung aufgezeigte Forschungsbedarf ist somit begründet. Die dazugehörige Forschungsleitfrage lautet:

**„Wie muss eine Methodik zur Bestimmung der komplexitätskostenrelevanten Ursache-Wirkungs-Beziehungen im Werkzeugbau gestaltet sein?"**

Verbunden mit dieser Forschungsleitfrage lassen sich weitere Forschungsfragen formulieren, welche die Beantwortung der Forschungsleitfrage unterstützen.[299]

Die erste zu beantwortende Frage auf dem Weg zur Bestimmung der komplexitätskostenrelevanten Ursache-Wirkungs-Beziehungen in einem Werkzeugbau lautet:

**„Wie lässt sich die Komplexität eines Werkzeuges ermitteln?"**

Nachdem die Werkzeugkomplexität definiert ist und ermittelt werden kann, folgt die Frage nach den kostentechnischen Auswirkungen einer bestimmten Werkzeugkomplexität.

**„Welcher funktionale Zusammenhang besteht zwischen der Werkzeugkomplexität und den daraus entstehenden Komplexitätskosten?"**

---

[299] vgl. Kubicek, H. (Heuristischer Bezugsrahmen), 1977, S. 18

Mit dem Ziel einer ganzheitlichen Betrachtung der Ursache-Wirkungs-Kette über Wertschöpfungsstufen hinaus wird der Betrachtungsfokus im Folgenden auf das durch das Werkzeug herzustellende Produkt und dessen Einflüsse auf das Werkzeug gelegt.

**„Welche Merkmale eines Produktes haben welche Auswirkungen auf die Werkzeugkomplexität?“**

Abschließend sollte die Methodik eine direkte Verbindung der Produktmerkmale mit den Komplexitätskosten eines Werkzeugs aufzeigen und quantifizierbar machen. Die letzte Forschungsfrage auf dem Weg zur Beantwortung der Leitfrage lautet somit:

**„Wie kann ein direkter funktionaler Zusammenhang zwischen den Produktmerkmalen und den Komplexitätskosten eines Werkzeugs aussehen?“**

Die aufgestellten Forschungsfragen dienen bei der Konzeption der Methodik im nachfolgenden Kapitel als Unterstützung und finden Berücksichtigung.

# 4 Konzeption einer Methodik

Die im vorhergehenden Kapitel 3 durchgeführte Analyse und Bewertung existierender Arbeiten hat gezeigt, dass kein aktuell bestehender Ansatz die Anforderungen an eine Methodik zur Ermittlung der komplexitätskostenrelevanten Ursache-Wirkungs-Beziehungen im Werkzeugbau vollständig erfüllt. Nach der Ermittlung des Handlungsbedarfs aus der Praxis in Kapitel 2 und der Ableitung des Forschungsbedarfs in Kapitel 3 folgt nun die Konzeption einer Methodik zur Ermittlung der komplexitätskostenrelevanten Ursache-Wirkungs-Beziehungen im Werkzeugbau durch die Beantwortung der in Kapitel 1.3 abgeleiteten Forschungsfrage.

In den folgenden Unterkapiteln wird zuerst auf die Grundlagen der Systemtechnik und der Modellbildung und deren Notwendigkeit für die Methodikentwicklung eingegangen. Anschließend wird der Ordnungsrahmen der Methodik definiert und abschließend das Grobkonzept vorgestellt.

## 4.1 Grundlagen der Systemtechnik und Modellierung

Es existieren in der Literatur zahlreiche Definitionen des Begriffes der Methodik. In der vorliegenden Arbeit wird die Methodik als ein System von definierten Modellen, Methoden und Hilfsmitteln verstanden.[300] Hierfür ist eine grundlegende Definition einiger Begrifflichkeiten der Systemtechnik und Modellierung erforderlich.

### 4.1.1 Systemtechnik

Die Systemtechnik stellt durch Beschreibungsmodelle, Ansätze und Vorgehensweisen ein Methodenkonstrukt zur Behandlung von Problemen mit hoher Komplexität innerhalb von Systemen dar.[301] Hierfür bezieht sie sich auf die Grundlagen der Systemtheorie und den Leitgedanken des Systemdenkens.[302]

Der Begriff System hat seinen Ursprung im Griechischen und bedeutet „Zusammenstellung".[303] In der Systemtheorie nach PATZAK setzt sich ein System aus Elementen zusammen, denen Eigenschaften zugesprochen werden und die durch funktionelle Verknüpfungen miteinander verbunden sind.[304] Diese Verknüpfungen bzw. Wechselwirkungen zwischen den Elementen eines Systems sind

[300] vgl. Neuhausen, J. (Modulare Produktionssysteme), 2002, S. 6

[301] vgl. Patzak, G. (Systemtechnik), 1982, S. 15

[302] vgl. Neemann, C. W. (Schutz gegen Produktimitationen), 2007, S. 33

[303] vgl. Imboden, D.M.; Koch, S. (Systemanalyse), S. 5

[304] vgl. Patzak, G. (Systemtechnik), S. 19

wechselseitige, beeinflussbare und zeitlich variable Relationen[305] und werden auch innere Relationen genannt[306]. Zur vollständigen Beschreibung eines Systems gehört auch die Definition der Systemgrenze. Diese bildet die Abgrenzung zwischen dem System und dessen Umwelt.[307] Nichtsdestotrotz können Wechselwirkungen mit der Umwelt auftreten, welche dementsprechend äußere Relationen genannt werden.[308] Abbildung 4-1 zeigt den Aufbau und die Bestandteile eines Systems.

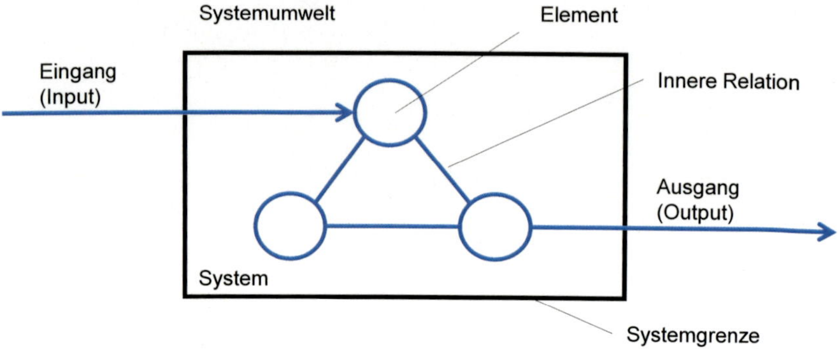


**Abbildung 4-1: Aufbau und Bestandteile eines Systems[309]**

Zusammenfassend lässt sich ein System durch vier Eigenschaften umfassend beschreiben:[310]

- Vernetzung der Systemelemente
- Bildung einer umschlossenen Einheit
- Erfüllung einer bestimmten Funktion
- Abgrenzung gegenüber der Systemumwelt

Das Leitmotiv des Prozessdenkens als weiteres Hauptelement der Systemtechnik ergibt sich aus vier Grundprinzipien, welche im Folgenden kurz beschrieben werden. Das Prinzip **vom Groben ins Detail** wirkt durch eine schrittweise Konkretisierung und Eingrenzung des Problem- und Lösungsraums einer frühzeitigen und zu detaillierten Betrachtung von einzelnen Elementen entgegen. Das Prinzip der **Variantenbildung** besagt, dass ein Überblick über alle möglichen Lösungsvarianten für ein Problem erfolgen muss, um darauf folgend erst eine schrittweise Reduktion

[305] vgl. Bruns, M. (Systemtechnik), 1991, S. 31

[306] vgl. Imboden, D.M.; Koch, S. (Systemanalyse), S. 5

[307] vgl. Imboden, D.M.; Koch, S. (Systemanalyse), S. 5

[308] vgl. Imboden, D.M.; Koch, S. (Systemanalyse), S. 5

[309] vgl. Paulukuhn, L. (Typologisierung von Entwicklungsprojekten), 2005, S. 5

[310] vgl. Bliss, C.A. (Management von Komplexität), 1998, S. 81 f.

dieser Lösungsvarianten vorzunehmen. Das dritte Prinzip der **Phasengliederung** unterteilt den Lösungsweg in zeitlich praktikable und logisch separierte Teilschritte. Der **Problemlösungsprozess** als viertes Grundprinzip beschreibt einen problemneutralen und logischen Ablauf zur systematischen Behandlung von Problemstellungen. Man gelangt von einer Zielsuche, einer Lösungssuche über die Auswahl der Lösung zu einem Ergebnis.[311]

Die Systemtechnik ermöglicht durch die Anwendung der erläuterten Prinzipien die Übertragung ingenieurwissenschaftlicher Methoden auf Nachbargebiete und umgekehrt.[312] Sie ist folglich die Grundlage für interdisziplinäre Problemlösung[313] und schafft darüber hinaus aufgrund ihres hohen Abstraktionsgrades die Möglichkeit der Konzeption und Detaillierung einer Methodik.[314]

### 4.1.2 Modellierung

Ein Modell stellt ein vereinfachtes, leicht verständliches und abstrahiertes Abbild der Wirklichkeit dar[315], um komplexe Zusammenhänge der Realität beherrschen und grundsätzliche Erkenntnisse gewinnen zu können[316]. Laut IMBODEN ist *„ein Modell […] ein Konzept zur vereinfachten Darstellung eines komplexen Systems."*[317] Merkmale eines Modells sind nach STACHOWIAK das Abbildungs-, das Verkürzungs- und das pragmatische Merkmal[318].

In der Literatur existieren zahlreiche Ansätze zur Klassifizierung von Modellen. Im Rahmen der vorliegenden Arbeit wird auf die weitestgehend anerkannten und etablierten Differenzierungen der Modelle in Beschreibungs-, Erklärungs-, Gestaltungs- und Meta-Modelle eingegangen (s. Abbildung 4-2)[319].

**Beschreibungsmodelle** beschreiben Sachverhalte oder Phänomene möglichst präzise und leicht verständlich. Hierbei wird keine Aussage bzgl. der Ursache ihres Auftretens getroffen. Innerhalb dieses Modelltyps kann zwischen dem strukturell-deskriptiven Modell zur Beschreibung statischer Zusammenhänge und dem

---

311 vgl. Haberfellner et. al (Systems Engineering), 1999, S. 30 ff.

312 vgl. Bruns, M. (Systemtechnik), 1991, S. 1

313 vgl. Pitsch, M. (Kompetenzfeldbasierte Vernetzung), 2014, S. 91

314 vgl. Brandenburg, F. (Planung technologischer Produktinnovationen), 2002, S. 38

315 vgl. Brandenburg, F. (Planung technologischer Produktinnovationen), 2002, S. 38

316 vgl. Stachowiak (Modelltheorie), 1973, S. 130

317 s. Imboden, D.M.; Koch, S. (Systemanalyse), 2003, S. 5

318 vgl. Stachowiak (Modelltheorie), 1973, S. 130

319 vgl. Patzak, G. (Systemtheorie), 1982, S. 313 ff.

verhaltensmäßig-deskriptiven Modell zur Beschreibung eines zeitlichen Ablaufs unterschieden werden.[320]

**Erklärungsmodelle** basieren i.d.R. auf Beschreibungsmodellen und analysieren Gesetzmäßigkeiten, welche sich hinter beobachteten Phänomenen verbergen. Sie haben das Ziel, die zugrundeliegenden Beschreibungsmodelle zu verstehen (kausale Modelle) oder einen zukünftigen Zustand zu prognostizieren (Prognosemodell).[321]

**Gestaltungsmodelle** haben das Ziel, die Realität durch die Bereitstellung von Ansatzpunkten für einen zielgerichteten Einsatz möglicher Einflussgrößen zu beeinflussen bzw. zu verändern. Hierzu gehören neben den normativen Modellen, welche den normativen Rahmen für Handlungen definieren, die präskriptiven Modelle. Diese stellen Vorgehensweisen dar und nehmen u.a. eine Vorbildfunktion ein. Entscheidungs- und Planungsmodelle gehören auch zur Gruppe der Gestaltungsmodelle und unterstützen bei Planungen und Entscheidungen.[322]

**Meta-Modelle**, auch unter dem Namen „generisches Modell" oder „Referenzmodell" zu finden, sollen verdeutlichen, welche Einflüsse und Elemente bei der Entwicklung und Nutzung eines Modells Relevanz besitzen und verfolgen somit im Gegensatz zu den drei anderen Modelltypen ein übergeordnetes Ziel. Sie stellen eine Ordnung dar, um nicht die Realität selbst, sondern andere Modelle zu beschreiben.[323]

---

[320] vgl. Lehner, F.; Wildner, S.; Scholz, M. (Wirtschaftsinformatik), 2008, S. 30f.; Patzak, G. (Systemtheorie), 1982, S. 313.

[321] vgl. Lehner, F.; Wildner, S.; Scholz, M. (Wirtschaftsinformatik), 2008, S. 31

[322] vgl. Lehner, F.; Wildner, S.; Scholz, M. (Wirtschaftsinformatik), 2008, S. 31 f.

[323] vgl. Lehner, F.; Wildner, S.; Scholz, M. (Wirtschaftsinformatik), 2008, S. 32

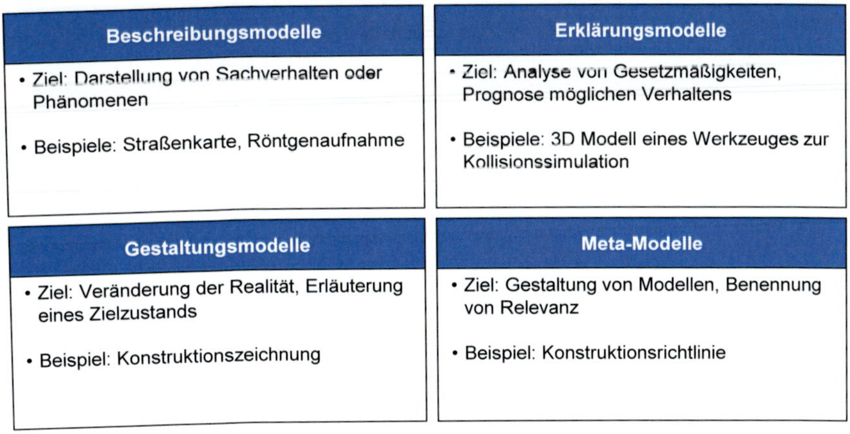


**Abbildung 4-2: Grundlegende Modelltypen**[324]

### 4.1.3 Nutzen für die Entwicklung einer Methodik

Aufbauend auf den beschriebenen Grundlagen der Systemtechnik und Modellierung kann ein detaillierteres Verständnis des Begriffes Methodik erlangt werden. Wie bereits in der Einleitung erwähnt (s. Kapitel 4.1), wird in der vorliegenden Arbeit die Methodik als ein System von Modellen, Methoden und Hilfsmitteln verstanden.[325] Der Gebrauch dieses Methodikverständnisses beinhaltet somit Aspekte der Systemtechnik (s. Kapitel 4.1.1) und der Modellierung (s. Kapitel 4.1.2). Ferner nutzt es Methoden und Hilfsmittel (s. Abbildung 4-3).

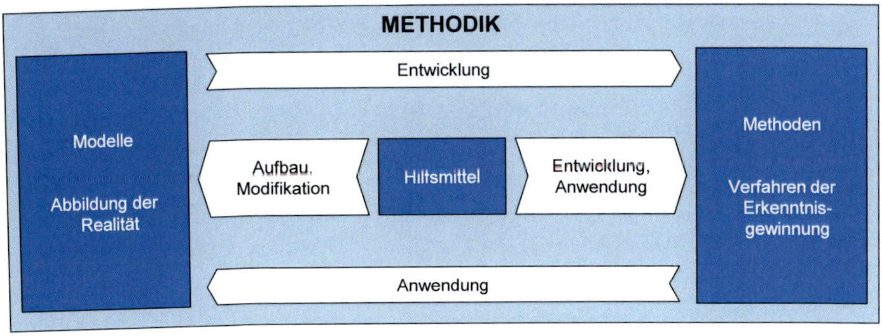


**Abbildung 4-3: Methodik: System aus Modellen, Methoden und Hilfsmitteln**[326]

---

[324] vgl. Giehler, F. (Planungsproduktivität), 2010, S. 78

[325] vgl. Neuhausen, J. (Modulare Produktionssysteme), 2001, S. 6 f.

[326] vgl. Neuhausen, J. (Modulare Produktionssysteme), 2002, S. 7

Die Methodik als System aus Bestandteilen ermöglicht es, die Potenziale der einzelnen Bestandteile voll auszunutzen und zu kombinieren. Ganz nach der ursprünglichen Bedeutung des Begriffs Methodik (griech.: Kunst des planmäßigen Vorgehens[327]) wendet die zu konzipierende Methodik die vier Grundprinzipien der Systemtechnik (s. Kapitel 4.1.1) an.

Das Prinzip **vom Groben ins Detail** wird in der Methodik durch die zuerst ganzheitliche Betrachtung des Werkzeugs und dessen Komplexität und dann schrittweise Detaillierung der Auswirkung einzelner Komplexitätstreiber auf die Werkzeugkosten angewendet. Dies gilt gleichermaßen für die Betrachtung und Beschreibung des Produktes als Ganzes und der daran anschließenden Definition der Auswirkungen einzelner Merkmale auf die Werkzeugkomplexität. Das Prinzip der **Variantenbildung** findet durch die systematische Entwicklung von zu bewertenden Lösungsalternativen Berücksichtigung. Dies stellt sicher, dass bei der Detaillierung kein relevanter Treiber oder relevantes Produktmerkmal vernachlässigt wird. Die Konzeption der Methodik als Vorgehen in sieben Schritten, welche abgeschlossen und aufeinander aufbauend sind, basiert auf dem Prinzip der **Phasengliederung**. Durch das Prinzip des **Problemlösungsprozesses** werden die reproduzierbare Anwendung der Methodik und die aufeinander abgestimmte Nutzung gewährleistet.

Durch Zuhilfenahme der Modellierung von Sachverhalten können Modelle für einzelne Phasen der Methodik eingesetzt werden. Dies ist förderlich für die Entwicklung der Methodik. Verkürzungen werden benutzt, wenn es hilft, um sich auf Elemente von zentraler Bedeutung zu fokussieren. Dies ist unabdingbar, um komplexe soziotechnische Systeme wie ein Unternehmen, in dem Menschen agieren, zu vereinfachen und zu verstehen. Die Modelltheorie lässt eine pragmatische Reduktion auf die für den Sachverhalt relevanten Aspekte zu.[328]

Im Gegensatz zu Methodiken sind Methoden spezifische Techniken zum Lösen sowohl von praktischen als auch theoretischen Aufgaben[329] und stellen Vorgehensweisen zur Erkenntnisgewinnung und -darstellung dar[330]. Bei Erstellung, Anwendung, Aufbau und Modifikation von Modellen und Methoden unterstützen Hilfsmittel.[331] Sie helfen z.B. bei der Modellierung von Planungsaufgaben und deren Wirkbeziehungen.[332]

---

327 s. Duden (Duden), 1990, S. 458

328 vgl. Giehler, F. (Planungsproduktivität), 2010, S. 79 f.

329 vgl. Bruns, M. (Systemtechnik), 1991, S. 62

330 vgl. Neuhausen, J. (Modulare Produktionssysteme), 2002, S. 7

331 vgl. Pitsch, M. (Kompetenzfeldbasierte Vernetzung), 2014, S. 94

332 vgl. Giehler, F. (Planungsproduktivität), 2010, S. 80

Aufgrund der beschriebenen Eigenschaften sind Modellierung und Systemtechnik für den Aufbau einer Methodik im Sinne des Forschungsziels der vorliegenden Arbeit geeignet. Sie werden im Nachfolgenden zur Konzeption und Strukturierung der Methodik angewandt.

## 4.2 Ordnungsrahmen für die Methodik

Für die Konzeption einer Methodik ist ein Ordnungsrahmen notwendig. Dieser stellt eine Verankerung der Methodik in der wissenschaftlichen Forschung sicher. Ein Ordnungsrahmen gibt der Methodik durch die Beschreibung der Zusammenhänge auf einem abstrakten Niveau eine eindeutige Struktur.[333] Im Folgenden wird der geeignete Ordnungsrahmen für die Methodik hergeleitet.

In der vorliegenden Arbeit liegt der Fokus auf den komplexitätskostenrelevanten Ursache-Wirkungs-Beziehungen eines Folgeverbundwerkzeuges. Betrachtet man das Werkzeug als System, wird deutlich, dass es neben den Elementen und Verknüpfungen innerhalb des Systems, wie z.B. Bauteile, Wirkflächen, auch eine Wechselwirkung über die Systemgrenzen hinaus gibt. Das Werkzeug und somit auch die komplexitätskostenrelevanten Beziehungen stehen in Wechselwirkung mit dem Produkt und dessen Merkmalen. Das Werkzeug stellt, wie in Kapitel 2.2.4 beschrieben, das formgebende Element dar, um bestimmte Geometrien an einem Produkt umsetzen zu können und somit die das Produkt auszeichnende Form und Eigenschaften zu erhalten.

Der Ordnungsrahmen der Methodik besteht folglich aus zwei teilweise offenen Systemen (Werkzeug und Produkt) und deren Verknüpfung miteinander (vgl. Kapitel 4.1.1) (s. Abbildung 4-4). Die Verknüpfung der beiden Einzelsysteme mit anderen Systemen, wie z.B. Lieferanten, Markt, etc., wird im Rahmen dieser Arbeit nicht betrachtet.

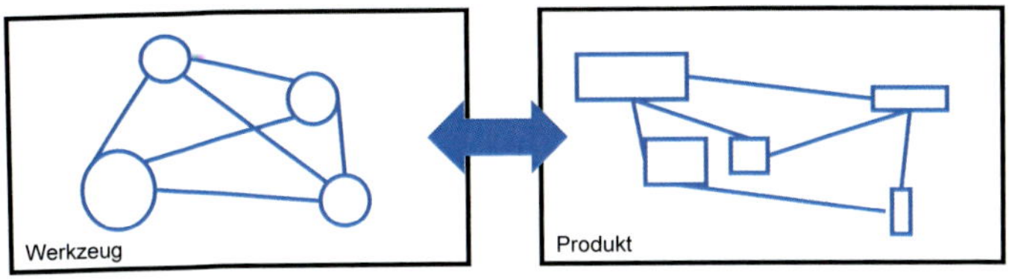


**Abbildung 4-4: Schematische Darstellung des Ordnungsrahmens**

---

333 vgl. Pitsch, M. (Kompetenzfeldbasierte Vernetzung), 2014, S. 94

## 4.3 Grobkonzept der Methodik

Wie in Kapitel 2.2 bereits hergeleitet, ist es für Unternehmen des Werkzeugbaus zukünftig für eine Wettbewerbsfähigkeit notwendig, detailliert die komplexitätskostenrelevanten Ursachen-Wirkungs-Beziehungen innerhalb des Werkzeugs zu kennen.

Die Methodik liefert hierfür neben dem Ordnungsrahmen auch eine systematische Vorgehensweise (s. Abbildung 4-5). Erster Schritt und somit erster Teil der Methodik zur detaillierten Bestimmung der komplexitätskostenrelevanten Ursache-Wirkungs-Beziehungen im Werkzeugbau ist die **quantitative Bestimmung der Komplexitätskosten** eines Werkzeugs und deren Einflussgrößen in Form einer Näherungsfunktion. Diese Funktion wird auf Basis von Vergangenheitswerten unternehmensspezifisch ermittelt und besitzt bei konstanten Rahmenbedingungen Gültigkeit für die Zukunft. Basis für die Funktionsnäherung ist die unternehmensspezifische Definition der Werkzeugkomplexität durch die Übertragung der allgemeingültigen Komplexitätstreiber auf die Gegebenheiten des Werkzeugbaus. Anschließend werden die identifizierten Komplexitätstreiber für die Werkzeuge aus der Vergangenheit, welche als Datengrundlagen definiert worden sind, ausgeprägt (**Schritt A**). Durch die unternehmensspezifische Definition der Werkzeugkomplexität besitzt die Methodik Allgemeingültigkeit und kann in jeder Art von Werkzeugbau angewendet werden. Zur Ermittlung einer Näherungsfunktion zwischen Komplexitätstreibern und Komplexitätskosten aus Vergangenheitswerten sind die entsprechenden Komplexitätskosten der ausgewählten Werkzeuge relevant. Hierfür wird auf eine Normierung der Werkzeugkosten mittels Referenzwerkzeug zurückgegriffen. Dieses zu konzipierende Werkzeug besitzt in diesem Modell die geringstmögliche Werkzeugkomplexität für die Durchführung der vier Haupt-operationen (Schneiden, Biegen, Prägen, Richten). D.h. die ermittelten Herstellkosten besitzen keine Komplexitätskosten als Anteil der Herstellkosten (**Schritt B**). Diese komplexitätsfreien Herstellkosten des Referenzwerkzeugs werden von den einzelnen Herstellkosten der ausgewählten Werkzeuge aus der Vergangenheit abgezogen, sodass für die Funktionsbestimmung die reinen Komplexitätskosten je Werkzeug in Abhängigkeit von den jeweiligen ausgeprägten Komplexitätstreibern vorliegen. Diese Daten werden in **Schritt C** als Eingangsgrößen für die Funktionsbestimmung genutzt. Ergebnis des ersten Teils der Methodik mit drei Schritten ist die Ermittlung einer Näherung der Komplexitätskostenfunktion in Abhängigkeit von den ermittelten Komplexitätstreibern auf Basis von Vergangenheits-werten mit einer Gültigkeit und Anwendbarkeit in der Zukunft (s. Kapitel 4.3.1).

Zielsetzung des zweiten Teils der Gesamtmethodik ist die Ermittlung der **Auswirkungen bestimmter Produktmerkmale auf die Werkzeugkomplexität**, genauer gesagt auf die Komplexitätstreiber eines Werkzeugs. Hierfür ist es notwendig, zuerst die für die Umformung relevanten Produktmerkmale zu identifizieren und diese für die gewählten Produkte aus der Vergangenheit auszuprägen (**Schritt D**). Zur praktikablen Anwendung der Ergebnisse in der Zukunft werden die identifizierten Produktmerkmale in Klassen ähnlicher Auswirkung eingeteilt (**Schritt E**). Anschließend wird mittels Paarweisem Vergleich qualitativer Zusammenhang zwischen den Produktmerkmalen und deren Einfluss auf die Werkzeug-komplexität ermittelt (**Schritt F**) (s. Kapitel 4.3.2).

Der letzte **Schritt G** der Methodik verknüpft dann die beiden ermittelten funktionalen Zusammenhänge zu einem neuen Zusammenhang zwischen den Komplexitätskosten eines Werkzeugs und den dafür verantwortlichen Produktmerkmalen. Ergebnis ist ein dreistufiges Vorgehen zur Ermittlung der **Zusammenhänge zwischen Produktmerkmalen und Komplexitätskosten eines Werkzeugs** (s. Kapitel 4.3.3).

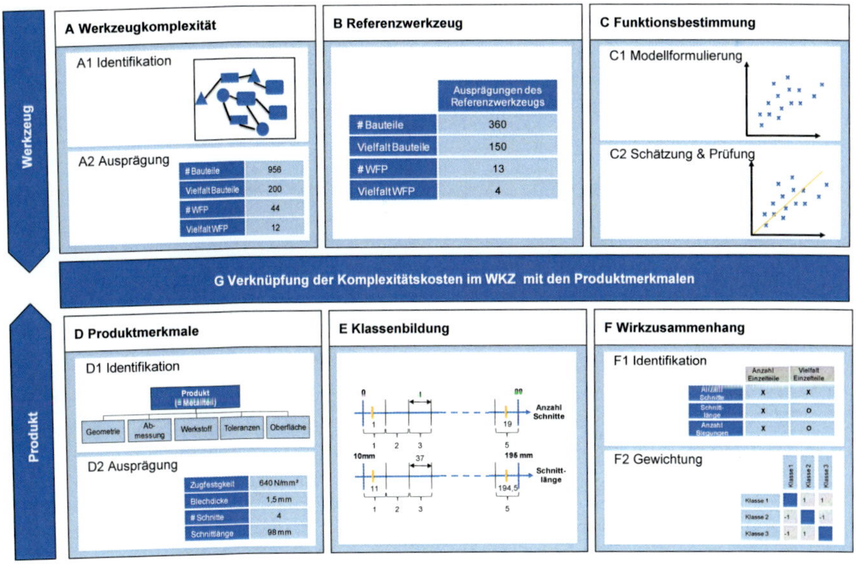


**Abbildung 4-5: Methodik zur Bestimmung der komplexitätskostenrelevanten Ursache-Wirkungs-Beziehungen**

### 4.3.1 Werkzeug

Ausgangspunkt zur Ermittlung der komplexitätskostenrelevanten Ursache-Wirkungs-Beziehungen im Werkzeugbau ist die Definition der Werkzeugkomplexität (A), des Referenzwerkzeugs (B) und der Auswirkung von Werkzeugkomplexität auf den komplexitätsbedingten Kostenanteil bei der Herstellung eines Werkzeugs (C) (s. Abbildung 4-6).

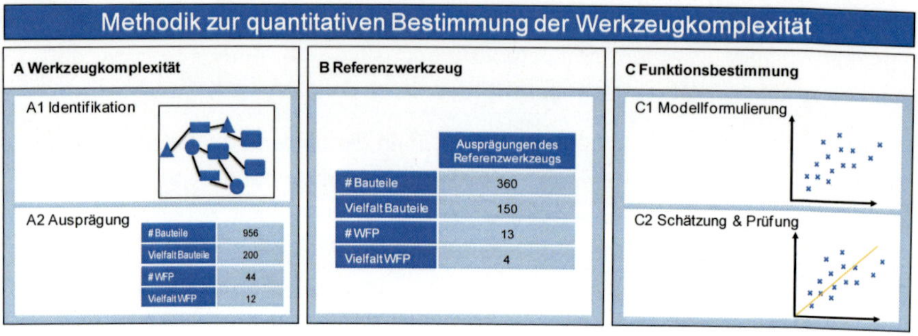


**Abbildung 4-6: Partialmethode zur quantitativen Bestimmung der Werkzeugkomplexität**

Aufbauend auf der allgemeinen Definition von Komplexität („*Die Komplexität eines Systems wird durch die Anzahl und Vielfalt dessen Elemente und ihrer Anzahl und Vielfalt der Schnittstellen untereinander definiert*") (s. Kapitel 2.1.1) wird im **Schritt A** dieses für den Begriff der **Werkzeugkomplexität** konkretisiert. Hierbei wird die Systemgrenze um das Werkzeug gelegt. Angrenzende Elemente wie z.B. die Stanzmaschine, das Halbzeug oder Überwachungselemente werden der Systemumwelt zugeordnet. Die Komplexitätstreiber eines Werkzeugs sind zu identifizieren (**Teilschritt A1**). Dazu ist eine Konkretisierung der allgemeingültigen Begriffe „Element" und „Schnittstelle" für das System Werkzeug notwendig. Im zweiten **Teilschritt A2** folgt dann die Ausprägung der Treiber. Hier ist die Frage zu beantworten, welche unterschiedlichen Elemente und Schnittstellen in einem Werkzeug existieren und wie diese eindeutig beschrieben bzw. differenziert werden können. Ergebnis des Schrittes A ist eine eindeutige, qualitative und quantitative Ermittlung der jeweiligen Werkzeugkomplexität durch das Zusammenwirken der Komplexitätstreiber (s. Kapitel 2.1.2).

Nachdem im Schritt A die Komplexität des Systems „Werkzeug" eindeutig beschrieben worden ist, wird im **Schritt B** ein Referenzwerkzeug definiert. Dies ist notwendig, um im darauf folgenden Schritt C eine Trennung der Werkzeugkosten nach Komplexitäts- und sonstigen Herstellungskosten unternehmensspezifisch vornehmen zu können. Das Referenzwerkzeug stellt ein Modell des Systems

„Werkzeug“ mit keiner bzw. der minimal anzunehmenden Komplexität dar. Ferner ermöglicht die Nutzung eines Referenzwerkzeugs die Anwendbarkeit der Methodik in jeder Art von Werkzeugbau. Dieses Modellwerkzeug dient somit in der Methodik als Referenz zu den reell gefertigten Werkzeugen eines Unternehmens im Bereich der Umformtechnik. Dazu werden die minimal erforderlichen Elemente und Schnittstellen zur Realisierung der vier Hauptoperationen eines Werkzeugs (Schneiden, Biegen, Richten, Prägen) (s. Kapitel 2.2.4.1) ermittelt. Die dazu notwendigen Herstellkosten sind in diesem Modell frei von Komplexität und folglich ist der komplexitätsbedingte Kostenanteil bei diesem Referenzwerkzeug gleich Null. Ergebnis dieses Schrittes ist die Ermittlung des komplexitätsfreien Herstellkostenanteils. In der Methodik ist der komplexitätskostenfreie Herstellkostenanteil bei konstanten Rahmenbedingungen, wie z.B. gleichbleibendes Produktprogramm, innerhalb eines Unternehmens über einen definierten Zeitraum konstant.

Im **Schritt C** wird der Zusammenhang zwischen der Werkzeugkomplexität und dem komplexitätsbedingten Kostenanteil hergeleitet. Der Komplexitätskostenanteil bei der Erstellung eines Werkzeugs ergibt sich aus der Differenz zwischen den Gesamtherstellkosten a und den Herstellkosten des Referenzwerkzeugs $a_0$ aus Schritt B. Diese Differenz wird in Korrelation zu den in Schritt A identifizierten und ausgeprägten Komplexitätstreibern gesetzt (**Teilschritt C1**). Hierbei ist zu beachten, dass eine hinreichend große Datenmenge für die quantitative Ermittlung der Korrelationen zur Verfügung stehen muss. Dies ist zum einen notwendig, um das entstehende Gleichungssystem lösen zu können und zum anderen, um über eine statistische Mittelung den Einfluss des Menschen in dem sozio-technischen System möglichst auszugleichen. Die Konzeption eines Werkzeuges und somit die Entscheidung über die Anzahl und Vielfalt an Elementen und Wirkflächen obliegt i.d.R. einem Konstrukteur innerhalb des Werkzeugbaus. Diese Entscheidung wird u.a. durch Erfahrungen des Konstrukteurs beeinflusst. Um hier eine ausreichende Minimierung der menschlichen Einflussfaktoren zu erreichen, werden im Rahmen dieser Arbeit alle in einem Jahr gefertigten Werkzeuge als Datengrundlage verwendet. So ist sichergestellt, dass nicht nur Werkzeuge eines Konstrukteurs betrachtet werden.

Aufbauend auf der allgemein gültigen Funktion zwischen Komplexitätskosten und -treibern müssen anschließend die Variablen der Funktion so bestimmt werden, dass die Funktion möglichst exakt den empirisch ermittelten Zusammenhang abbildet (**Teilschritt C2**). Das Ergebnis der ersten drei Schritte der Methodik ist dann eine funktionale Näherungslösung des empirisch gefundenen Zusammenhangs zwischen dem komplexitätsbedingten Kostenanteilen der Herstellkosten und den auslösenden Komplexitätstreibern innerhalb eines Werkzeugs.

### 4.3.2 Produkt

Das Produkt bzw. die Produktmerkmale hat bzw. haben direkte Auswirkung auf die Werkzeugkomplexität, da das Produkt durch das Werkzeug und dessen Elemente und Wirkflächen entsteht. In den folgenden Schritten erfolgt zunächst die Identifikation und Ausprägung der Produktmerkmale (Schritt D), deren Klassenbildung (Schritt E) und der abschließenden Bestimmung des Wirkzusammenhangs zwischen der Werkzeugkomplexität und den Produktmerkmalen (Schritt F) (s. Abbildung 4-7).

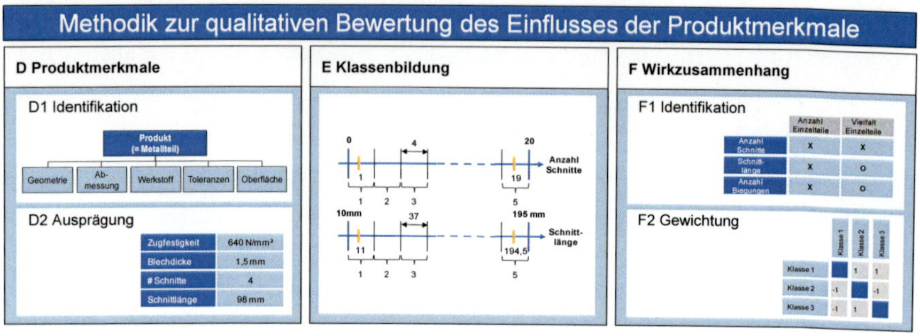


**Abbildung 4-7: Partialmethode zur qualitativen Bewertung des Einflusses der Produktmerkmale auf die Werkzeugkomplexität**

Nach EHRLENSPIEL haben *„Eigenschaften (Merkmale) [...] eine Bedeutung (Semantik, Qualität) und eine evtl. zahlenmäßige Ausprägung (Quantität)“.*[334] Die Klassifikation eines Systems oder Produktes dient als Mittel zur Komplexitätsbewältigung.[335] Im Allgemeinen können technische Systeme durch ihre Beschaffenheit, ihre Funktion und ihre Relationen hinreichend beschrieben werden.[336] Innerhalb des Betrachtungsbereichs ist das Produkt ein Erzeugnis eines Werkzeuges. Es wird sich bei der Beschreibung des Produktes somit auf die Einordnung nach der Beschaffenheit (z.B. Form, Abmessung, Werkstoff) beschränkt. Die Identifikation der zur eindeutigen Beschreibung eines Produktes notwendigen Beschaffenheitsmerkmale erfolgt in **Teilschritt D1**. Diese werden im **Teilschritt D2** für das unternehmensspezifische Kundenproduktportfolio ausgeprägt und dokumentiert. Hier steht die Frage im Vordergrund, welche möglichen Ausprägungen der identifizierten Produktmerkmale existieren. So kann eine eindeutige und hinreichende Beschreibung des Produktes erfolgen.

---

[334] s. Ehrlenspiel, K. (Integrierte Produktentwicklung), 2009, S. 28

[335] vgl. Ehrlenspiel, K. (Integrierte Produktentwicklung), 2009, S. 28

[336] vgl. o.V. (DIN 2330),1979; vgl. Ehrlenspiel, K. (Integrierte Produktentwicklung), 2009, S. 29

Es existieren zahlreiche Ausprägungsmöglichkeiten je Produktmerkmal. Diese müssen im Folgenden hinsichtlich ihres Einflusses auf die Werkzeugkomplexität bewertet werden. Um eine Praktikabilität der Methodik sicherstellen zu können, ist es sinnvoll, die Merkmalsausprägungen je Produktmerkmal unternehmensspezifisch in Klassen mit ähnlichem Einfluss einzuteilen. Diese Klassenbildung je Produktmerkmal erfolgt im **Schritt E**.

Um einen qualitativen Wirkzusammenhang zwischen Produktmerkmalen und der Werkzeugkomplexität herzustellen, ist es notwendig, eine Bewertung der ermittelten Merkmale vorzunehmen (**Schritt F**). Im Gegensatz zur Partialmethode „Werkzeug" ist es in der Partialmethode „Produkt" nicht möglich, einen quantitativen funktionalen Zusammenhang zu bestimmen, da Produktmerkmale auf unterschiedliche Arten durch ein Werkzeugkonzept realisiert werden können. Eine der Einflussgrößen ist hierbei die bereits erwähnte Erfahrung des Konstrukteurs. Im **Teilschritt F1** werden zunächst die generellen Wirkbeziehungen zwischen den einzelnen Produktmerkmalen und den vier Komplexitätstreibern ermittelt. Dabei können Produktmerkmale existieren, welche zu keiner Beeinflussung der vier Komplexitätstreiber führen. Diese Merkmale werden in der weiteren Betrachtung nicht weiter berücksichtigt. Diejenigen Produktmerkmale, welche die Komplexitätstreiber des Werkzeugs beeinflussen, werden anschließend einer qualitativen Bewertung mittels Paarweisem Vergleich unterzogen. Es erfolgt eine qualitative Bewertung und Gewichtung des Einflusses einer Produktmerkmalsklasse (**Teilschritt F2**). Dies bietet die Möglichkeit, die Produktmerkmale entlang einer Kardinalskala entsprechend ihrem Einfluss auf die Werkzeugkomplexität zu ordnen.

Ergebnis dieser zweiten Partialmethode ist eine gewichtete Bewertung des Wirkzusammenhangs zwischen den Produktmerkmalen je eingeteilter Ausprägungsklasse und den vier Komplexitätstreibern.

### 4.3.3 Verknüpfung

Der letzte Schritt zur vollständigen Beschreibung der komplexitätskostenrelevanten Ursache-Wirkungs-Beziehung ist die Verknüpfung zwischen Produktmerkmalen und Komplexitätskosten eines Werkzeugs (s. Abbildung 4-8).

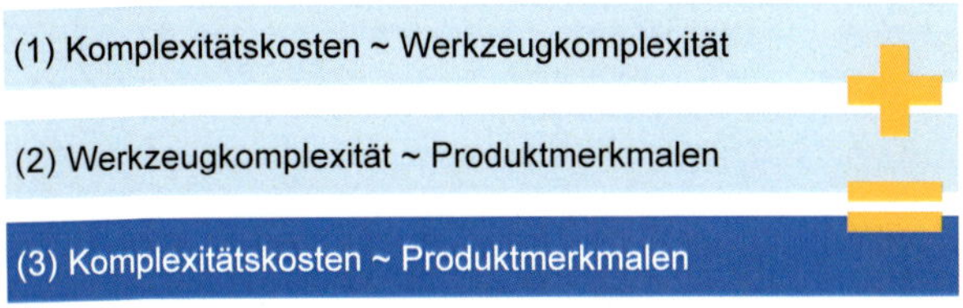


**Abbildung 4-8: Verknüpfung der beiden Partialmethoden zur Gesamtmethodik**

Ergebnis der ersten Partialmethode ist eine funktionale Annäherung des Zusammenhangs von den Komplexitätskosten eines Werkzeugs und den Komplexitätstreibern. Somit ist der Zusammenhang zwischen Werkzeugkomplexität in Form der Komplexitätstreiber und den daraus resultierenden Komplexitätskosten beschrieben (1). Das Ergebnis der zweiten Partialmethode ist ein qualitativer Zusammenhang zwischen einzelnen Produktmerkmalen und den Komplexitätstreibern als Eigenschaften der Werkzeugkomplexität (2). Durch die Gewichtung in der zweiten Partialmethode wird ein Wert bzgl. der Stärke der Beeinflussung einer Merkmalsausprägung auf jeden einzelnen Komplexitätstreiber ermittelt. Dieser Wert als Ergebnis der zweiten Partialmethode kann in den funktionalen Zusammenhang (Ergebnis der ersten Partialmethode) zwischen Komplexitätskosten und Werkzeugkomplexität als Faktor einfließen. Somit erfolgt durch Superposition der beiden Einzelzusammenhänge im Rahmen eines dreistufigen Vorgehens eine Beschreibung des Zusammenhangs zwischen Produktmerkmalen und dem Einfluss auf die Komplexitätskosten eines Werkzeugs.

## 4.4 Abgleich des Grobkonzeptes mit den Anforderungen

Basierend auf den Grundlagen der Modellbildung und Systemtechnik (s. Kapitel 4.1) ist eine Methodik zur Bestimmung der komplexitätskostenrelevanten Ursache-Wirkungs-Beziehungen im Werkzeugbau konzipiert worden.

Grundlage der Methodikkonzeption bildet ein Ordnungsrahmen. Dieser Ordnungsrahmen wird durch die Verknüpfung der Systeme Werkzeug und Produkt gebildet und beinhaltet zwei Partialmethoden. Die Partialmethoden werden anschließend durch Superposition miteinander verknüpft. Die erste Partialmethode „Werkzeug“ besteht aus drei Methodikbausteinen und stellt die Basis für die Ermittlung der Komplexitätskosten dar. Nach der Definition der **Werkzeugkomplexität** folgen die Definition eines **Referenzwerkzeuges** und die **Funktionsbestimmung** des Zusammenhangs zwischen Werkzeugkomplexität und Komplexitätskosten. Durch die zweite Partialmethode wird die Produktsicht eingenommen und der Zusammenhang zwischen Produktmerkmalen und der Werkzeugkomplexität hergeleitet. Dies erfolgt in den drei Schritten **Produktmerkmale**, **Klassenbildung** und **Wirkzusammenhang**. Die konzipierte Methodik und die ausdetaillierten Methodikbausteine adressieren neben den gestellten Anforderungen (s. Kapitel 3.1) auch die daraus abgeleiteten Forschungsfragen (s. Kapitel 3.3).

Die **Anforderungen aus der Zielsetzung** (Quantifizierbarkeit der Komplexität, Kostentransparenz und wertschöpfungsübergreifende Betrachtung der Zusammenhänge) werden mit dieser Methodik erfüllt. Die Quantifizierbarkeit der

Komplexität und die Kostentransparenz werden durch die Ermittlung eines quantitativen funktionalen Zusammenhangs zwischen den Komplexitätstreibern und den Komplexitätskosten erreicht. Durch die integrative Betrachtung von Werkzeug und dem damit herzustellenden Produkt erfolgt die wertschöpfungsübergreifende Betrachtung.

Die **Anforderungen aus dem Objektbereich** (Integration in den Entwicklungsprozess, Einzelfertiger und die Fokussierung auf den Herstellungsprozess) werden ebenso erfüllt. Nach der initialen Ermittlung der unternehmensspezifischen Ursache-Wirkungs-Beziehungen kann sowohl während der Produktentwicklung als auch während der Werkzeugentwicklung mithilfe der bestimmten Wirkzusammenhänge konkret Einfluss auf die Werkzeugkomplexität und die daraus resultierenden Komplexitätskosten genommen werden. U.a. durch die Bildung von Merkmalsklassen auf Produktebene wird die Einzelfertigung der Werkzeuge berücksichtigt und zusammengefasst. Durch die Integration von Werkzeug und Produkt im Ordnungsrahmen der Methodik wird auch der Forderung nach einer Fokussierung auf den Herstellungsprozess Rechnung getragen. Die unterstützenden Systeme, wie z.B. der Stanzautomat oder Systeme der Prozessüberwachung, werden der Umwelt zugeordnet und in der Methodik nicht berücksichtigt.

Die **allgemeinen, formalen Anforderungen** an die Methodik (Praktikabilität, Wirtschaftlichkeit und konkrete Vorgehensweise) werden durch die Methodik gleichermaßen adressiert. Die konkrete Vorgehensweise und Praktikabilität werden durch die aufeinander aufbauenden Methodikbausteine gewährleistet. Der Wirtschaftlichkeit wird durch den Nutzen der Methodik bei der Ermittlung und der anschließend möglichen Reduktion der Komplexitätskosten Rechnung getragen. Nach der initialen, unternehmensspezifischen Ermittlung der Wirkzusammenhänge bietet diese Methodik bei jeder neuen Werkzeugkonzeption die Möglichkeit, eine Kostentransparenz bzgl. der Komplexitätskosten herzustellen, um diese in Zusammenarbeit mit der Produktentwicklung durch die Modifikation der komplexitätsinduzierenden Produktmerkmale zu reduzieren.

In Abbildung 4-9 ist eine Übersicht der gestellten Anforderungen, der abgeleiteten Forschungsfragen und der Erfüllung der Methodik dargestellt.

| | Anforderungen | Forschungsfrage | Erfüllung in der Methodik |
|---|---|---|---|
| Zielsetzung | • Quantifizierbarkeit der Komplexität<br>• Kostentransparenz<br>• Wertschöpfungs-übergreifende Betrachtung | • Wie lässt sich die Komplexität eines Werkzeuges ermitteln?<br>• Welcher Zusammenhang besteht zwischen Werkzeugkomplexität und den Komplexitätskosten?<br>• Welche Merkmale eines Produktes haben Auswirkungen auf die Werkzeugkomplexität?“ | • Definition von Komplexitätstreibern eines Werkzeugs<br>• Ermittlung eines funktionalen Zusammenhangs zwischen Werkzeugkomplexität und Komplexitätskosten<br>• Qualitative Bewertung der Beeinflussung der Komplexität durch Produktmerkmale |
| Objektbereich | • Integration in den Entwicklungsprozess<br>• Einzelfertigung<br>• Fokussierung auf Herstellungsprozess | • Wie kann durch die Entwicklung eine Beeinflussung der Komplexität vorgenommen werden?<br>• Wie wird das Spektrum an Produkten eines Werkzeugbaus berücksichtigt<br>• Wie kann der Fokus auf Herstellungsprozess sichergestellt werden? | • Entwicklung eindeutiger Ursache-Wirkungs-Beziehungen in der Werkzeugkonzeption<br>• Bildung von Merkmalsklassen<br>• Systemgrenze: Werkzeug |
| Allgemein | • Praktikabilität<br>• Wirtschaftlichkeit<br>• Konkrete Vorgehensweise | • Wie kann ein Zusammenhang zwischen den Produktmerkmalen und den Komplexitätskosten eines Werkzeugs aussehen? | • Aufeinander aufbauende Methodikbausteine<br>• Hohe Wiederverwendbarkeit in einem Werkzeugbau<br>• Konkrete Beschreibung des Ablaufs |

**Abbildung 4-9: Abgleich der gestellten Anforderungen mit dem Grobkonzept der Methodik**

# 5 Detaillierung der Methodik

In Kapitel 4 ist das Grobkonzept einer Methodik zur Bestimmung der komplexitätskostenrelevanten Ursache-Wirkungs-Beziehungen im Werkzeugbau entwickelt und beschrieben worden. Diese Methodik besteht aus zwei Partialmethoden mit jeweils drei Methodikbausteinen. In diesem Kapitel wird die Methodik konkretisiert. Die einzelnen Methodikbausteine werden detailliert vorgestellt und zu einer Gesamtmethodik zusammengeführt. Die Unterkapitel enthalten die für den Methodikbaustein relevanten Grundlagen und eine konkrete Vorgehensweise für einen Einsatz der Methodik.

## 5.1 Werkzeugkomplexität und Komplexitätskosten

Die ersten drei Methodikbausteine der Partialmethode Werkzeug beziehen sich auf das System Werkzeug und haben die Zielsetzung, einen funktionalen Zusammenhang zwischen der Werkzeugkomplexität und den Komplexitätskosten als Bestandteil der Herstellkosten eines Werkzeugs zu ermitteln. Hierfür wird im Methodikbaustein **Werkzeugkomplexität** in Form von zwei Teilschritten die Werkzeugkomplexität durch identifizierte Komplexitätstreiber definiert. Anschließend werden diese Treiber für eine definierte Datenbasis n ausgeprägt. Darauf aufbauend wird im Methodikbaustein **Referenzwerkzeug** ein Werkzeugmodell definiert, welches die minimal mögliche Komplexität auf Basis der definierten Komplexitätstreiber aufweist. Dieses Werkzeug inkl. seiner ermittelten Herstellkosten dient als Referenz zur Ermittlung des komplexitätskostenbedingten Kostenanteils der Herstellkosten. Es ist ein Gedankenmodell und kein reell produziertes Werkzeug. Als dritter und letzter Methodikbaustein auf Werkzeugebene folgt dann die **Funktionsbestimmung**. Hier werden in zwei Teilschritten die vorher ermittelten Daten aus der Stichprobe n mittels Ausgleichrechnung einem funktionalen Zusammenhang angenähert.

### 5.1.1 Methodikbaustein „Werkzeugkomplexität“

Erster Baustein der Methodik zur Bestimmung der komplexitätskostenrelevanten Ursache-Wirkungs-Beziehungen im Werkzeugbau ist die Definition der Werkzeugkomplexität. Für die spätere Definition der Komplexitätskosten ist eine Herleitung der Werkzeugkomplexität in Form der Komplexitätstreiber eine notwendige Grundlage. Nach der Identifikation (A1) der Treiber auf Basis der allgemeinen Definition der Komplexität (s. Kapitel 2.1.1) folgt in diesem Baustein die Ausprägung der Treiber der gewählten Werkzeugstichprobe n (A2) (s. Abbildung 5-1).

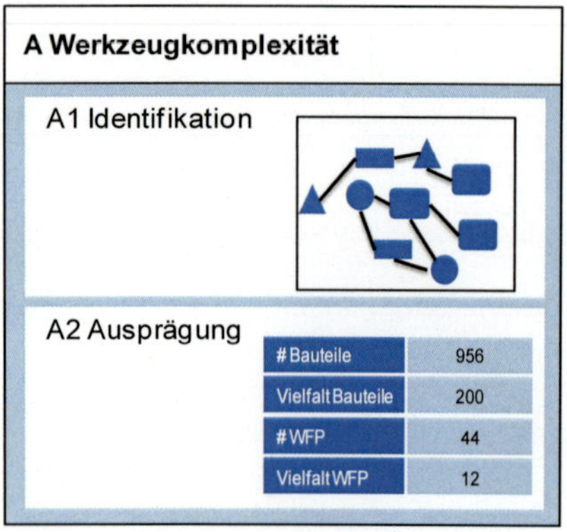


**Abbildung 5-1: Methodikbaustein „Werkzeugkomplexität"**

Zur Identifikation der Komplexitätstreiber eines Werkzeugs werden zunächst in Kapitel 5.1.1.1 die grundlegenden Merkmale einer Funktionsstruktur eines Produktes hergeleitet. Dies dient zur Ermittlung und Ausprägung der beiden Komplexitätstreiber Anzahl und Vielfalt von Schnittstellen innerhalb eines Produktes.

#### 5.1.1.1 Grundlagen

In der Konstruktionslehre werden Funktionsstrukturen aufgestellt, um das Finden von Lösungen durch Strukturierung weniger komplex zu gestalten und dadurch Lösungen für Teilfunktionen gesondert erarbeiten zu können. Zur Erfüllung der Teilfunktion werden Wirkzusammenhänge ermittelt. Der Wirkzusammenhang wird durch gewählte physikalische Effekte, die festgelegten geometrischen und stofflichen Merkmale bestimmt und ist eine vollständige Beschreibung zur Erfüllung einer Teilfunktion (s. Abbildung 5-2).[337]

[337] vgl. Feldhusen, J.; Grote, K.-H. (Konstruktionslehre), 2013, S. 246 f.

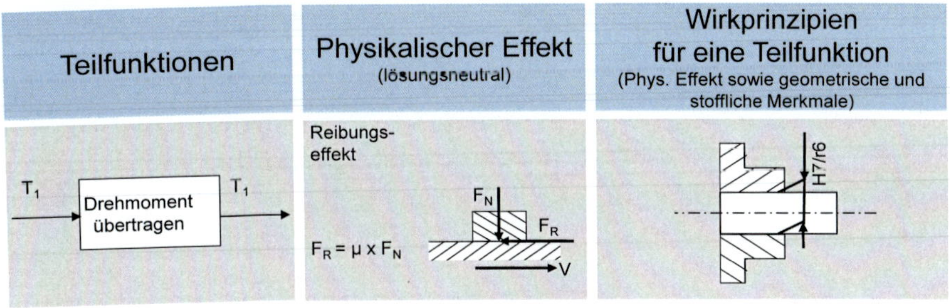


**Abbildung 5-2: Erfüllen einer Teilfunktion durch Wirkprinzipien**[338]

Der **physikalische Effekt** zur Funktionserfüllung eines technischen Systems kann z.B. durch den Reibungseffekt ausgeführt werden. Hierbei liegt das Coulombsche Reibungsgesetz $F_r = \mu \times F_n$ dem Effekt zugrunde. Bei der Ausprägung des physikalischen Effektes als Hebeleffekt wird dies durch das Hebelgesetz quantifizierbar oder der Ausdehnungseffekt durch das lineare Ausdehnungsgesetz fester Stoffe. Ferner kann die physikalische Funktionserfüllung auch durch einen hydraulischen oder Hookschen Effekt vollzogen werden. Eine zu erfüllende Teilfunktion kann hierbei auch durch die Kombination aus verschiedenen physikalischen Effekten erzielt werden. Es ist jedoch die Kompatibilität unterschiedlicher Effekte untereinander zu beachten.[339]

Die Stelle der Wirkung des physikalischen Effektes wird als Wirkort bezeichnet. An dem Wirkort wird durch die **Wirkgeometrie** (Anordnung der Wirkflächen) und die Wahl der **Wirkbewegung** die Durchführung des physikalischen Effekts zur Erfüllung der technischen Teilfunktion herbeigeführt. Eine eindeutige Beschreibung der Gestalt und Anordnung der Wirkflächen erfolgt durch Art, Form, Lage, Größe und Anzahl der am Wirkort wirkenden Wirkflächen. Zur Erfüllung eines physikalischen Effektes sind zwei Wirkflächen in Form eines Wirkflächenpaares (kurz: Wirkpaar) notwendig. Bei der Wirkbewegung erfolgt eine Unterscheidung nach der Art der Bewegung. Dies kann eine translatorische oder eine rotatorische Bewegung sein. Die Form der Wirkbewegung kann gleich- oder unförmig ausgeführt werden. Auch die Richtung der Wirkbewegung in x-, y-, z-Richtung und/oder um die x-, y-, z-Achse ist zu bestimmen. Eine weitere Variationsmöglichkeit bietet der Betrag der Wirkbewegung in Form der Höhe der Geschwindigkeit und der Anzahl der Wirkbewegungen an einem Wirkort.[340]

Neben dem physikalischen Effekt und den geometrischen Merkmalen eines Wirkzusammenhangs gibt es die **stofflichen Merkmale,** mit welchen die Wirkflächen

---

[338] s. Feldhusen, J.; Grote, K.-H. (Konstruktionslehre), 2013, S. 247

[339] vgl. Feldhusen, J.; Grote, K.-H. (Konstruktionslehre), 2013, S. 247 f.

[340] vgl. Feldhusen, J.; Grote, K.-H. (Konstruktionslehre), 2013, S. 248

am Wirkort realisiert werden. Folgende Merkmale können u.a. realisiert werden: fest, flüssig oder gasförmig, starr oder nachgiebig, elastisch oder plastisch, verschleißfest oder korrosionsbeständig, hohe Festigkeit und Härte oder hochzäh (s. Abbildung 5-3).

**Merkmale eines Wirkzusammenhangs**

**Physikalischer Effekt**

- Reibungseffekt
- Hebeleffekt
- Ausdehnungseffekt
- Hydraulischer Effekt
- Hookscher Effekt
- Etc.

**Geometrische Merkmale**

**Anordnung der Wirkflächen**
- Art
- Form
- Lage
- Größe
- Anzahl

**Wirkbewegung**
- Art (Translation, Rotation)
- Form (gleich-/unförmig)
- Richtung
- Betrag
- Anzahl

**Stoffliche Merkmale**

- Fest, flüssig oder gasförmig
- Starr oder nachgiebig
- Elastisch oder plastisch
- Verschleißfest oder korrosionsbeständig
- Hohe Festigkeit & Härte oder hochzäh

**Abbildung 5-3: Merkmale eines Wirkzusammenhangs**

Ausschließlich durch das gemeinsame Wirken des physikalischen Effektes mit den geometrischen (Wirkgeometrie und Wirkbewegung) und den stofflichen Merkmalen des gewählten Werkstoffs wird ein Lösungsprinzip sichtbar.[341] Dieser Zusammenhang wird als Wirkprinzip bezeichnet.[342]

#### 5.1.1.2 Identifikation der Komplexitätstreiber

Die Komplexität eines Systems wird durch Anzahl und Vielfalt von Elementen und deren Schnittstellen untereinander beschrieben (s. Kapitel 2.1). Erster Schritt der Methodik stellt die Übertragung des allgemeinen Komplexitätsbegriffes (Anzahl und Vielfalt von Elementen und deren Schnittstellen) auf ein Werkzeug dar. Elemente und Schnittstellen eines Werkzeugs sind zu definieren. Hierbei ist die Systemgrenze so gewählt, dass ausschließlich das Werkzeug betrachtet wird. Zur Herstellung des Produktes unterstützende Einheiten (Richtapparat, Haspel, Stanzautomat, o.ä.) werden der Systemumwelt zugerechnet. Diese Systemgrenze ist so gewählt, da der Fokus dieser Methodik auf den Ursache-Wirkungs-Beziehungen zwischen Werkzeug und herzustellendem Produkt liegt. Die Systemumwelt ist nicht Bestandteil dieser Arbeit.

---

[341] s. o.V. (DIN 2221),1993, S. 10

[342] vgl. Feldhusen, J.; Grote, K.-H. (Konstruktionslehre), 2013, S. 249

Als Elemente eines Folgeverbundwerkzeuges werden in dieser Methodik alle Bauteile eines Folgeverbundwerkzeugs verstanden. Diejenigen Bauteile eines Folgeverbundwerkzeuges, welche in Kontakt mit dem Halbzeug zur Erzeugung des Produktes kommen und somit Einfluss auf die Geometrie des Produktes nehmen, werden im Folgenden aufgrund ihrer aktiven Rolle bei der Formgebung des Produktes Aktivelemente genannt. Diese lassen sich in Stempel und Matrizen unterteilen. Neben den zentralen Bauteilen beinhaltet ein Folgeverbundwerkzeug zahlreiche weitere Elemente. Neben Normteilen, wie z.B. Schrauben und Federn, können diese Bauteile auch unterschiedliche Arten von Kaufteilen sein. Für die gleichmäßige Kraftübertragung der Pressenkraft auf die Aktivelemente und die genaue Positionierung des Werkzeugs auf dem Pressentisch dient das Gestell, welches wiederum aus mehreren Bauteilen besteht (s. Kapitel 2.2.4).

Der erste der vier Komplexitätstreiber lautet **Anzahl der Elemente eines Folgeverbundwerkzeuges.** Dieser ergibt sich aus dem reinen Aufsummieren aller zur Herstellung des Werkzeugs notwendigen Bauteile. Die **Vielfalt der Elemente** eines Folgeverbundwerkzeuges ergibt sich aus der Unterschiedlichkeit der Bauteile eines Folgeverbundwerkzeuges. Unterschiede gibt es u.a. in der Geometrie und/oder Werkstoff.

Die Übertragung der allgemeinen Komplexitätstreiber **Anzahl und Vielfalt der Schnittstellen** erfolgt über die Wirkpaare innerhalb des Folgeverbundwerkzeuges. Im Rahmen dieser Arbeit liegt der Fokus auf den Hauptfunktionen Schneiden, Biegen, Prägen und Richten (s. Kapitel 2.2.4). Nebenfunktionen können u.a. Streifenpositionierung, Streifentransport sein. Die Nebenfunktionen sind als unterstützende Funktionen produktunabhängig und werden daher nicht weiter betrachtet. Zur Erfüllung der Hauptfunktionen sind Wirkzusammenhänge notwendig, welche durch physikalische Effekte, die Wirkgeometrie und -bewegung der Wirkflächen und stoffliche Merkmale der Bauteile eindeutig beschrieben werden. Überträgt man nun die allgemeine Definition der Komplexität „Anzahl der Schnittstellen“ auf ein Folgeverbundwerkzeug, bedeutet dies die **Anzahl der Wirkflächenpaarungen** innerhalb eines Werkzeugs. Auch nach EHRLENSPIEL werden *„[...] mit Energiearten, physikalischen Effekten, [...] Wirkbewegungen und -flächen [...] wesentliche Entscheidungen bzgl. Komplexität und Baugröße getroffen.“*[343] Dieser dritte Komplexitätstreiber ist unabhängig von der Beschaffenheit der Wirkflächenpaarung. Der Treiber betrachtet die reine Anzahl an Wirkflächenpaarungen an den Aktivelementen innerhalb eines Werkzeugs. In Abbildung 5-4 sind beispielhaft zwei Wirkflächenpaarungen bei einer Schneidoperation dargestellt. Es existiert ein Wirkflächenpaar zwischen dem

[343] s. Ehrlenspiel, K.; Kiewert, A.; Lindemann, U. (Kostengünstiges Entwickeln), 2007, S. 166

Halteeinsatz und der Stempelhalteplatte und ein Wirkflächenpaar zwischen dem Stempel und dem Halteeinsatz.

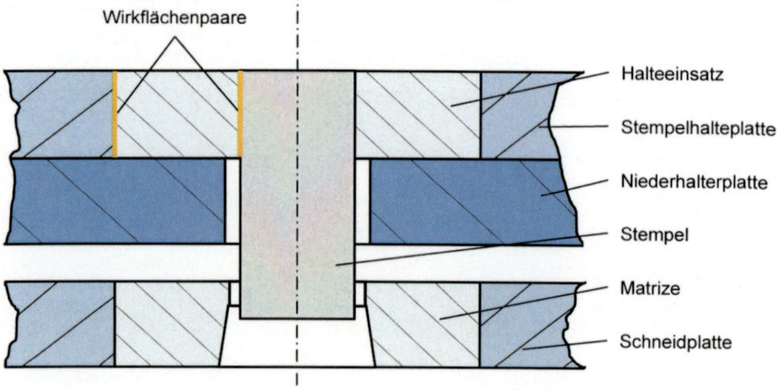


**Abbildung 5-4: Wirkflächenpaarung an einer Schneidoperation (Beispiel)**

Neben der Anzahl der Wirkflächenpaare ist der vierte Komplexitätstreiber die **Vielfalt der Wirkflächenpaare** innerhalb eines Folgeverbundwerkzeugs. Wie in Kapitel 5.1.1.1 bereits allgemein erläutert, lassen sich Wirkzusammenhänge und somit auch die Wirkflächenpaare durch den physikalischen Effekt zur Funktionsübertragung, die geometrischen Merkmale und die stofflichen Eigenschaften unterscheiden. Die Vielfalt der Wirkflächenpaare erhöht sich bei der Variation

- der Fläche der Wirkflächenpaarung,
- der Art der Wirkbewegung,
- der Kontaktart der Wirkflächenpaarung,
- der Werkstoffkombination,
- der Beschichtung oder
- der Wärmebehandlung.

In Abbildung 5-5 ist in Form eines morphologischen Kastens eine Auswahl unterschiedlicher Ausprägungen der Wirkflächenpaarung in einem Folgeverbundwerkzeug dargestellt. Dieser morphologische Kasten dient als Hilfestellung für die transparente Darstellung der unterschiedlichen Kombinationsmöglichkeiten bei der Realisierung eines Wirkpaares in einem Folgeverbundwerkzeug.

Unter dem Begriff **Flächen der Wirkflächenpaarung** wird hier der Anteil der gemeinsamen Fläche an der Gesamtoberfläche des Aktivelements verstanden. Bei dem Wert 0,25 ist ein Viertel der Gesamtoberfläche des Aktivelementes in Kontakt mit dem Gegenstück. D.h. ein Viertel der Oberfläche ist Bestandteil des Wirkpaars. Nimmt das Wirkpaar den Wert 1 an, ist die Gesamtoberfläche des Aktivelementes als Wirkfläche zu betrachten. Unter **Art der Wirkbewegung** wird die Bewegungsrichtung des Aktivelements bei der Durchführung einer Operation verstanden. Entgegen der allgemeinen Klassifizierung der geometrischen Merkmale eines Wirkzusammenhangs sind hier nur die translatorischen Bewegungen berücksichtigt worden. Dies liegt in der Beschaffenheit eines Folgeverbundwerkzeuges begründet, welches durch den Stanzautomaten lediglich eine translatorische Bewegung erfahren kann.

Die **Kontaktart der Wirkflächenpaarung** kann kraft-, form- oder stoffschlüssig erfolgen. Bei den stofflichen Merkmalen wird eine Auswahl möglicher Zusammensetzungen aufgeführt. Hier geht es um die stoffliche Beschaffenheit der beiden Bauteile, die ein Wirkflächenpaar bilden. Aufgrund der Tatsache, dass in der Methodik nur die Aktivelemente und deren Wirkflächenpaarungen mit den angrenzenden Bauteilen von Relevanz sind, beschränken sich die stofflichen Merkmale auf die **Werkstoffkombination**, die **Beschichtung** und die **Wärmebehandlung**. Hauptsächlich werden Stähle im Werkzeugbau verwendet. Zunehmende Anwendung erfahren auch Aluminium-Legierungen, Hartmetalle und keramische Werkstoffe.[344] Ferner können die Aktivelemente entweder beschichtet oder wärmebehandelt werden.

Diesen morphologischen Kasten gilt es, anwendungsspezifisch an das jeweilige Werkzeugportfolio anzupassen.

| | Ausprägungen | | | |
|---|---|---|---|---|
| Fläche der Wirkflächenpaarung | 0,25 | 0,5 | 0,75 | 1 |
| Art der Wirkbewegung | oben nach unten | unten nach oben | beides | |
| Kontaktart | kraftschlüssig | formschlüssig | stoffschlüssig | |
| Werkstoff-kombination | Stahl-Stahl | Stahl-Keramik | Stahl-Hartmetall | |
| Beschichtung | nein | 1 Wirkfläche | Beide Wirkflächen | |
| Wärmebehandlung | nein | 1 Wirkfläche | Beide Wirkflächen | |

**Abbildung 5-5: Morphologischer Kasten „Wirkflächenpaarungen“**

#### 5.1.1.3 Ausprägung der Komplexitätstreiber

Nach der anwendungsspezifischen Identifikation und Spezifikation der vier Komplexitätstreiber eines Folgeverbundwerkzeugs folgt in diesem zweiten Teilschritt die Ausprägung dieser Treiber. Hierfür wird eine definierte Anzahl an bereits hergestellten Folgeverbundwerkzeugen als Datengrundlage benutzt (Stichprobe n).

[344] vgl. Dolmetsch, H. et al. (Werkzeugbau), 2013, S. 307

Hierbei ist zu beachten, dass die Datengrundlage für die spätere Lösung des Gleichungssystems in dem Methodikbaustein Funktionsbestimmung ausreichend sein muss. Im Folgenden wird für die vier im vorangegangenen Unterkapitel hergeleiteten Komplexitätstreiber die Ausprägung der Treiber anhand der ausgewählten Datengrundlage in Form von n Werkzeugen vorgenommen. Die Stichprobe der weiteren Analyse beträgt somit n Werkzeuge.

Die Anzahl der Einzelteile (Elemente) innerhalb eines Werkzeuges ist über die Stückliste zu ermitteln. Alle Einzelteile werden unabhängig von ihrer Aufgabe und Herstellungsart aufsummiert. Das Ergebnis stellt den ausgeprägten und quantifizierten Komplexitätstreiber **Anzahl der Einzelteile** mit einem eindeutigen Zahlenwert dar. Ähnlich stellt sich die Quantifizierung des Komplexitätstreibers **Vielfalt der Einzelteile** dar. Auch hier wird die Stückliste des betrachteten Werkzeugs zur Hilfe genommen. Jedoch wird jetzt nicht die Anzahl der Einzelteile summiert, sondern die Anzahl der Positionen in der Stückliste. Dies stellt sicher, dass jedes sich unterscheidende Bauteil Berücksichtigung findet. Hierbei liegt eine Unterscheidung vor, sobald sich ein Bauteil von einem anderen in der Geometrie, dem verwendeten Werkstoff oder der Oberfläche unterscheidet. Das Ergebnis ist ein Zahlenwert für den zweiten Komplexitätstreiber.

Nachdem die beiden Komplexitätstreiber auf Einzelteilebene für das Werkzeug ermittelt worden sind, folgt nun die Untersuchung der **Wirkflächenpaarungen** (kurz: Wirkpaare). Da der Fokus dieser Methodik auf den Wirkpaaren der formgebenden Elemente (Aktivelemente) liegt, beschränkt sich die Analyse innerhalb des Werkzeuges auf die formgebenden Stationen. In Abbildung 5-6 ist eine Schneidstation beispielhaft skizziert. Der Stempel wird durch einen Halteeinsatz mittels Presspassung kraftschlüssig in der Stempelhalteplatte befestigt. Die Niederhalterplatte steht in diesem Beispiel nicht in Wechselwirkung mit dem Stempel. Somit besteht an der Stelle kein Wirkpaar. Auch zwischen Stempel und Matrize herrscht aufgrund des vorgegebenen Schnittspiels (s. Kapitel 2.2.4.1) kein physischer Kontakt. Im Gegensatz zur Niederhaltplatte spielt jedoch der sog. Schnittspalt, eine große Rolle für die Qualität des zu produzierenden Produkts. Die Wechselwirkung zwischen Stempel und Matrize, auch wenn diese kontaktlos ist, wird in dieser Methodik als ein Wirkpaar angesehen (s. Kapitel 2.2.4). Die summierte Anzahl der Wirkpaare bei dieser beispielhaften Schnittoperation beträgt somit vier.

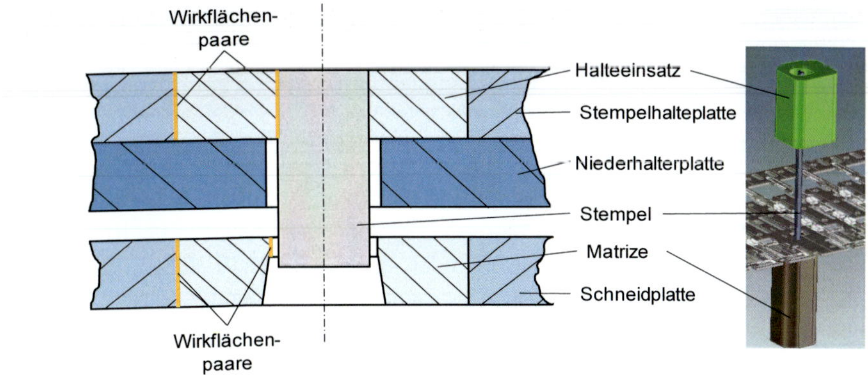


**Abbildung 5-6: Bestimmung der Anzahl an Wirkpaaren (Skizze)** [345]

Diese Vorgehensweise wird für jede in dem Werkzeug vorhandene formgebende Station durchgeführt. Ergebnis dieses Arbeitsschrittes ist eine Auflistung der Anzahl der Wirkpaare pro formgebende Operation. Die Ausprägung des Komplexitätstreibers **Anzahl der Wirkpaare** geht somit als Summe der Einzelwerte pro Operation in die weitere Betrachtung ein. Beispielhaft sei dies in Abbildung 5-7 dargestellt. Der Komplexitätstreiber Anzahl der Wirkpaare hat in diesem Beispiel (Werkzeug 1) den Wert 55. Dieser setzt sich aus Wirkpaaren in zwölf formgebenden Operationen zusammen. In diesem Beispielwerkzeug wird jeweils dreimal geschnitten, geprägt, gebogen und gerichtet.

| | Anzahl Wirkpaare | | | | | | | | | | | | |
|---|---|---|---|---|---|---|---|---|---|---|---|---|---|
| | **Schneiden 1** | **Schneiden 2** | **Schneiden 3** | **Prägen 1** | **Prägen 2** | **Prägen 3** | **Biegen 1** | **Biegen 2** | **Biegen 3** | **Richten 1** | **Richten 2** | **Richten 3** | **Summe** |
| Werkzeug 1 | 4 | 3 | 10 | 2 | 6 | 2 | 5 | 5 | 0 | 9 | 9 | 0 | **55** |

**Abbildung 5-7: Anzahl Wirkpaare pro Station (Beispiel)**

Nach der Ermittlung der Anzahl der Wirkpaare innerhalb eines Folgeverbundwerkzeuges wird der Komplexitätstreiber **Vielfalt der Wirkpaare** pro Werkzeug bestimmt. Wie schon bei der Ermittlung der Anzahl an Wirkpaaren wird auch hier pro Station der Wirkzusammenhang identifiziert und mittels eines morphologischen Kastens (s. Abbildung 5-5) ausgeprägt. Hierzu werden nacheinander die Merkmale des Wirkzusammenhangs an jeder Operation analysiert.

345 Quelle 3D Modell: Phoenix Feinbau GmbH & Co. KG

Begonnen wird mit der Gestaltung der **Fläche der Wirkflächenpaarung**. Der Anteil der Wirkfläche an der Gesamtoberfläche des Aktivelementes ist hierfür zu analysieren. Die Flächenanteile werden gemäß Abbildung 5-5 in ein Histogramm mit den Flächenklassen 0,25; 0,5; 0,75; und 1 überführt.

Nachdem die Fläche des Wirkpaares identifiziert worden ist, folgt die Analyse der **Art der Wirkbewegung**. Das Aktivelement kann i.d.R. nur eine translatorische Wirkbewegung zur Formveränderung des Produktes vollziehen. Hierbei ist nach der Bewegungsrichtung von oben nach unten, von unten nach oben oder einer Kombination aus beiden Wirkbewegungen zu unterscheiden.

Drittes Merkmal des Wirkzusammenhangs der Aktivelemente innerhalb eines Folgeverbundwerkzeuges ist die **Kontaktart** an dem Wirkort. In Abbildung 5-8 sind beispielhaft zwei verschiedene Kontaktarten des Wirkortes bei zwei Schneidoperationen dargestellt. Während bei der kraftschlüssigen Variante (linkes Modell) die Befestigung des Stempels (grau) in dem Halteeinsatz (grün) durch Klemmung mithilfe von zwei Schrauben realisiert wird, erfolgt dies formschlüssig in dem rechts dargestellten Modell durch zwei übereinanderliegende Nutensteine (blau und rot) innerhalb des Halteeinsatzes (beige).

Viertes auszuprägendes Merkmal ist die Art der **Passung** an der Stelle des Wirkortes. Hier sind die Auswahlmöglichkeiten

- Presspassung,
- Übergangspassung und
- Spielpassung.

Abschließend werden die stofflichen Merkmale hinsichtlich der **Werkstoffkombination**, der **Beschichtung** und der **Wärmebehandlung** an der Stichprobe n untersucht.

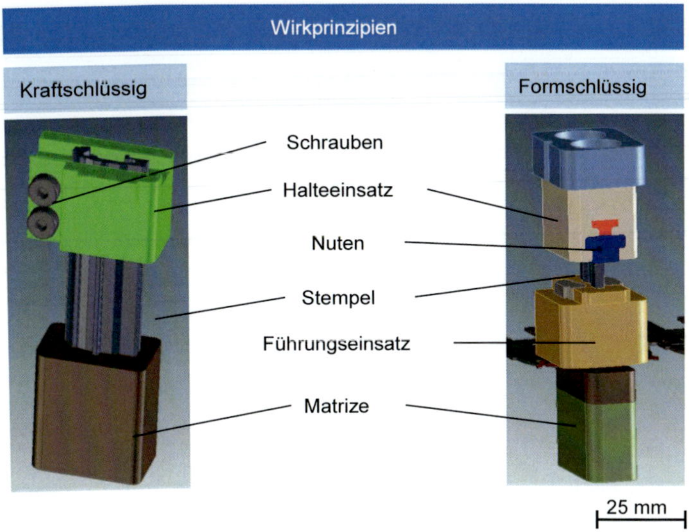


**Abbildung 5-8: Beispielhafte Wirkprinzipien (3D-Modell)[346]**

Die Vielfalt der Wirkpaare pro Werkzeug erhöht sich, sobald ein Wirkzusammenhang durch einen anderen Pfad innerhalb des morphologischen Kastens beschrieben wird. In dem in Abbildung 5-9 dargestellten Beispiel existieren exemplarisch sechs verschiedene Operationen zur Herstellung eines Produktes. Die Operationen 1, 2 und 6 werden durch das gleiche Wirkprinzip realisiert. Die Fläche des Wirkpaares stellt ein Viertel der Gesamtfläche der Bauteile dar, die Wirkbewegung erfolgt von oben nach unten über einen kraftschlüssigen Kontakt. Ein Bauteil des Wirkpaares ist aus beschichtetem Stahl und das andere Bauteil ist aus Keramik hergestellt. Eine Oberflächenbehandlung haben die Bauteile nicht erfahren. Die formgebenden Operationen 3, 4, und 5 hingegen weisen eine anderen Pfad in dem morphologischen Kasten auf und werden durch eine andere Charakteristik des Wirkzusammenhangs ausgeführt. Die gesamte Fläche der wirkenden Bauteile bildet die Wirkfläche. Ferner liegt eine Wirkbewegung von oben nach unten vor und die Kontaktart am Wirkort ist formschlüssig realisiert. Beide Bauteile sind aus Stahl hergestellt. Ein Bauteil ist beschichtet und eins wärmebehandelt worden. Im Falle der sechs beschriebenen Operationen beträgt der Wert des Komplexitätstreibers „Vielfalt der Wirkpaare“ zwei.

[346] Quelle 3D Modell: Phoenix Feinbau GmbH & Co. KG

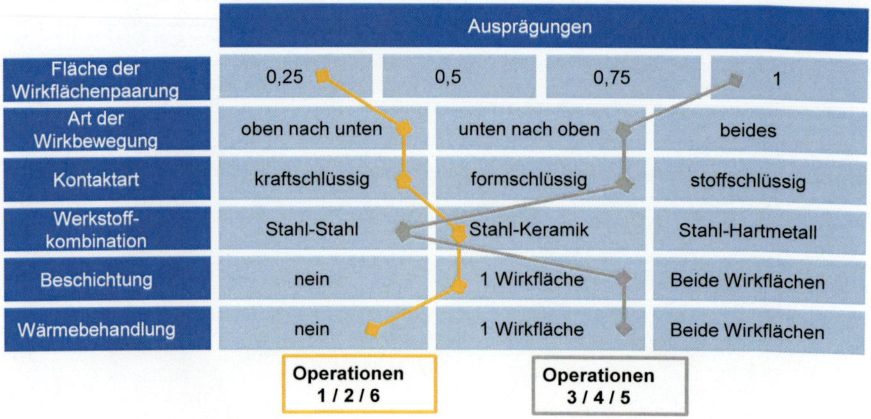


**Abbildung 5-9: Ausprägung des Komplexitätstreibers „Vielfalt der Wirkpaare“ (Beispiel)**

Nachdem im Teilschritt A1 des Methodikbausteins „Werkzeugkomplexität“ die Komplexitätstreiber eines Werkzeugs definiert worden sind, ist im Teilschritt A2 die quantitative Ausprägung der Komplexitätstreiber für eine bestimmte Anzahl an Werkzeugen (Stichprobe n) erfolgt. Diese Werkzeuge bilden die vergangenheitsbasierte Datengrundlage bei der Ermittlung der komplexitätskostenrelevanten Wirkbeziehungen zwischen Werkzeugen und Produkten. Ergebnis dieses ersten Methodikbausteins ist eine Übersicht aller zur Datengrundlage gehörenden n Werkzeuge und deren numerische Werte für die vier Komplexitätstreiber (Anzahl und Vielfalt der Einzelteile, Anzahl und Vielfalt der Wirkpaare, s. Abbildung 5-10).

| | Ausprägungen | | | |
|---|---|---|---|---|
| | Anzahl Einzelteile | Vielfalt Einzelteile | Anzahl Wirkpaare | Vielfalt Wirkpaare |
| Werkzeug 1 | 1246 | 216 | 366 | 12 |
| Werkzeug 2 | 1311 | 226 | 269 | 12 |
| Werkzeug 3 | 308 | 105 | 128 | 8 |
| .... | 1242 | 203 | 183 | 8 |
| .... | 360 | 109 | 40 | 5 |
| Werkzeug n-1 | 873 | 146 | 185 | 11 |
| Werkzeug n | 598 | 151 | 342 | 3 |

**Abbildung 5-10: Ausprägung der Komplexitätstreiber (Beispiel)**

Diese Datensammlung dient für den dritten Methodikbaustein „Funktionsbestimmung" als Eingangsgröße zur Ermittlung des funktionalen Zusammenhangs zwischen den Komplexitätskosten eines Folgeverbundwerkzeuges und den vier Komplexitätstreibern (s. Kapitel 5.1.3).

### 5.1.2 Methodikbaustein „Referenzwerkzeug"

Nachdem im vorherigen Methodikbaustein die Komplexitätstreiber eines Werkzeugs identifiziert und ausgeprägt worden sind, folgt in diesem Baustein die Definition des Referenzwerkzeugs (s. Abbildung 5-11). Dieser Schritt ist bei der Ermittlung der komplexitätskostenrelevanten Ursache-Wirkungs-Beziehungen in einem Werkzeug notwendig, um im darauf folgenden Schritt C eine Trennung der Werkzeugkosten nach Komplexitätskosten und komplexitätsfreien Herstellungskosten vornehmen zu können. Dazu wird der Anteil der Herstellkosten eines Werkzeugs mit minimaler Komplexität für ein Unternehmen herausgearbeitet.

**B Referenzwerkzeug**

| | Ausprägungen des Referenzwerkzeugs |
|---|---|
| # Bauteile | 360 |
| Vielfalt Bauteile | 150 |
| # WFP | 13 |
| Vielfalt WFP | 4 |

**Abbildung 5-11: Methodikbaustein „Referenzwerkzeug“**

Zur Ermittlung der Kostenbestandteile des Referenzwerkzeuges sind die Bestandteile der Herstellkosten relevant. In dem folgenden Kapitel 5.1.2.1 werden daher die Grundlagen der Herstellkostenermittlung erläutert.

#### 5.1.2.1 Grundlagen

Die Herstellkosten eines Produktes setzen sich aus den Materialkosten und den Fertigungskosten zusammen. Beide Kostenbestandteile können wiederum in Einzelkosten und Gemeinkosten unterteilt werden.

Die Materialkosten umfassen alle Kosten für Rohmaterial, Halbzeuge, fremdgefertigte Bauteile, Norm- und Kaufteile usw. Die Materialeinzelkosten beinhalten die Kosten für die verbrauchte Materialmenge je Werkzeug. Unter Materialgemeinkosten fallen u.a. Raumkosten für die Lagerhaltung und Zinsen für das gebundene Kapitel in Form des gekauften Materials.[347] Die Fertigungskosten beinhalten die Personal- und Maschinenkosten zur Herstellung des Produktes. Beide Kostenarten treten auch als Gemeinkosten in den Fertigungsgemeinkosten auf. Unter Fertigungsgemeinkosten sind Raumkosten für den Fertigungsbereich, Personalkosten indirekter Bereiche usw. zusammengefasst (s. Abbildung 5-12).

[347] vgl. Ehrlenspiel, K.; Kiewert, A.; Lindemann, U. (Kostengünstiges Entwickeln), 2007, S. 421 ff.

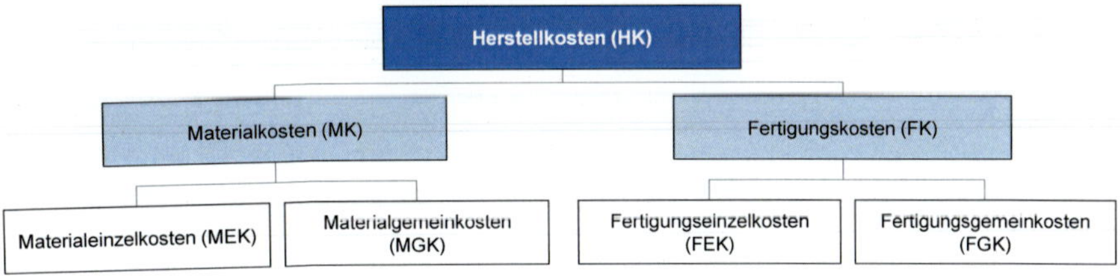


**Abbildung 5-12: Aufteilung der Herstellkosten**[348]

Im Folgenden wird von Material-, Personal- und Maschinenkosten gesprochen und somit eine Unterteilung der Fertigungskosten in der Kostenermittlung entsprechend der Wertschöpfungsarten im Werkzeugbau vorgenommen. Diese beinhalten die Einzel- und Gemeinkosten.

Die Herstellkosten eines Folgeverbundwerkzeuges ergeben sich aus der dem Werkzeug zugeführten Energie bzw. Wertschöpfung. Mit der Beauftragung eines Werkzeuges startet die Werkzeugentwicklung mit der Methodenplanung und Konstruktion in Form von 3D-Daten. Die hier verursachten Herstellkostenanteile beschränken sich auf die Personalkosten. Nach dem Abschluss der Konstruktion erfolgt die Arbeitsplanung für die Werkzeugproduktion. Hier fallen, wie bei der Werkzeugentwicklung, lediglich Personalkosten an. Die Werkzeugproduktion unterteilt sich in die mechanische Fertigung inkl. der NC- Programmierung sowie die Montage und Erprobung des Werkzeugs. In der mechanischen Fertigung fallen neben Personalkosten Maschinenkosten sowie Materialkosten an. Die gefertigten Bauteile werden anschließend in der Montage zu einem Folgeverbundwerkzeug zusammengefügt. In diesem Arbeitsschritt der Montage fallen, wie in der Werkzeugentwicklung, nur Personalkosten an. Der letzte Schritt bei der Herstellung eines Folgeverbundwerkzeuges ist die sog. Erprobung oder auch Try-Out Phase. In diesem Stadium wird das Werkzeug auf einem Stanzautomaten getestet, um neben der Sicherstellung maßhaltiger Produkte auch die Prozessstabilität für die Serienfertigung gewährleisten zu können. Hier entstehen neben den Personal- auch Maschinenkosten. Die Herstellung eines Werkzeugs endet mit der serienreifen Übergabe des Werkzeugs an die Produktion, der Serienfreigabe (s. Abbildung 5-13).

[348] vgl. Ehrlenspiel, K.; Kiewert, A.; Lindemann, U. (Kostengünstiges Entwickeln), 2007, S. 422

**Abbildung 5-13: Herstellungsprozess eines Werkzeuges mit entsprechenden Kosten-bestandteilen**

Über alle Wertschöpfungsstufen entstehen zusätzlich Komplexitätskosten. Dies wird im Verlauf deutlich. Die direkten Komplexitätskosten sind diejenigen Komplexitätskosten, welche direkt aufgrund einer Erhöhung der Werkzeugkomplexität hervorgerufen werden, diesem Effekt auch direkt zuordenbar sind und eine unmittelbare Wirkung haben (s. Kapitel 2.1.4).[349] Dieser Kostenbestandteil lässt sich in einmalige, direkte Komplexitätskosten und dauerhafte, direkte Komplexitätskosten aufteilen. Unter einmalige Kosten fallen z.B. die zusätzlichen Aufwendungen für die Entwicklung und Konstruktion neuer Bauteile, neue Variantenmerkmale, neue Werkzeuge und hinzukommende Nullserienprüfungen. Um Komplexitätskosten im Vorfeld prognostizierbar und somit auch planbar zu machen, ist eine eindeutige Identifikation der Komplexitätstreiber eines Werkzeugs notwendig. Komplexitätskosten entstehen durch nicht geplante Mehraufwände, wie z.B. Try-Out Schleifen aufgrund von notwendigen Anpassungen im Werkzeug.

### 5.1.2.2 Definition des Referenzwerkzeuges

Wie bereits in Kapitel 2.1.4 aufgeführt, ist es schwierig, Komplexitätskosten auf direktem Wege zu ermitteln. Mit der Definition des Referenzwerkzeuges bedient sich diese Methodik einer indirekten Ermittlung des Komplexitätskostenanteils an den gesamten Herstellkosten eines Werkzeugs. Mithilfe des Referenzwerkzeuges erfolgt eine Verschiebung des Nullpunkts bei der funktionalen Ermittlung der Komplexitätskosten um die Herstellkosten eines komplexitätsfreien Folgeverbundwerkzeugs. Dieses Referenzwerkzeug stellt ein vereinfachtes Modell des Systems „Werkzeug“ mit minimal anzunehmender Komplexität dar und ist unternehmensspezifisch. Es stellt die Referenz zu den reell gefertigten Werkzeugen eines Unternehmens dar. In diesem Fall werden die minimal erforderlichen Elemente

[349] vgl. Schuh, G. (Produktkomplexität), 2005, S. 44 f.

und Schnittstellen innerhalb eines Folgeverbundwerkzeugs ermittelt, um die vier Hauptoperationen eines Werkzeugs durchführen zu können (Schneiden, Biegen, Richten, Prägen). Die dazu notwendigen Herstellkosten sind in diesem Modell per Definition frei von Komplexität und folglich ist der komplexitätsbedingte Kostenanteil gleich Null zu setzen. Ergebnis dieses Schrittes ist die Ermittlung des komplexitätsfreien Herstellkostenanteils. Dieser wird über den definierten Betrachtungszeitraum unter konstanten Rahmenbedingungen als konstanter Wert angenommen. Konstante Rahmenbedingungen können u.a. ein gleicher Maschinenpark oder ein konstantes Werkzeugportfolio sein.

Innerhalb dieses Modells wird die Annahme getroffen, dass durch das Referenzwerkzeug jeweils eine Schneid-, eine Präge-, eine Biege- und eine Richtoperation durchgeführt wird. Wie bei den restlichen im vorherigen Methodikbaustein analysierten Werkzeugen ist es auch hier notwendig, die vier Komplexitätstreiber für das Referenzwerkzeug auszuprägen. Voraussetzung für diese Quantifizierung der Komplexitätstreiber ist die Konzeption eines Referenzwerkzeugs, welches die o.g. Operationen in einfachster Form realisiert. Es ist darauf zu achten, dass unabhängig von den Konsequenzen (z.B. verkürzte Lebensdauer des Werkzeugs) der minimal möglichste Wert je Komplexitätstreiber realisiert wird. Anschließend werden die Komplexitätstreiber ausgeprägt. Neben der benötigten Anzahl und Vielfalt der Einzelteile zur Herstellung des Referenzwerkzeuges sind auch die minimal erforderliche Anzahl an Wirkpaaren und deren Vielfalt zu ermitteln. Der Komplexitätstreiber „Vielfalt der Wirkpaare" kann dabei maximal den Wert vier einnehmen, da pro formgebender Operation nicht mehr als ein unterschiedlicher Wirkzusammenhang in diesem Modell entstehen kann (s. Abbildung 5-14).

| | Ausprägung des Referenzwerkzeugs | | | |
|---|---|---|---|---|
| Anzahl Einzelteile | 150 | | | |
| Vielfalt Einzelteile | 50 | | | |
| Anzahl Wirkpaare | Schneiden: 3 | Prägen: 1 | Biegen: 2 | Richten: 7 |
| Vielfalt Wirkpaare | Schneiden: 1 | Prägen: 1 | Biegen: 1 | Richten: 1 |

**Abbildung 5-14: Ausprägung der Komplexitätstreiber des Referenzwerkzeugs (Beispiel)**

Ergebnis dieses Schrittes ist die numerische Ausprägung der vier Komplexitätstreiber des Referenzwerkzeugs. In diesem Modell ist dieses Referenzwerkzeug komplexitätsfrei und somit auch ohne Komplexitätskostenanteil ($a_0$) in den

Herstellkosten (a) (s. Abbildung 5-15). Die Herstellkosten des Referenzwerkzeuges werden durch Experten innerhalb des Unternehmens auf Basis des 3D-Modell abgeschätzt. Diese Daten dienen im nächsten Methodikbaustein zusammen mit den gesammelten Daten der betrachteten reellen Werkzeuge als Eingangsgröße für die Bestimmung des funktionalen Zusammenhangs zwischen Werkzeugkomplexität und Komplexitätskosten (k) eines Folgeverbundwerkzeugs.

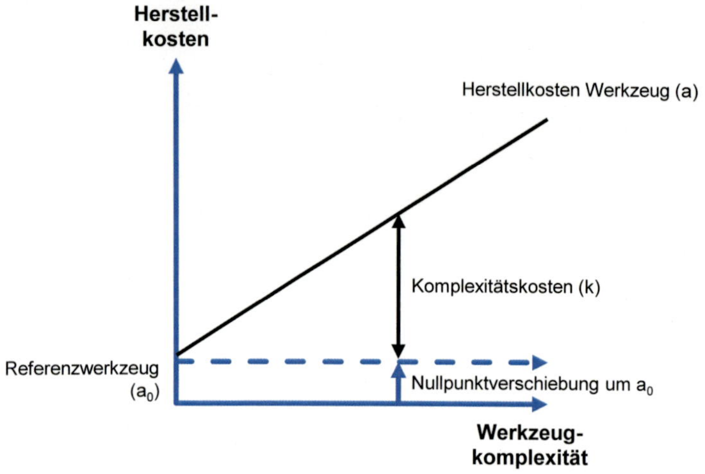


**Abbildung 5-15: Nulllpunktverschiebung mithilfe des Referenzwerkzeugs**

### 5.1.3 Methodikbaustein „Funktionsbestimmung“

Der dritte und letzte Methodikbaustein der Partialmethode „Werkzeug“ ermittelt aufbauend auf den Ergebnissen der Datenanalyse der ersten beiden Bausteine die Komplexitätskosten in Abhängigkeit von den vier Komplexitätstreibern. Die ausgeprägte Werkzeugkomplexität der n Werkzeuge und das definierte Referenzwerkzeug mit den komplexitätsfreien Herstellkosten $a_0$ bilden den Ausgangspunkt. Nach der Ermittlung und Visualisierung der Abhängigkeiten in Form eines Modells (C1) zwischen den Komplexitätstreibern und den Komplexitätskosten als Anteil an den Herstellkosten folgt im Teilschritt C2 eine Funktionsnäherung (s. Abbildung 5-16). Ergebnis dieses Bausteins ist die numerische Annäherung einer Funktion an die vorliegenden Datenpunkte und somit die mathematische Beschreibung des Zusammenhangs zwischen den vier Komplexitätstreibern und den Komplexitätskosten.

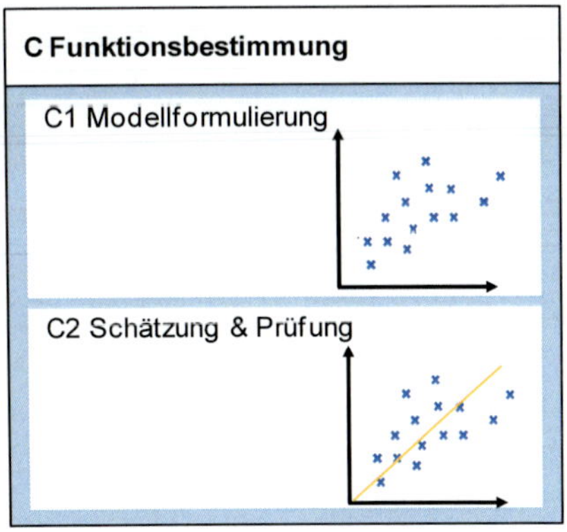


**Abbildung 5-16: Methodikbaustein „Funktionsbestimmung"**

Grundlage zur Funktionsbestimmung innerhalb dieses Methodikbausteins ist die Ermittlung einer Annäherungsfunktion auf Basis von Datenpaaren mittels Regressionsanalyse. Diese Grundlagen werden im folgenden Unterkapitel 5.1.3.1 erläutert.

### 5.1.3.1 Grundlagen

In naturwissenschaftlichen und technischen Anwendungen ist es oft notwendig herauszufinden, ob zwischen zwei oder mehreren Variablen (X,Y), welche durch Messpunkte quantifiziert worden sind, eine Abhängigkeit besteht und welcher Art diese Beziehung ist.[350] Bei der Analyse von ökonomischen Daten kommt der linearen Funktion eine hohe Bedeutung zu. Zum einen hat sich gezeigt, dass sich viele ökonomische Zusammenhänge zumindest in guter Annäherung mittels linearer Funktionen darstellen können. Zum anderen besteht die Möglichkeit, nicht-lineare Zusammenhänge zu linearisieren, z.B. durch Koordinatentransformation. Der Vorteil einer linearen Regression liegt in der vergleichsweise einfacheren rechentechnischen Handhabung.[351]

Im Gegensatz zur Korrelationsanalyse, welche überprüft, ob generell ein Zusammenhang zwischen den Variablen vorherrscht, geht die Regressionsanalyse von einer Abhängigkeit aus und überprüft diese.[352] Es ist diejenige mathematische Formel zu finden, die die Abhängigkeit zwischen den Variablen beschreibt.[353] Basis für eine Regressionsanalyse ist eine Vermutung über Ursache-Wirkungs-

[350] vgl. Papula, L. (Mathematik), 2008, S. 627

[351] vgl. Bleymüller, J.; Weißnach, R. (Statistik), 2015, S. 173

[352] Für weitere Ausführungen verschiedener multivariater Analyseverfahren und deren Einsatzgebiete sei auf Backhaus, K. et al. (Multivariate Analysemethoden), 1996, verwiesen.

[353] vgl. Bleymüller, J.; Weißnach, R. (Statistik), 2015, S. 172

Beziehungen zwischen Variablen[354]. Einsatzgebiete der Regressionsanalyse sind z.B. das Erkennen und Erklären von Zusammenhängen oder das Schätzen und Prognostizieren von Werten der abhängigen Variablen. Die Regressionsanalyse ist ein Strukturen-prüfendes Verfahren und eines der flexibelsten und am häufigsten eingesetzten Analyseverfahren.[355] Sie analysiert die Beziehung zwischen einer abhängigen Variablen (Y) und einer oder mehreren unabhängigen Variablen. Neben der Ermittlung des Zusammenhang zwischen der abhängigen (Regressand) und unabhängigen Variablen (Regressor(en)) in der Stichprobe n, hat die Regressionsanalyse die Aufgabe zu prüfen, ob der ermittelte Zusammenhang in der Stichprobe auch auf die Grundgesamtheit gültig übertragen werden kann.[356]

In Abbildung 5-17 ist eine mögliche Vorgehensweise der Regressionsanalyse dargestellt. Diese teilt sich in die drei Teilschritte Formulierung des Modells, Schätzung der Regressionsfunktion und Prüfung der Regressionsfunktion auf.[357] Im Folgenden werden kurz die Arbeitsinhalte der einzelnen Teilschritte vorgestellt.[358]

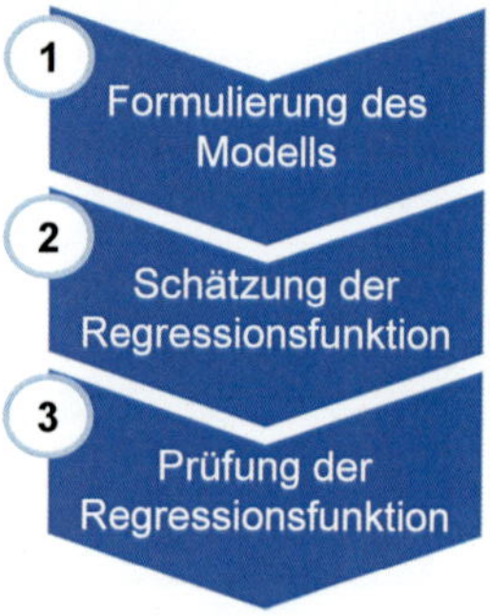


**Abbildung 5-17: Vorgehensweise der Regressionsanalyse nach BACKHAUS[359]**

Die **Formulierung des Regressionsmodells** sollte auf Grundlage von Überlegungen des Forschers entworfen werden und ausschließlich die fachlichen Aspekte von Relevanz sein. Die Wahl des Untersuchungsansatzes sollte die unterstellten Ursache-Wirkungs-Beziehungen möglichst vollständig enthalten, um einen methodisch optimalen Einstieg in die Regressionsanalyse zu haben. Hierbei muss das Modell der Grundprämisse der Linearität entsprechen. Diese unterstellte

[354] vgl. Backhaus, K. et al. (Multivariate Analysemethoden), 1996, S. 3

[355] s. Backhaus, K. et al. (Multivariate Analysemethoden), 1996, S. 1f.

[356] s. Backhaus, K. et al. (Multivariate Analysemethoden), 1996, S. 6 f.

[357] vgl. Backhaus, K. et al. (Multivariate Analysemethoden), 1996, S. 8 ff.

[358] Für detaillierte Informationen sei auf Backhaus, K. et al. (Multivariate Analysemethoden), 1996 verwiesen.

[359] s. Backhaus, K. et al. (Multivariate Analysemethoden), 1996, S. 8

lineare Beziehung kann evtl. mittels eines Streudiagramms, auf welchen die abhängige und je eine unabhängige Variable der Stichprobe n auf den Koordinatenachsen aufgetragen sind, visuell überprüft werden.[360]

Als zweiter Schritt folgt die **Schätzung der Regressionsfunktion**. Der unterstellte lineare Zusammenhang zwischen der abhängigen und unabhängigen Variablen führt zu folgender allgemeinen Regressionsfunktion mit mehreren Variablen ($x_i$): [361]

$$y = a_0 + \sum_{i=1}^{n} x_i \times a_i$$

Die entstehende Regressionsgerade y stellt die Lage einer linearen Funktion im Koordinatensystem mit einer guten Anpassung an die empirische Punkteverteilung dar. Die Differenz zwischen dem beobachteten Wert $y_b$ und dem errechneten Wert y ist auf nicht erfasste Einflussgrößen bei der Modellformulierung zurückzuführen. Diese Abweichung wird durch die Variable e repräsentiert und Residuen genannt.[362]

$$\mathrm{e} = \mathrm{y_b} - \mathrm{y}$$

Der Regressionsanalyse liegt die Frage zugrunde, *„welcher Anteil aller Abweichungen der Beobachtungswerte von ihrem gemeinsamen Mittelwert läßt sich durch den unterstellten linearen Einfluss der unabhängigen Variable erklären und welcher Anteil verbleibt als unerklärte Residuen?“*[363] Zielsetzung einer Regressionsanalyse ist es, eine lineare Näherungsfunktion zu ermitteln, welche möglichst viel der Differenzen erklären kann. Daraus folgt, dass die Residuen möglichst gering sein müssen. Im Extremfall, wenn alle Einzelresiduen gleich Null sind, liegen alle Werte der beobachteten Stichprobe auf der Regressionsgeraden. Im Falle von empirischen Untersuchungen wird dieser Fall nicht vorkommen. Es gilt somit die Parameter $a_i$ so zu schätzen, dass die Streuung der Beobachtungswerte um die Gerade möglichst gering wird.[364] Hierfür soll die Summe der Residuen minimiert werden. Die Minimierung der quadrierten Residuen ist Ziel bei der Ermittlung der Parameter[365].

$$\sum_{i=1}^{n} e_i^2 \rightarrow min!$$

Das Quadrieren wird vorgenommen, um das Aufheben von positiven und negativen Residuen zu vermeiden. Diese Vorgehensweise wird auch „Methode der kleinsten

[360] vgl. Backhaus, K. et al. (Multivariate Analysemethoden), 1996, S. 9
[361] vgl. Backhaus, K. et al. (Multivariate Analysemethoden), 1996, S. 17
[362] vgl. Backhaus, K. et al. (Multivariate Analysemethoden), 1996, S. 13
[363] s. Backhaus, K. et al. (Multivariate Analysemethoden), 1996, S. 13
[364] vgl. Rooch, A. (Statistik für Ingenieure), 2014, S. 192 f.
[365] vgl. Backhaus, K. et al. (Multivariate Analysemethoden), 1996, S. 15

Quadrate" genannt. Die Regressionsanalyse hat als Ergebnis die Ermittlung der Koeffizienten der Regressionsgleichung.[366]

Bei einer multiplen Regression mit mehreren unabhängigen Variablen $x_i$ bietet es sich an, die ermittelten Regressionskoeffizienten $a_i$ zu standardisieren. Hierdurch werden mögliche unterschiedliche Messdimensionen der Variablen berücksichtigt. Diese berechnen sich wie folgt:[367]

$$\frac{Standardabweichung\ x_i}{Standardabweichung\ y} \times a_i = a_i^*$$

Die ermittelten standardisierten Regressionskoeffizienten $a_i^*$ sind Ergebnis des zweiten Schritts und bilden mit der linearen Ausgangsgleichung die Regressionsgleichung.

Nach der Schätzung folgt als letzter Schritt die **Prüfung der Regressionsfunktion**. Zum einen ist zu überprüfen, ob der unterstellte lineare Zusammenhang in der Stichprobe n zu einer ausreichenden Erklärung der Stichprobenwerte führt. Darüber hinaus ist auch die Frage zu beantworten, ob die Regressionsfunktion eine nutzbare Schätzfunktion für den Zusammenhang in der Grundgesamtheit der Realität darstellt.

Zunächst wird mittels des Bestimmtheitsmaßes $r^2$ die Qualität der Regressionsgleichung als Ganzes überprüft. Das Bestimmtheitsmaß nimmt den Anteil der erklärten Abweichung an der Gesamtabweichung als Maß für die Güte der Regressionsfunktion.[368]

Gesamtabweichung = Erklärte Abweichung + Residuen

Je höher der Anteil der erklärten Abweichung ist, desto geringer ist der Anteil der Residuen und desto „besser" lassen sich die Werte mittels Regressionsfunktion schätzen.[369] Um auszuschließen, dass die Werte des Bestimmtheitsmaßes durch zufällige Einflüsse entstanden sind, wird zur Überprüfung der Regressionsfunktion ein sog. F-Test durchgeführt.[370] Wenn der Ansatz durch den F-Test nicht als Ganzes verworfen worden ist, folgt eine individuelle Überprüfung der Regressionskoeffizienten. Hier wird untersucht, ob die auf Grundlage der Stichprobe n ermittelten Regressionskoeffizienten in der Grundgesamtheit einen bestimmten Wert annehmen. Hierfür wird sich der t-Statistik bedient. Hierbei gilt eine Anwendung auf die Grundgesamtheit, wenn

---

[366] vgl. Backhaus, K. et al. (Multivariate Analysemethoden), 1996, S. 19

[367] vgl. Backhaus, K. et al. (Multivariate Analysemethoden), 1996, S. 19

[368] vgl. Bleymüller, J.; Weißbach, R. (Statistik), 2015, S. 178 f.

[369] vgl. Bleymüller, J.; Weißbach, R. (Statistik), 2015, S. 178 ff.

[370] vgl. Backhaus, K. et al. (Multivariate Analysemethoden), 1996, S. 25 f.

$$t_{emp} = \frac{a_i}{s_i} > t_{tab}.$$ [371]

Abschließend wird das Konfidenzintervall jedes Regressionskoeffizienten berechnet. Dieses Intervall gibt an, um welchen Betrag die Regressionskoeffizienten der Stichprobe n von dem Betrag des Regressionskoeffizienten der Grundgesamtheit $A_i$ abweichen können:[372]

$$a_i - t_{tab} \times s_i \leq A_i \leq a_i + t_{tab} \times s_i$$

#### 5.1.3.2 Formulierung des Modells

Neben den bereits im ersten Methodikbaustein generierten Daten der vier Komplexitätstreiber pro Werkzeug werden in diesem Baustein die jeweiligen Herstellkosten der n Werkzeuge ermittelt und in die Datensammlung integriert. Dieses Vorgehen gilt auch für das entwickelte Referenzwerkzeug. Nach der kostentechnischen Datenermittlung erfolgt die bereits beschriebene Nullpunktverschiebung zur Ermittlung der Komplexitätskosten je Werkzeug. Hierfür werden die für das Referenzwerkzeug ermittelten komplexitätsfreien Herstellkosten ($a_0$) von den Herstellkosten (a) subtrahiert. Das Ergebnis dieser Subtraktion sind die **Komplexitätskosten eines Werkzeugs (k)**.

Nachdem die vorbereiteten Tätigkeiten mit der Ermittlung der Komplexitätskosten je Werkzeug abgeschlossen sind, folgt die Visualisierung der Daten in einem Streudiagramm, um das Regressionsmodell ermitteln zu können und den unterstellten linearen Zusammenhang zu verifizieren. Zuerst ist bei der Formulierung des Regressionsmodells eine bewusste Entscheidung bzgl. der abhängigen und unabhängigen Variablen in dem Modell zu treffen. Es wird auf Basis der Vorüberlegungen angenommen, dass die Komplexitätskosten die abhängige Variable darstellt und die vier Komplexitätstreiber die unabhängigen Variablen. Da der funktionale Zusammenhang und die Gewichtung der einzelnen Treiber in Bezug auf die Komplexitätskosten noch nicht bekannt sind, erfolgt dies zuerst je Komplexitätstreiber. In Abbildung 5-18 ist dies exemplarisch dargestellt. Es entstehen vier Diagramme, welche auf der y- Achse immer die Komplexitätskosten als abhängige Variable aufgetragen haben. Jeder Punkt in den vier Diagrammen stellt ein Werkzeug aus der Stichprobe n dar. Auch findet sich in jedem der vier Diagramme das Datenpaar des Referenzwerkzeuges wieder. Diese Punkte liegen aufgrund der Charakteristik des Referenzwerkzeugs als komplexitätsfreies Werkzeug auf dem Nullpunkt der y-Achse. Das Referenzwerkzeug hat nach Definition keine Komplexitätskosten.

---

[371] vgl. Backhaus, K. et al. (Multivariate Analysemethoden), 1996, S. 27 ff.

[372] vgl. Bleymüller, J.; Weißbach, R. (Statistik), 2015, S. 208 f.

Die Punktewolken in den vier Einzeldiagrammen ermöglichen es, die bisherigen Hypothesen zum Zusammenhang zwischen der Anzahl und Vielfalt der Einzelteile eines Werkzeugs und der Anzahl und Vielfalt der Wirkpaare innerhalb eines Werkzeugs und den Komplexitätskosten zu überprüfen. Wenn in den Diagrammen grafische Korrelationen zwischen den einzelnen Komplexitätstreibern und den Kosten zu sehen sind, ist auch ein funktionaler Zusammenhang zwischen den Variablen wahrscheinlich. In dem in Abbildung 5-18 gezeigten Beispiel zeigt sich eine potenzielle lineare Abhängigkeit, welche als Vermutung Voraussetzung für die Schätzung einer Regressionsfunktion im nächsten Schritt ist.

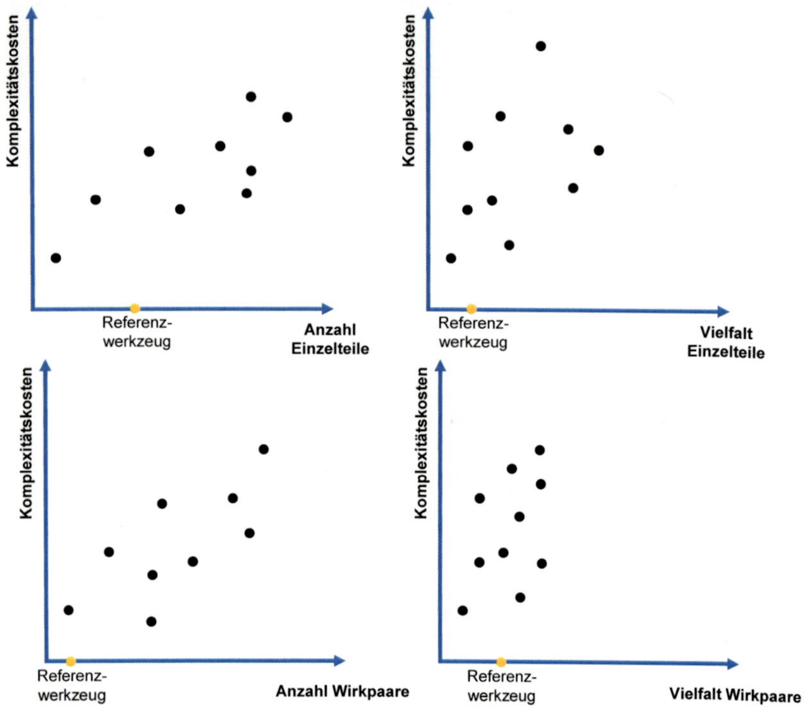


**Abbildung 5-18: Beispielhafte Darstellung der Komplexitätskosten je Komplexitäts-treiber**

#### 5.1.3.3 Schätzung und Prüfung der Funktion

Bei der Schätzung und Prüfung der Regressionsfunktion (Teilschritt C2) wird aus den ermittelten Daten mittels einer Regressionsanalyse der funktionale Zusammenhang gesucht, welcher sich möglichst optimal an die aus der Werkzeuganalyse ermittelte Stichprobe n anpasst.

Um den Zusammenhang zwischen Komplexitätskosten und den oben genannten vier Komplexitätstreibern zu ermitteln, ist eine Funktion mit fünf Variablen notwendig. Diese lauten: Komplexitätskosten (k) als identifizierte abhängige Variable, Anzahl Einzelteile (x), Vielfalt Einzelteile (t), Anzahl Wirkpaare (β) und Vielfalt Wirkpaare (γ) als vier unabhängige Variablen. Der dazugehörige lineare Lösungsansatz mit den zu bestimmenden Koeffizienten a, b, c, d, e lautet:

$$\mathbf{k = ax + bt + c\beta + d\gamma + e}$$

Um dieses lineare Gleichungssystem mit n Werkzeugdaten auflösen zu können, wird die Matrix-Schreibweise gewählt. Hierbei stellt k einen Vektor mit n-Elementen dar, welche die Komplexitätskosten der Werkzeuge aus der Stichprobe n beinhalten.

$$k = [\mathrm{k0} \quad \mathrm{k1} \quad \mathrm{k2} \quad \ldots \quad \mathrm{kn}]$$ ( n x 1) k: Komplexitätskosten

In der Matrix A mit (5xn)-Elementen sind die Werte der vier Komplexitätstreiber je Werkzeug aufgeführt. Zusätzlich ist eine fünfte Variable hinzugekommen. Diese stellt den Ordinatenabschnitt e dar.

$$A = \begin{bmatrix} \mathrm{x0} & \mathrm{t0} & \beta 0 & \gamma 0 & 1 \\ \mathrm{x1} & \mathrm{t1} & \beta 1 & \gamma 1 & 1 \\ \mathrm{x2} & \mathrm{t2} & \beta 2 & \gamma 2 & 1 \\ \ldots & \ldots & \ldots & \ldots & \ldots \\ \mathrm{xn} & \mathrm{tn} & \beta \mathrm{n} & \gamma \mathrm{n} & 1 \end{bmatrix}$$ (5 x n) A: Matrix der Komplexitätstreiber

Zur Ermittlung der Regressionskoeffizienten und somit vollständigen Ermittlung des funktionalen Zusammenhangs zwischen Komplexitätskosten und Werkzeugkomplexität wird der Lösungsvektor m ermittelt. Dies geschieht durch die Division der Komplexitätstreibermatrix A durch den Vektor der reellen Komplexitätskosten k. Ergebnis ist ein (1x5)-Vektor, welcher die fünf gesuchten Koeffizienten beinhaltet.

$$m = \frac{A}{k} = \begin{bmatrix} a \\ b \\ c \\ d \\ e \end{bmatrix}$$ (1 x 5) m: Lösungsvektor der Regressionskoeffizienten

Bedingung bei der Ermittlung ist die Minimierung der Summe der Quadrate der Residuen. Hierfür wird zunächst die Differenz zwischen Funktionswert m und dem durch Analyse des Werkzeugs ermittelten Wert k je Werkzeug berechnet.

$f(x, t, \beta, \gamma) = m \times A$ ( n x 1) ber. Komplexitätskosten

$e_i = f_i - y_i$ i: 1….n, e: Residuen

$\sum e_i^2 \rightarrow$ min!

Eine grafische Darstellung dieser Differenz je Werkzeug ist in Abbildung 5-19 beispielhaft zu sehen.

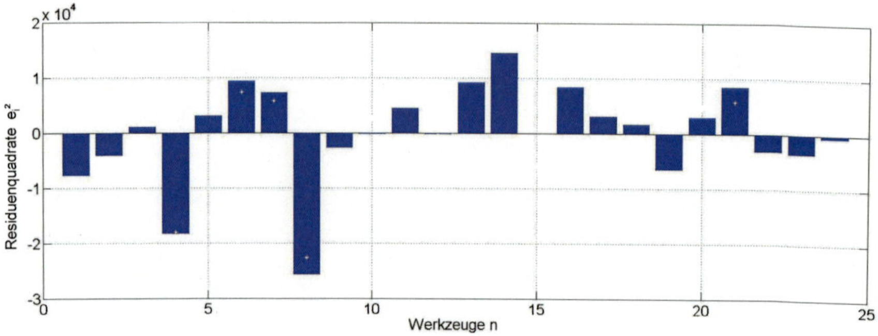


**Abbildung 5-19: Abweichung der Funktionsnäherung pro Datenpaar (Quelle: MATLAB)**

Nach der Berechnung der Regressionsfunktion mit kleinstmöglicher Summe der Quadrate der Residuen liegen als Ergebnis die fünf Regressionskoeffizienten (a, b, c, d, e) im Lösungsvektor m vor. Zur Berücksichtigung unterschiedlicher Messdimensionen bei einer multiplen Regression werden die einzelnen Regressionskoeffizienten standardisiert (a*, b*, c*, d*). Dies geschieht wie folgt:

a* = a x Standardabweichung (x) / Standardabweichung (y)

b* = b x Standardabweichung (t) / Standardabweichung (y)

c* = c x Standardabweichung (β) / Standardabweichung (y)

d* = d x Standardabweichung (γ) / Standardabweichung (y)

Mit der Berechnung der standardisierten Regressionskoeffizienten ist die Schätzung der Regressionsfunktion abgeschlossen. Es folgt die Überprüfung der ermittelten Regressionsfunktion. Die Überprüfung ist in vier Schritte unterteilt, welche schematisch in Abbildung 5-20 dargestellt ist.

Mit dem **Bestimmtheitsmaß $r^2$** wird zuerst überprüft, ob der ermittelte lineare Zusammenhang zu einer ausreichenden Erklärung der Stichprobe n führt. Je größer $r^2$ ist, desto geringer ist der Anteil der nicht erklärbaren Streuung (Residuen) und desto geringer sind die zufälligen Einflüsse auf die Funktionsermittlung. Anschließend wird die unterstellte Funktion mittels **F-Test** als Ganzes auf ihre **Anwendbarkeit auf die Grundgesamtheit** überprüft. Wenn der empirisch ermittelte Wert $F_{emp}$ kleiner als der tabellarische Wert $F_{tab}$ ist, kann die Regressionsfunktion nicht auf die Grundgesamtheit angewendet werden und wird verworfen. Bei positivem Ergebnis des F-Tests folgt die **Prüfung der einzelnen**

**Regressionskoeffizienten** unter Zuhilfenahme der **t-Teststatistik**. Diejenigen Regressionskoeffizienten, welche die Bedingung erfüllen ($|t_{emp}| > t_{tab}$), bleiben in der Regressionsfunktion. Die anderen werden verworfen. Letzter Schritt in der Prüfung der Regressionsfunktion ist die Ermittlung des Konfidenzintervalls je Regressionskoeffizient. Das Konfidenzintervall gibt den Bereich an, in dem der Betrag der Regressionskoeffizienten der Stichprobe ($m_i$) von dem Betrag des Koeffizienten der Grundgesamtheit ($M_i$) abweichen kann.

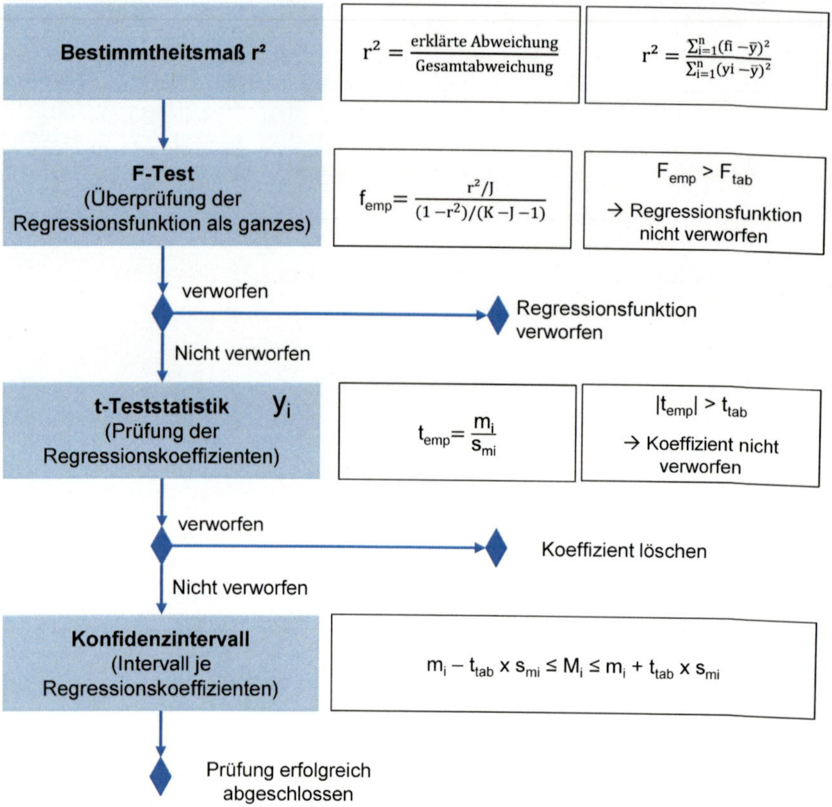


| | |
|---|---|
| $r^2$: | Bestimmtheitsmaß |
| $f_i$: | Berechnete Komplexitätskosten |
| $\bar{y}$: | Mittelwert der Stichprobe |
| $y_i$: | Einzelwert der Stichprobe |
| $F_{emp}$: | Errechneter F-Wert der Stichprobe |
| $F_{tab}$: | Tabellenwert der Stichprobe |
| J: | Zahl der Regressoren |
| K: | Stichprobenumfang |
| $t_{emp}$: | Errechneter t-Wert je Regressor |
| $t_{tab}$: | Tabellenwert t je Regressor |
| $m_i$: | Regressionskoeffizient |
| $s_{mi}$: | Standardabweichung je Regressionskoeffizient |
| $M_i$: | Wahrer Regressionskoeffizient |

**Abbildung 5-20: Prüfung der Regressionsfunktion (Vorgehensweise)**

Am Ende der drei Methodikbausteine der Partialmethode „Werkzeug" liegt als Ergebnis eine funktionale, numerische Annäherung des Zusammenhangs zwischen den vorherrschenden Komplexitätstreibern und den daraus resultierenden

Komplexitätskosten vor. Es ist durch eine Analyse bereits erstellter Werkzeuge und eine systematische Aufbereitung der Werkzeugdaten gelungen, eine quantitative Ermittlung der Werkzeugkomplexität auf Einzelwerkzeugebene durchzuführen. Durch die Definition eines Referenzwerkzeugs ohne Komplexitätskosten ist es möglich, mittels Nullpunktverschiebung die Komplexitätskosten von den gesamten Herstellkosten eines einzelnen Werkzeugs zu trennen. Anschließend kann mithilfe einer Regressionsanalyse eine Näherungsfunktion zwischen den vier Komplexitätstreibern als unabhängige Variablen und den jeweiligen Komplexitätskosten pro Werkzeug als abhängige Variable hergestellt werden. Dieser numerische Zusammenhang erlaubt es einem Werkzeugbau vor der Entwicklung eines neuen Werkzeugs den Einfluss verschiedener konstruktiver Ansätze auf die Komplexitätstreiber und somit auch auf die Komplexitätskosten zu ermitteln. Es ist somit erstmals möglich, die Wirkbeziehung zwischen Komplexitätstreibern und den kostentechnischen Auswirkungen bei der Werkzeugerstellung transparent und funktional darzustellen (s. Abbildung 5-21).

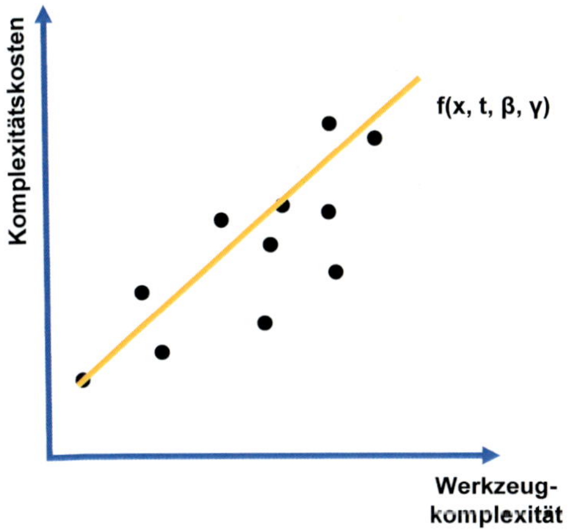


**Abbildung 5-21: Funktionaler Zusammenhang zwischen Werkzeugkomplexität und Komplexitätskosten**

## 5.2 Werkzeugkomplexität und Produktmerkmale

Der erste Teil der Methodik zur Ermittlung der komplexitätskostenrelevanten Ursache-Wirkungs-Beziehungen beschränkte sich auf die Werkzeugsicht (Partialmethode „Werkzeug"). Es wird ein funktionaler Zusammenhang zwischen den Komplexitätskosten eines Werkzeugs und den Komplexitätstreibern eines Werkzeugs ermittelt. In diesem zweiten Teil der Methodik liegt der Fokus

Wertschöpfungsstufen übergreifend auf den Auswirkungen relevanter Produktmerkmale auf das Werkzeug (Partialmethode „Produkt"). Hierzu werden als erstes die zur Beschreibung eines Produktes relevanten Produktmerkmale identifiziert (D) und für die bereits in der ersten Partialmethode ausgewählte Stichprobe n ausgeprägt. Anschließend erfolgt eine Klassenbildung pro Produktmerkmal (E), um abschließend mittels eines Paarweisen Vergleichs eine qualitative Bewertung des Einflusses einer Ausprägungsklasse eines Produktmerkmals auf die Komplexitätstreiber des Werkzeugs zu erlangen (F).

### 5.2.1 Methodikbaustein „Produktmerkmale"

Um einen Zusammenhang zwischen der Werkzeugkomplexität und den relevanten Produktmerkmalen des herzustellenden Produktes ermitteln zu können, ist es im ersten Methodikbaustein auf Produktebene von zentraler Bedeutung, das Produkt eindeutig durch Merkmale und deren zahlenmäßige Ausprägung zu beschreiben. Hierfür werden im ersten **Teilschritt D1** die relevanten Merkmale eines Produktes des Folgeverbundwerkzeuges identifiziert und im darauf folgenden **Teilschritt D2** in Anlehnung an den Methodikbaustein A für die Produkte der ausgewählten n Werkzeuge ausgeprägt (s. Abbildung 5-22).

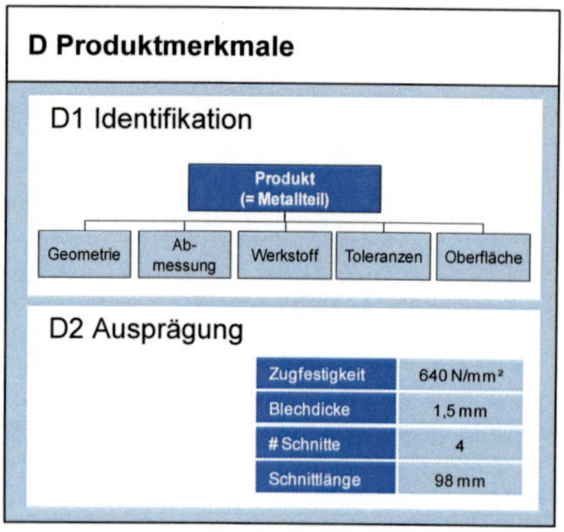


**Abbildung 5-22: Methodikbaustein „Produktmerkmale"**

Um relevante Produktmerkmale identifizieren und später ausprägen zu können, ist es hilfreich, sich der allgemeinen Systematik nach der DIN 2330 zur Gliederung von Produktmerkmalen zu bedienen. Diese wird im folgenden Kapitel 5.2.1.1 vorgestellt.

#### 5.2.1.1 Grundlagen

Um die Vielfalt technischer Systeme bewältigen zu können, werden Systeme auf Basis ähnlicher Eigenschaften eingeteilt. Somit werden Gruppen, welche ein ähnliches Verhalten aufweisen oder aber ähnlich konstruiert und produziert werden können, zusammengefasst. Diese Klassifikation stellt ein Hilfsmittel zur Bewältigung der vorherrschenden Komplexität von technischen Systemen dar.[373] Die Eigenschaft eines Produktes setzt sich aus ihrem Merkmal und der evtl. zahlenmäßigen Ausprägung des Merkmals zusammen.[374] Die Bedeutung einer Eigenschaft (Merkmale) wird auch als Semantik oder Qualität bezeichnet, die Ausprägung des Merkmals als Quantität.[375] Produktmerkmale werden nach DIN 2330 in drei Gruppen aufgeteilt. Dies sind Beschaffenheits-, Funktions- und Relationsmerkmale (s. Abbildung 5-23).

| Produktmerkmale | | |
|---|---|---|
| **Beschaffenheit** | **Funktion** | **Relationen** |
| „Wie ist das Produkt geometrisch/stofflich beschaffen?“ | „Was ist der Zweck des Produktes, des Teils, der Gestaltzone?“ | „Unter welchen Bedingungen soll die Funktion erfüllt werden?“ |
| Zum Beispiel: | Zum Beispiel bei einer Ausgleichskupplung | Zum Beispiel: |
| - Form<br>- Abmessungen<br>- Werkstoff<br>- Rauigkeit<br>- Farbe | - Drehmoment übertragen (max. 2.000 Nm)<br>- Drehzahl übertragen (max. 10.000 1/min)<br>- Radialversatz ausgleichen (max. 0,5 mm) | - Herstellkosten (< 1.050 Euro)<br>- Schwingungen (<5 mm nach Richtlinie ..)<br>- Temperaturbeständigkeit (bis zu 80 °C) |

**Abbildung 5-23: Gliederung der Produktmerkmale nach DIN 2330[376]**

Beschaffenheitsmerkmale werden unmittelbar vom Entwickler festgelegt und sind Merkmale, welche direkt am Produkt identifiziert werden können. Dies kann z.B. die Gestalt des Produktes in Form von Abmessung, Werkstoff, etc. sein. Auch die Rauigkeit oder die Farbe des Produktes sind Beschaffenheitsmerkmale. Beschaffenheitsmerkmale sind Ausgangspunkt sowohl für Funktions- als auch Relationsmerkmale. Diese resultieren mittelbar aus der Beschaffenheit eines Produktes.[377] Aus diesem Grund werden die letzten beiden Merkmalsarten auch „indirekte Merkmale“ genannt.[378] Mit den Funktionsmerkmalen wird der beabsichtigte Zweck des Produktes beschrieben. Dies kann bei einer Ausgleichskupplung zum

---

[373] vgl. Ehrlenspiel, K. (Integrierte Produktentwicklung), 2009, S. 28

[374] vgl. Lindemann, U. (Technische Produkte), 2009, S. 160

[375] vgl. Ehrlenspiel, K. (Integrierte Produktentwicklung), 2009, S. 28

[376] s. Ehrlenspiel, K. (Integrierte Produktentwicklung), 2009, S. 29; s. o.V. (DIN-Norm 2330), 1979

[377] vgl. Ehrlenspiel, K. (Integrierte Produktentwicklung), 2009, S. 28

[378] vgl. Lindemann, U. (Technische Produkte), 2009, S. 160

Beispiel eine maximale Drehmomentübertragung von 200 Nm sein. Relationsmerkmale, sind Eigenschaften, welche erst zum Tragen kommen, wenn das Produkt im Zusammenhang mit anderen Systemen betrachtet wird. Die Ausgleichkupplung soll beispielsweise eine Temperaturbeständigkeit bis zu 80 °C besitzen.[379]

### 5.2.1.2 Identifikation der Merkmale

Im ersten Teilschritt des Methodikbausteins D erfolgt die Identifikation der Merkmale, welche das Produkt hinreichend genau hinsichtlich seiner Anforderungen an das Werkzeug beschreiben. Ziel ist die Identifikation der Produktmerkmale, die einen Einfluss auf die Werkzeugkomplexität haben. Dementsprechend sind an dieser Stelle nur die Beschaffenheitsmerkmale des Produktes von Relevanz. Diese geometrische Beschaffenheit muss durch das Werkzeug erzeugt werden. Erst bei Inbetriebnahme des Produktes spielen die Funktions- und Relationsmerkmale eine Rolle, welche für die Untersuchung der Wechselwirkung zwischen Produkt und Werkzeug irrelevant sind und außerhalb der Systemgrenze der Methodik liegen.

Zur Identifikation der relevanten Beschaffenheitsmerkmale des Produktes werden zuerst alle geometrischen und stofflichen Eigenschaften des Produktes zusammengetragen. Hier dienen als Hilfestellung die in Abbildung 5-24 aufgeführten Beispiele. Für die spätere Verwendung der Produktmerkmale ist die Quantifizierbarkeit der Merkmale von elementarer Bedeutung. Der Fokus innerhalb dieser Methodik liegt auf metallischen Produkten, welche durch ein Folgeverbundwerkzeug hergestellt werden können (s. Abbildung 5-24).

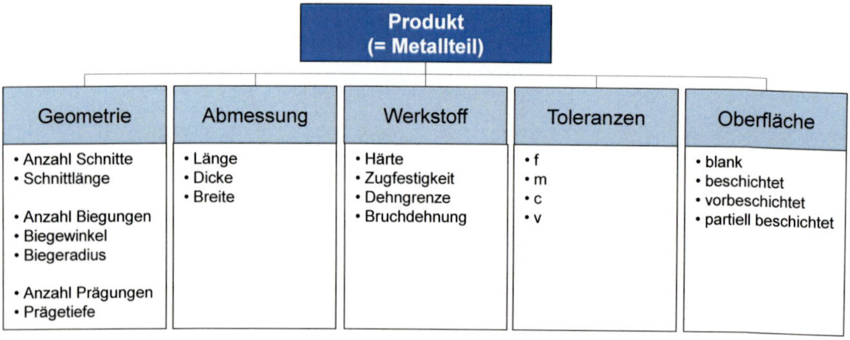


**Abbildung 5-24: Identifikation der Produktmerkmale**

Die Form bzw. die **Geometrie** eines Produktes ergibt sich aus den in einem Folgeverbundwerkzeug zu integrierenden formgebenden Operationen (Schneiden,

[379] vgl. Ehrlenspiel, K. (Integrierte Produktentwicklung), 2009, S. 28

Biegen, Prägen). Demzufolge ist die eindeutige Beschreibung der geometrischen Merkmale auch in die drei möglichen Operationen zu untergliedern. Diese Produktmerkmale der Gruppe Geometrie lauten somit: Anzahl der minimal notwendigen Schnitte, Gesamtschnittlänge, Anzahl der Biegungen an dem Produkt, Biegewinkel, Biegeradius, Anzahl der Prägungen und Prägetiefe. Durch diese sieben aufgeführten Merkmale ist das Produkt geometrisch hinreichend bzgl. der durch das Werkzeug vollzogenen Formgebung beschrieben.

Die **Abmessung** des Produktes kann durch die Merkmale Produktlänge, Produktdicke und Produktbreite beschrieben werden. Die Dicke des Produktes ist in der Regel durch die Wahl des Halbzeugs bestimmt. Die Breite des Produktes stellt maximal die Breite des Halbzeuges dar, kann jedoch durch Schneidoperationen innerhalb des Werkzeugs reduziert werden. Die Länge des Produktes wird innerhalb des Werkzeugs durch Schneidoperationen hergestellt.

Der **Werkstoff** des Produktes wird als Ausgangsmaterial (Halbzeug) dem Folgeverbundwerkzeug zugeführt. Dieser kann aus einer Vielzahl von Legierungen bestehen (z.B. Cu-, Fe-Legierungen). Beschränkt man sich auf die Legierung der für den Umformprozess kennzeichnenden Merkmale des Werkstoffes, sind diese: Härte, Zugfestigkeit, Dehngrenze und Bruchdehnung.

Den herzustellenden Produkten können und werden i.d.R. **Toleranzklassen** zugeordnet. Diese lassen sich nach ISO 2768 in folgende vier Klassen aufteilen: fein (f), mittel (m), grob (c) und sehr grob (v).

Neben dem Werkstoff stellt auch die **Oberfläche** des Produktes ein stoffliches Merkmal dar. Die Oberfläche des Ausgangsmaterials kann unbehandelt (blank) oder vorbeschichtet sein. Diese Vorbeschichtung kann entweder nur einen Teil des Halbzeugs betreffen (partielle Beschichtung) oder eine komplette Vorbeschichtung meinen. Des Weiteren besteht die Möglichkeit, dass das Produkt nach der Formgebung durch das Werkzeug z.B. zum Zweck des Korrosionsschutzes einer Beschichtung unterzogen wird.

Mit den in Abbildung 5-24 aufgeführten und erläuterten Beschaffenheitsmerkmalen der für diese Methodik relevanten Produktgruppe ist die Identifikation der Produktmerkmale vollständig. Diese werden im nächsten Schritt für die ausgewählten Daten der Stichprobe n ausgeprägt.

#### 5.2.1.3 Ausprägung der Merkmale

Nach der Identifikation der zur vollständigen Beschreibung eines Produktes (Metallteil) notwendigen Produktmerkmale folgt in diesem zweiten **Teilschritt D2** die Ausprägung dieser Merkmale. Hierfür werden die für die Fragestellung relevanten

Merkmale für die gewählte Datenbasis der Stichprobe n ausgeprägt. Relevanz haben diejenigen Produktmerkmale eines Metallteils, welche Einfluss auf die Werkzeugkomplexität haben.

Um den Aufwand der Datenbeschaffung einzugrenzen, werden die Merkmalskategorien und deren allgemeingültigen Merkmale unternehmensspezifisch bewertet und auf Relevanz für das Produktspektrum überprüft. Hierbei muss die Frage beantwortet werden, ob das Produktmerkmal einen Einfluss auf das Werkzeug hat. Ist dies nicht der Fall, wird das Merkmal für den unternehmensspezifischen Betrachtungsbereich der Stichprobe n nicht ausgeprägt. Dies sei an einem Beispiel verdeutlicht: Das durch ein Folgeverbundwerkzeug hergestellte Metallteil wird nach seiner Herstellung einer Oberflächenbehandlung unterzogen. An die Oberfläche des Metallteils wird im Vorfeld keine Bedingung gestellt. Für die Entwicklung des Folgeverbundwerkzeuges ist somit dieses Merkmal irrelevant und kann vernachlässigt werden. Die gleiche Vereinfachung gilt auch, wenn aufgrund eines sehr homogenen Produktspektrums ein Merkmal konstant bleibt. Wenn beispielsweise mit dem Folgeverbundwerkzeug durchgängig der gleiche Werkstoff verarbeitet wird, hat diese Kategorie keinen Einfluss auf die variierende Komplexität im Folgeverbundwerkzeug eines Unternehmens und kann somit auch vernachlässigt werden.

Nachdem die Frage nach der **Relevanz und der Variation der Merkmale** unternehmensspezifisch geklärt worden ist, werden die verbliebenen notwendigen Merkmale für die definierte Datenmenge der Stichprobe n ausgeprägt. Ergebnis ist, wie in Abbildung 5-25 beispielhaft dargestellt, eine Datensammlung, welche als Eingangsgröße für den Methodikbaustein „Klassenbildung“ dient.

| | Ausprägungen | | | | |
|---|---|---|---|---|---|
| | Zugfestigkeit [N/mm²] | Blechdicke [mm] | Anzahl Schnitte | Schnittlänge [mm] | Anzahl Biegungen |
| Produkt 1 | 410 | 0,5 | 1 | 139 | 0 |
| Produkt 2 | 410 | 0,8 | 1 | 45 | 0 |
| Produkt 3 | 650 | 0,8 | 3 | 174 | 3 |
| .... | 650 | 0,4 | 6 | 30 | 10 |
| .... | 650 | 1,0 | 1 | 120 | 1 |
| Produkt n-1 | 650 | 0,8 | 2 | 147 | 5 |
| Produkt n | 1300 | 0,8 | 1 | 69 | 3 |

**Abbildung 5-25: Ausprägung der Produktmerkmale (Beispiel)**

## 5.2.2 Methodikbaustein „Klassenbildung“

Nach der Identifikation und Ausprägung der das Werkzeug beeinflussenden Produktmerkmale werden diese Ausprägungen im folgenden Methodikbaustein **Klassenbildung** je Merkmal in Klassen zusammengefasst. Diese Einteilung der Ausprägungen in Klassen je Produktmerkmal dient der Reduktion der Komplexität und des Aufwandes für die darauf folgende Ermittlung der Wirkzusammenhänge zwischen Produktmerkmalen und der Werkzeugkomplexität. Innerhalb dieser Methodik wird die Annahme getroffen, dass sich die Auswirkung der Produktmerkmale auf die Werkzeugkomplexität in Wertebereichen (Klassen) abbilden lässt (s. Abbildung 5-26).

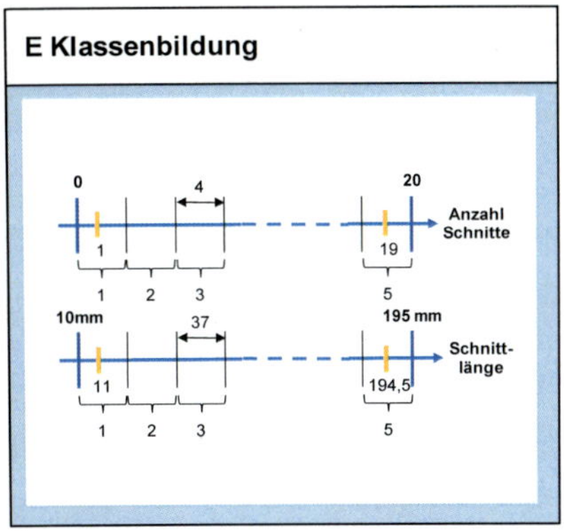


**Abbildung 5-26: Methodikbaustein „Klassenbildung“**

### 5.2.2.1 Grundlagen

Bei umfangreichen Stichproben mit zahlreichen unterschiedlichen Werten ordnet man die Werte zweckmäßigerweise in sog. Klassen. Hierfür werden die Stichproben aufsteigend sortiert und der kleinste und der größte Wert der Stichprobe bestimmt. Hierdurch wird das Intervall I definiert, innerhalb dessen alle Stichproben liegen. Es ist vorteilhaft, dass die Grenzen des Intervalls etwas größer als die reellen Grenzen der Stichproben sind. Anschließend wird das Intervall in möglichst gleich große Klasse, d.h. Klassen gleicher Breite, aufgeteilt[380] (s. Abbildung 5-27).

[380] s. Papula, L. (Mathematik), 2008, S. 473 f.

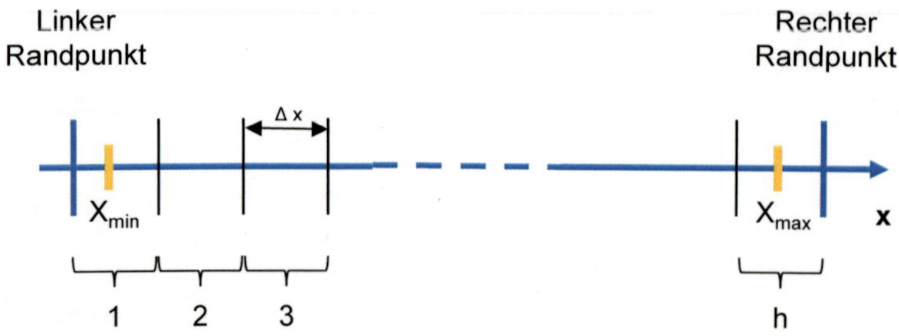


**Abbildung 5-27: Einteilung der Stichprobenwerte in Klassen gleicher Breite**[381]

Es sollte darauf geachtet werden, dass die Klassenmitte durch eine möglichst ganzzahlige Zahl charakterisiert wird. Zur Ermittlung der Anzahl h der Klassen bei n Stichproben gilt folgende Faustregel:[382]

$$h = \sqrt{n}$$

Bei einer Stichprobe mit n > 500 sollte die Anzahl der Klassen mit h ≤ 30 gewählt werden. Nach Definition der Klassen innerhalb der Stichprobe und den Klassengrenzen können die Stichprobenwerte den Klassen zugeordnet werden.

#### 5.2.2.2 Ermittlung der Klassenanzahl und -breite

Für die im Methodikbaustein „Produktmerkmale" definierten und für die Stichprobe n ausgeprägten Produktmerkmale wird in diesem Methodikbaustein pro Produktmerkmal eine Einteilung der Stichprobe in Klassen vorgenommen. Dies dient der Reduktion der Komplexität bei der späteren Bewertung der einzelnen Produktmerkmale auf die Werkzeugkomplexität unter der Annahme, dass die Auswirkungen innerhalb der definierten Klassen konstant sind.

Die **Anzahl h der Klassen** ist aufgrund der Faustregel aus dem vorhergehenden Unterkapitel durch die Größe der gewählten Stichprobe definiert. Die **Definition der Klassenbreite** erfolgt je Produktmerkmal. Die ausgeprägten Werte werden nach ihrer Größe sortiert und der minimalste und maximalste Wert ermittelt. Anschließend ist spezifisch je Merkmal zu unterscheiden, ob die Stichprobenwerte die Randpunkte des Intervalls bilden oder ob zur Erhaltung eines ganzzahligen Mittelwertes die Randpunkte außerhalb der reellen Stichprobenwerte gewählt werden. Sind die Randpunkte definiert, bildet die Differenz zwischen den beiden Randpunkten die Höhe des Intervalls I der Stichprobe. Das definierte Intervall wird durch die Anzahl k der Klassen geteilt. Ergebnis ist die Klassenbreite.

---

[381] s. Papula, L. (Mathematik), 2008, S. 474

[382] vgl. Papula, L. (Mathematik), 2008, S. 473 ff.

Dieses Vorgehen der Klassenbildung wird für jedes der definierten Produktmerkmale durchgeführt, sodass das Ergebnis dieses Methodikbausteins die Definition der Klassenanzahl und -breite pro Produktmerkmal darstellt. In Abbildung 5-28 ist dies exemplarisch für drei Produktmerkmale und eine Stichprobe von n = 25 Produkten mit einer resultierenden Klassenbreite von h = 5 schematisch dargestellt.

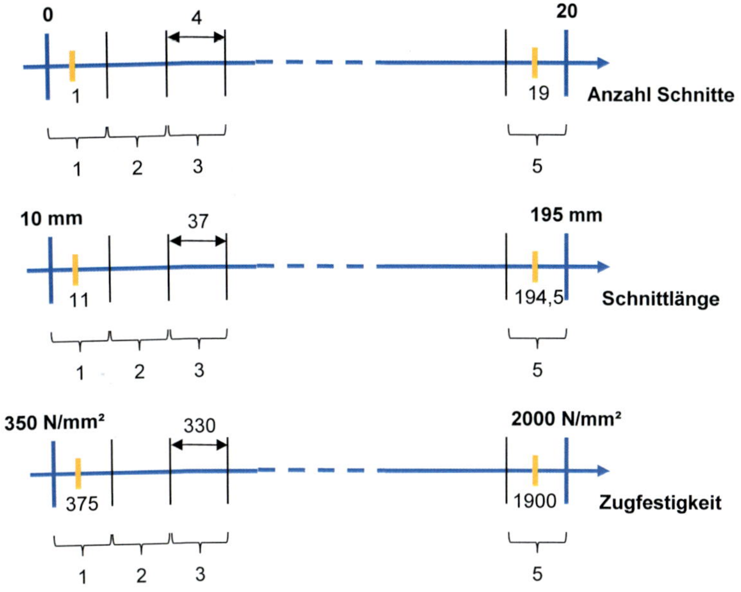


**Abbildung 5-28: Definition des Intervalls und der Klassenbreite (Beispiel)**

Ergebnis dieses Methodikbausteins ist die Zusammenfassung von möglichen Ausprägungen der Produktmerkmale in Klassen. Diese Klassen dienen als Eingangsgröße für den letzten Methodikbaustein der Partialmethode „Produkt". Anhand dieser Klassen wird der Wirkzusammenhang zwischen den Ausprägungsklassen der Merkmale und der Werkzeugkomplexität qualitativ bewertet.

### 5.2.3 Methodikbaustein „Wirkzusammenhang"

In dem letzten Methodikbaustein der Partialmethode „Produkt" wird die Verknüpfung der Auswirkungen der unterschiedlichen Ausprägungen der Produktmerkmale auf die Werkzeugkomplexität hergestellt. Nachdem das Ergebnis der Partialmethode „Werkzeug" die Beschreibung des Wirkzusammenhangs zwischen Werkzeugkomplexität und Komplexitätskosten ist, stellt das Ergebnis der Partialmethode „Produkt" die Ermittlung des Wirkzusammenhangs zwischen Werkzeugkomplexität und den Produktmerkmalen dar. Hierfür werden im ersten

Teilschritt die Wirkzusammenhänge zwischen Produktmerkmalen und den Komplexitätstreibern des Werkzeugs unternehmensspezifisch identifiziert (F1) und im darauffolgenden zweiten Teilschritt diese identifizierten Wirkzusammenhänge im Hinblick auf den Grad der Auswirkung gewichtet (F2) (s. Abbildung 5-29).

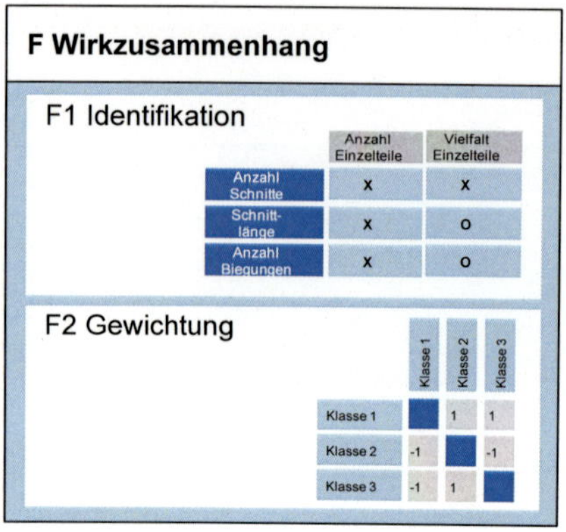


**Abbildung 5-29: Methodikbaustein „Wirkzusammenhang“**

Im folgenden Kapitel 5.2.3.1 werden die zur Gewichtung der Kriterien benötigten Grundlagen erläutert.

### 5.2.3.1 Grundlagen

Wenn eine Bewertung von unterschiedlichen Eigenschaften eines Systems vollzogen werden muss, ist es sinnvoll, eine systematische Bewertungsmethode anzuwenden. Diese dient der Schaffung einer möglichst objektiven Entscheidungsgrundlage, um mögliche Fehlentscheidungen bei der Bewertung zu vermeiden.[383] Wenn Eigenschaften nicht quantitativ, sondern nur qualitativ bewertbar sind und/oder die Ausprägung der zu untersuchenden Eigenschaft einen zumeist subjektiven Charakter aufweist, bietet sich eine Gewichtung der Eigenschaften untereinander mit dem Paarweisen Vergleich an. Der Paarweise Vergleich dient der einfachen Bewertung von unterschiedlichen Alternativen und deren Vergleich. Durch diese Methode kann eine Rangfolge der Eigenschaften bzgl. eines Kriteriums aufgestellt werden. Diese Methode wird im Gegensatz zur Skalierung von Objekten dort eingesetzt, wo eine rein quantitative Rangfolgenbildung nicht möglich ist.[384]

Hierfür stellt man als erstes die zu vergleichenden Objekte in einer Matrix gegenüber. Jedes Objekt der Matrix wird direkt mit jedem anderen Objekt verglichen. Für den Vergleich der Alternativen werden die Aussagen „weniger wichtig“, „gleich wichtig“

[383] vgl. Lindemann, U. (Technische Produkte), 2009, S. 179

[384] vgl. Lindemann, U. (Technische Produkte), 2009, S. 289

und „wichtiger“ bzgl. der zu erfüllenden Aufgabenstellung getroffen. Die Ergebnisse werden quantitativ in Form von Punkten ausgedrückt (-1 = weniger wichtig; 0 = gleich wichtig; 1 = wichtiger). Es ist somit die Frage zu beantworten, ob das Kriterium 1 wichtiger, gleich wichtig oder weniger wichtig als das Kriterium 2 in der Spalte ist. Anschließend werden die Werte pro Kriterium zu einer Summe addiert und normiert, sodass der geringste Wert nicht negativ ist.[385] Wichtig ist zu beachten, dass die Werte entlang der 45°-Achse der Matrix gespiegelt und mit (-1) multipliziert werden. Wenn das Kriterium 1 wichtiger ist als das Kriterium 2, ist in der nachfolgenden Zeile das Kriterium 2 weniger wichtig als das Kriterium 1 (s. Abbildung 5-30).

| | Kriterium x ist .... als Kriterium y | Kriterium x: Kriterium 1 | Kriterium 2 | Kriterium 3 | Kriterium 4 | Summe | Normierung |
|---|---|---|---|---|---|---|---|
| Kriterium x | Kriterium 1 | | 1 | 1 | 0 | **2** | **5** |
| | Kriterium 2 | -1 | | -1 | -1 | **-3** | **0** |
| | Kriterium 3 | -1 | 1 | | 1 | **1** | **4** |
| | Kriterium 4 | 0 | 1 | -1 | | **0** | **3** |

-1: weniger wichtig; 0: gleich wichtig; 1: wichtiger

**Abbildung 5-30: Paarweiser Vergleich**

Durch den Paarweisen Vergleich können Widersprüche in der subjektiven Wahrnehmung aufgelöst werden[386]

5.2.3.2 Identifikation der Wirkzusammenhänge

Der erste Schritt des Methodikbausteins ist die qualitative Ermittlung von Wirkzusammenhängen zwischen den Produktmerkmalen und den Komplexitätstreibern der Werkzeugkomplexität. In den beiden vorangegangenen Methodikbausteinen sind die Produktmerkmale identifiziert, für die Stichprobe n

---

[385] vgl. Lindemann, U. (Technische Produkte), 2009, S. 289

[386] vgl. Lindemann, U. (Technische Produkte), 2009, S. 289

ausgeprägt und in Ausprägungsklassen je Produktmerkmal zusammengefasst worden. In diesem ersten Teilschritt F1 werden mögliche Beeinflussungen der Produktmerkmale auf die Werkzeugkomplexität ermittelt.

Aufgrund der unternehmensspezifischen Werkzeugvorlagen und -konzepte ist dieser Bestandteil der Methodik abhängig von dem Wissen der in der Praxis konstruierenden Experten. An dieser Stelle bietet es sich an, die grundlegende Definition, ob eine Beeinflussung je Produktmerkmale auf die vier Komplexitätstreiber vorliegt, mithilfe von Experteninterviews zu ermitteln. Dieser Schritt dient zur Eingrenzung der im Weiteren zu betrachtenden Produktmerkmale. Da jede Ausprägungsklasse je Produktmerkmal in Bezug auf jeden der vier Komplexitätstreiber im Folgenden mithilfe eines Paarweisen Vergleichs bewertet werden muss, sollte sich hier aufgrund der Forderung nach Praktikabilität in der Praxis auf die relevanten Produktmerkmale beschränkt werden.

Folgende Fragen sind im Rahmen des Experteninterviews pro identifiziertes Produktmerkmal zu beantworten. Besteht eine Wahrscheinlichkeit der Beeinflussung, wird an der Stelle in der Tabelle ein X gesetzt:

- Wird durch das Produktmerkmal Y (z.B. Anzahl Schnitte) die **Anzahl der Einzelteile** in einem Werkzeug grundsätzlich beeinflusst?

- Wird durch das Produktmerkmal Y (z.B. Anzahl Schnitte) die **Vielfalt der Einzelteile** in einem Werkzeug grundsätzlich beeinflusst?

- Wird durch das Produktmerkmal Y (z.B. Anzahl Schnitte) die **Anzahl der Wirkpaare** in einem Werkzeug grundsätzlich beeinflusst?

- Wird durch das Produktmerkmal Y (z.B. Anzahl Schnitte) die **Vielfalt der Wirkpaare** in einem Werkzeug grundsätzlich beeinflusst?

In Abbildung 5-31 ist beispielhaft erkennbar, dass der Biegewinkel des Produktes keinen Einfluss auf die Anzahl und Vielfalt der Einzelteile und Wirkpaare in dem zur Herstellung des Biegewinkels benötigten Werkzeug hat. Somit würde das Produktmerkmal „Biegewinkel“ in diesem Beispiel in den folgenden Schritten keine weitere Beachtung erhalten.

| Y beeinflusst X | Komplexitätstreiber | | | |
|---|---|---|---|---|
| | Anzahl Einzelteile | Vielfalt Einzelteile | Anzahl Wirkpaare | Vielfalt Wirkpaare |
| Anzahl Schnitte | X | X | X | X |
| Schnittlänge | X | O | O | O |
| Anzahl Biegungen | X | O | X | O |
| Biegewinkel | O | O | O | O |
| Anzahl Prägungen | X | X | X | O |
| Prägetiefe | X | O | X | O |
| .... | O | O | O | O |
| Dicke | X | O | X | O |
| Zugfestigkeit | X | X | X | O |

X: Beeinflussung vorhanden; O: keine Beeinflussung vorhanden

**Abbildung 5-31: Identifikation der Wirkzusammenhänge (Beispiel)**

Ergebnis des ersten Schrittes des Methodikbausteins „Wirkzusammenhang“ ist eine qualitative Bewertung der Existenz von Wirkzusammenhängen zwischen einzelnen Produktmerkmalen und Komplexitätstreibern. Dies dient zur Einschränkung des Untersuchungsbereichs.

### 5.2.3.3 Gewichtung der Wirkzusammenhänge

Nachdem eine grundsätzliche Überprüfung von Wirkzusammenhängen zwischen den einzelnen Produktmerkmalen und den Komplexitätstreibern eines Werkzeugs vorliegt, wird in diesem **Teilschritt F2** die Güte des Wirkzusammenhangs analysiert, mittels Paarweisen Vergleich gewichtet und bewertet. Dieser Teilschritt dient zur finalen Bestimmung, welche Ausprägung je Produktmerkmal welche Auswirkungen auf die Komplexität eines Folgeverbundwerkzeugs hat.

Eingangsgrößen dieses Schrittes sind die für die Wirkzusammenhänge relevanten Produktmerkmale (s. Kapitel 5.2.1) und die Ausprägung der Klassen pro Produktmerkmal (s. Kapitel 5.2.2) aus dem vorangegangenen Methodikbaustein. Ziel ist es, mittels des Paarweisen Vergleichs eine Gewichtung der Stärke des Wirkzusammenhangs zwischen den Ausprägungen der Produktmerkmale und den Komplexitätstreibern der Werkzeugkomplexität zu erhalten (s. Abbildung 5-32).

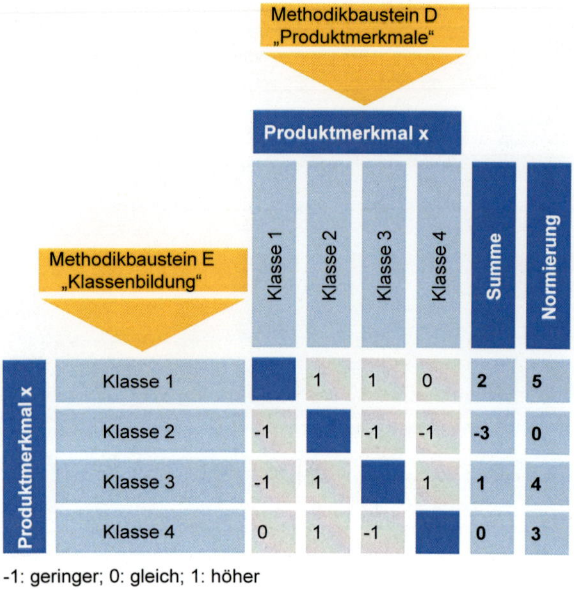


**Abbildung 5-32: Eingangsgrößen Methodikbaustein „Wirkzusammenhang“**

Wie bereits aus der ersten Partialmethode bekannt, ist auch hier eine allgemeine, unternehmensspezifische Bewertung der Einflussnahme notwendig, bevor die konkreten Werte für die Stichprobe n ermittelt werden können. Es ist für eine ganzheitliche Gewichtung der Wirkzusammenhänge zwischen den Produktmerkmalen und den Komplexitätstreibern notwendig, den Paarweisen Vergleich pro Merkmal und Komplexitätstreiber durchzuführen. Dies bedeutet, dass bei n identifizierten Produktmerkmalen und vier definierten Komplexitätstreibern eine Anzahl an Paarweisen Vergleichen von (n x 4) vorliegt. Hierbei sind nur die Komplexitätstreiber zu berücksichtigen, auf welche eine generelle Beeinflussung durch das jeweilige Produktmerkmal im vorigen Teilschritt F1 (s. Kapitel 5.2.3.2) festgestellt worden ist. Dieser Initialaufwand innerhalb eines Unternehmens ist notwendig, um eine Bewertungsgrundlage für die folgende Untersuchung der Stichprobe n zu erhalten (s. Abbildung 5-33).

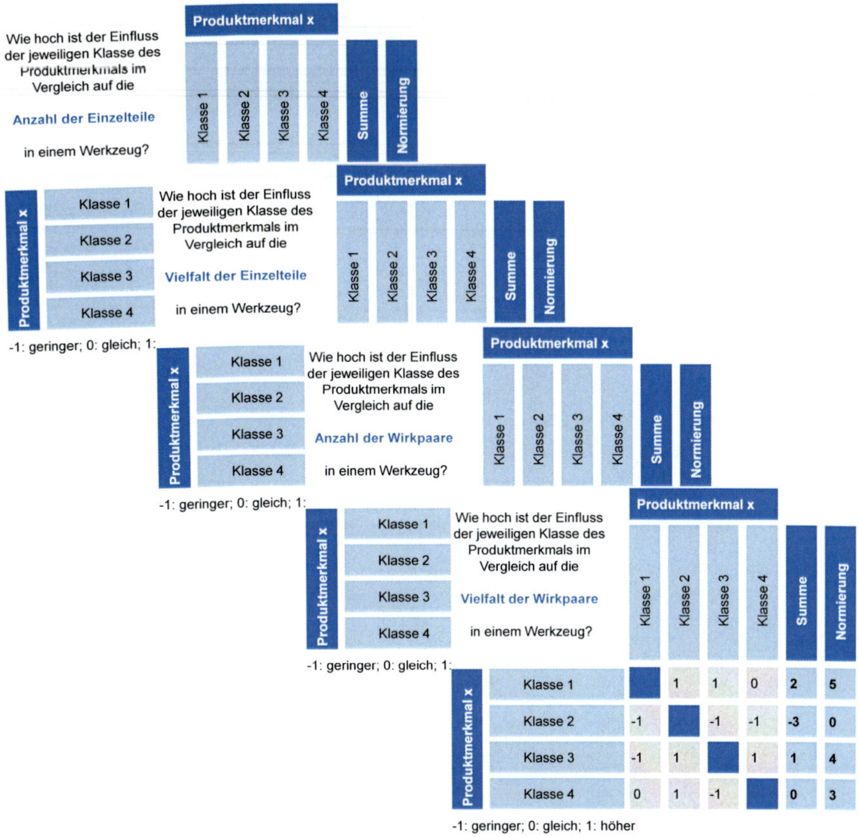


**Abbildung 5-33: Übersicht der vier Paarweisen Vergleiche eines Produktmerkmals**

Nachdem für jeden Komplexitätstreiber die Gewichtung je Ausprägungsklasse eines relevanten Produktmerkmals vorgenommen worden ist, stellt das Ergebnis eine qualitative, unternehmensspezifische Bewertung der Wirkzusammenhänge zwischen den jeweiligen ausgeprägten Produktmerkmalen und den einzelnen Komplexitätstreibern des Werkzeugs dar. Nach der einmaligen unternehmensspezifischen Bewertung der Einflüsse der Ausprägungsklassen je Produktmerkmal, kann für folgende Produkte unmittelbar die jeweilige Ausprägungsklasse ausgewählt werden. Die Gewichtung des Einflusses auf die Werkzeugkomplexität kann abgelesen werden. Nachdem dies für alle bei dem Produkt relevanten Merkmale vollzogen worden ist, wird die Summe der Einflüsse der Produktmerkmale auf die Komplexität je Komplexitätstreiber gebildet. Das

Ergebnis ist eine Gewichtung der Beeinflussung der Komplexitätstreiber durch die Produktmerkmale.

Nach der für ein Unternehmen gültigen Bewertung der Einflüsse der Produktmerkmale auf die Werkzeugkomplexität erfolgt die Bestimmung der Einflüsse für die Stichprobe n. Für jedes der n Produkte wird je Produktmerkmal zuerst die relevante Produktmerkmalsklasse gewählt (1). Anschließend werden die Zahlenwerte der Gewichtung im Paarweisen Vergleich für jeden Komplexitätstreiber ermittelt (2) und anschließend die Summe der Gewichtungen je Komplexitätstreiber bestimmt (3). Das Ergebnis ist eine qualitative, gewichtete Bewertung des Einflusses der Produktmerkmale auf die Komplexitätstreiber.

Die Vorgehensweise ist beispielhaft in Abbildung 5-34 dargestellt. In diesem Beispiel hat die Ausprägung Klasse 2 des Produktmerkmals A keinen Einfluss auf die Vielfalt der Einzelteile. Dahingegen wird die Anzahl der Einzelteile durch dieses ausgeprägte Produktmerkmal am stärksten beeinflusst.

1. Wahl der relevanten Produktmerkmalsklasse

2. Gewichtung aus Paarweisen Vergleich

3. Summenbildung je Komplexitätstreiber

| | | Komplexitätstreiber | | | |
|---|---|---|---|---|---|
| | | Anzahl Einzelteile | Vielfalt Einzelteile | Anzahl Wirkpaare | Vielfalt Wirkpaare |
| Produktmerkmal A | Klasse 1 | 0 | 1 | 4 | 0 |
| | Klasse 2 | 3 | 0 | 2 | 1 |
| | Klasse 3 | 0 | 0 | 5 | 2 |
| | Klasse 4 | 0 | 1 | 1 | 3 |
| Produktmerkmal B | Klasse 1 | 1 | 1 | 1 | 0 |
| | Klasse 2 | 2 | 0 | 3 | 2 |
| | Klasse 3 | 4 | 5 | 2 | 1 |
| | Klasse 4 | 0 | 3 | 0 | 3 |
| Produktmerkmal C | Klasse 1 | 4 | 1 | 1 | 0 |
| | Klasse 2 | 0 | 3 | 2 | 1 |
| | Klasse 3 | 2 | 2 | 3 | 2 |
| | Klasse 4 | 1 | 0 | 0 | 3 |
| Summe (Produkt – Werkzeug) | | 7 | 4 | 3 | 4 |

**Abbildung 5-34: Ergebnis der Partialmethode „Produkt“ (Beispiel)**

Durch die systematische Auswahl, Zusammenfassung in Klassen und Bewertung der relevanten Produktmerkmale und deren Ausprägungen kann mithilfe der zweiten

Partialmethode ein qualitativer Zusammenhang zwischen den Produktmerkmalen und der Werkzeugkomplexität in Form der vier Komplexitätstreiber ermittelt werden. Nach der Ermittlung des funktionalen Zusammenhangs zwischen den Komplexitätskosten und der Komplexität eines Folgeverbundwerkzeugs in der ersten Partialmethode leistet das Ergebnis dieser Partialmethode den zweiten Bestandteil, die kausale, qualitative und Wertschöpfung übergreifende Verknüpfung zwischen Produktmerkmalen und deren Auswirkungen auf die Werkzeugkomplexität. Hierbei wird durch die Methode des Paarweisen Vergleichs eine gewichtete Bewertung der Einflüsse der Produktmerkmale je Komplexitätstreiber möglich.

Die Ergebnisse der beiden Partialmethoden werden im letzten Schritt der Methodik miteinander verknüpft, um eine ganzheitliche Aussage zu den komplexitätskostenrelevanten Ursache-Wirkungs-Beziehungen im Werkzeug treffen zu können.

## 5.3 Komplexitätskosten und Produktmerkmale

Innerhalb der letzten Partialmethode werden nun die in den Partialmethoden „Werkzeug" und „Produkt" ermittelten Wirkzusammenhänge zusammengeführt. Ziel ist die Bestimmung einer komplexitätskostenrelevanten Ursache-Wirkungsbeziehung im Herstellungsprozess eines Werkzeugs. Die Auswirkungen der Produktmerkmale auf die Komplexitätskosten eines Werkzeuges sollen durch die Verknüpfung der beiden Partialmethoden transparent werden.

Die Verknüpfung der beiden Partialmethoden erfolgt durch die Berücksichtigung der qualitativen Gewichtungen der Produktmerkmale in den entsprechenden Funktionsbausteinen der allgemeinen, unternehmensspezifischen Komplexitätskostenfunktion k. Die Gewichtung der Einflüsse der Produktmerkmale wird normiert, d.h. die Summe aller Gewichtungen muss Eins ergeben. Eine Normierung ist für die Funktionserfüllung notwendig, da das Endergebnis (allgemeine, unternehmensspezifische Komplexitätskostenfunktion) nicht beeinträchtigt werden soll. Diese Gewichtung wird zu den schon bestehenden Koeffizienten der Komplexitätskostenfunktion addiert. Hierdurch wird in der Komplexitätskostenfunktion die Beeinflussung durch die Produktmerkmale deutlich. Dies kann sowohl zur Ermittlung der Komplexitätskosten eines Werkzeugs als auch zur präventiven Komplexitätsreduktion in der Konzeptphase des Produktes dienen (s. Abbildung 5-35).

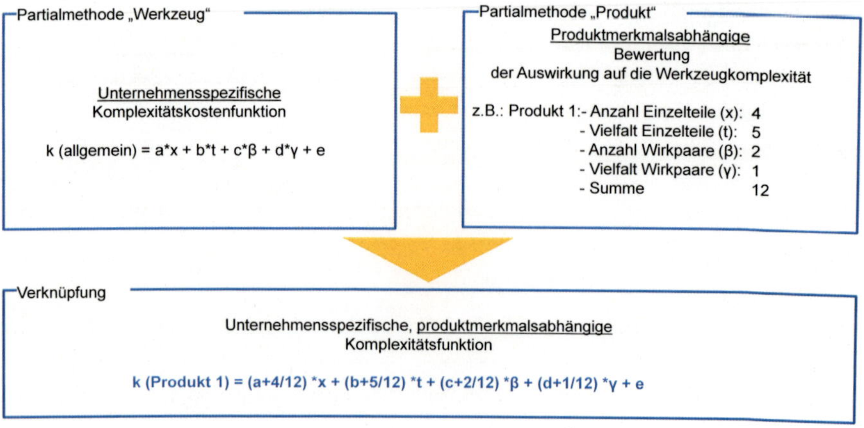


**Abbildung 5-35: Verknüpfung der Partialmethoden**

Durch die kausale Verknüpfung der Wirkbeziehung zwischen Komplexitätskosten und Werkzeugkomplexität und der Wirkbeziehung zwischen Produktmerkmalen und Werkzeugkomplexität besteht die Möglichkeit, direkt die Auswirkungen der Produktgeometrie und -beschaffenheit auf die während der Werkzeugerstellung anfallenden Komplexitätskosten qualitativ zu bewerten.

## 5.4 Zwischenfazit

Die einzelnen Bausteine der Methodik zur Bestimmung der komplexitätskostenrelevanten Ursache-Wirkungs-Beziehungen sind in den vorangegangenen Kapiteln 4 und 5 detailliert beschrieben worden. Die Methodik ist in zwei Partialmethoden mit jeweils drei Methodikbausteinen unterteilt. Die Partialmethoden werden abschließend miteinander verknüpft und bilden so die Grundlage der Gesamtmethodik (s. Abbildung 5-36).

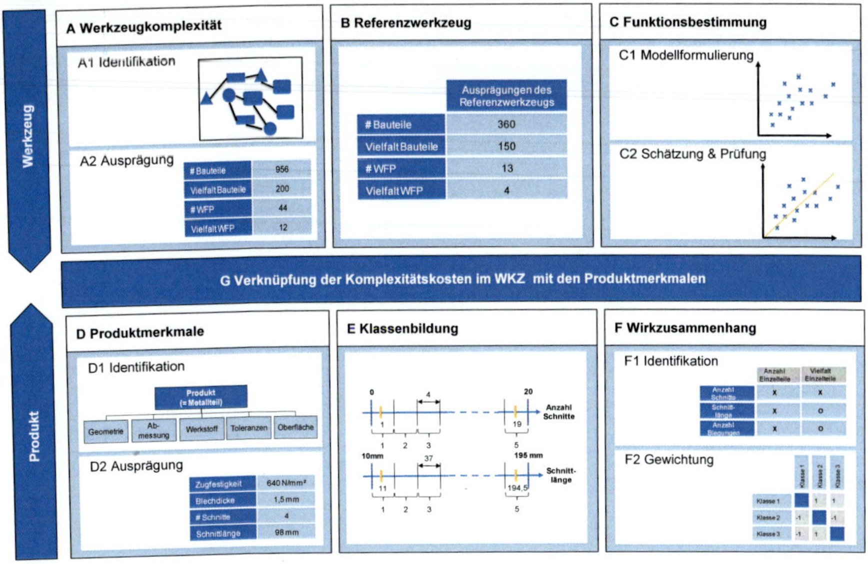


**Abbildung 5-36: Methodik zur Bestimmung der komplexitätskostenrelevanten Ursache-Wirkungs-Beziehungen im Werkzeugbau**

Im **Methodikbaustein A** ist es das Ziel, die Werkzeugkomplexität zu definieren. Hierfür werden ausgehend von der allgemeinen Definition der Komplexität die Komplexitätstreiber eines Werkzeugs identifiziert. Diese lauten:

- Anzahl der Einzelteile,
- Vielfalt der Einzelteile,
- Anzahl der Wirkpaare und
- Vielfalt der Wirkpaare.

Das Ergebnis dieses ersten Schrittes des Methodikbausteins ist unternehmensunabhängig. Anschließend werden für eine gewählte Stichprobe n die Komplexitätstreiber je Werkzeug ausgeprägt. Das Ergebnis ist unternehmens- und werkzeugspezifisch. Die Ausprägung der Komplexitätstreiber wird für die spätere Funktionsnäherung benötigt.

Innerhalb des **Methodikbausteins B** wird ein Referenzwerkzeug für die Funktionsnäherung definiert. Das Referenzwerkzeug stellt ein fiktives Werkzeug dar, welches eine minimale Komplexität aufweist. Dieses Referenzwerkzeug besitzt in diesem Modell keine Komplexitätskosten. In der Praxis ist es nicht möglich, den Komplexitätskostenanteil innerhalb der Herstellkosten eines Werkzeugs zu identifizieren. Mithilfe des Referenzwerkzeuges können die Komplexitätskosten je Werkzeug der Stichprobe n ermittelt werden.

Diese Komplexitätskosten je Werkzeug sind die zweite Eingangsgröße für den dritten **Methodikbaustein C**. Ergebnis des dritten Methodikbausteins ist ein funktionaler Zusammenhang zwischen den Komplexitätstreibern und den Komplexitätskosten. Die Funktionsnäherung erfolgt mit der Methode der kleinsten Fehlerquadrate. Die Komplexitätskostenfunktion ist unternehmens-, aber nicht werkzeugspezifisch. Diese dient nach der einmaligen Ermittlung als Hilfestellung für die Werkzeugkonzeption, um frühzeitig einer steigenden Werkzeugkomplexität entgegenwirken zu können.

Im **Methodikbaustein D** der zweiten Partialmethode werden zuerst die zur vollständigen Beschreibung eines Produktes notwendigen Merkmale identifiziert. Dieser Teilschritt ist unternehmensunabhängig. Nach der Identifikation der relevanten Merkmale erfolgt unternehmens- und produktspezifisch die Ausprägung der Merkmale für die gewählte Stichprobe n. Ergebnis ist eine vollständige Beschreibung der Produkte durch die Merkmalsausprägung.

Als Eingangsgröße des **Methodikbausteins E** dienen die ausgeprägten Merkmale. Innerhalb dieses Bausteins werden die einzelnen numerischen Ausprägungen der Produktmerkmale in Klassen zusammengefasst. Dies dient der Vereinfachung und Nutzbarkeit der Ergebnisse für zukünftige Analysen. Diese Merkmalsklassen können unternehmensspezifisch sein, jedoch nicht produktspezifisch.

Die gebildeten Klassen und produktspezifische Ausprägung der Merkmale sind die Eingangsgrößen für den **Methodikbaustein F**. Hier wird mittels Paarweisen Vergleichs eine Bewertung des spezifischen Produktes inkl. seiner Merkmalsausprägungen vorgenommen. Ergebnis ist eine produktmerkmalsabhängige Bewertung der Beeinflussung auf die Werkzeugkomplexität. Daher ist dieser Schritt produktspezifisch.

Durch die **Verknüpfung** der unternehmensspezifischen, werkzeugunabhängigen Komplexitätsfunktion mit der produktmerkmalsabhängigen Bewertung der Auswirkung auf die Werkzeugkomplexität ist eine ganzheitliche und systematische Methodik zur Bestimmung der komplexitätskostenrelevanten Ursache-Wirkungs-Beziehungen im Werkzeugbau entwickelt worden.

Durch die Zusammenhänge und Schnittstellen der Methodik wird gezeigt, dass ein kausaler Zusammenhang zwischen den Komplexitätskosten eines Werkzeugs und den Merkmalen eines Produktes durch die Anwendung aller Methodikbausteine ermittelt werden kann. Somit steht mit der vorliegenden Methodik erstmalig ein ganzheitliches und anwendungsorientiertes Hilfsmittel bereit, um einem Werkzeugbau die Auswirkungen geforderter Produktmerkmale auf den Komplexitätskostenanteil der Herstellkosten eines Werkzeugs transparent aufzeigen zu können.

# 6 Fallbeispiel und kritische Reflexion

## 6.1 Fallbeispiel: Phoenix Feinbau GmbH & Co. KG

### 6.1.1 Unternehmenssituation

Die Phoenix Feinbau GmbH & Co. KG ist ein metallverarbeitender Betrieb mit ca. 700 Mitarbeitern bei ca. 120 Millionen Euro Umsatz und Sitz in Lüdenscheid. Als Mitglied der Phoenix Contact-Gruppe bündelt das Unternehmen Kompetenzen in den Bereichen Werkzeugbau, Stanzteilfertigung, Oberflächentechnik und der Montage mit Spritzgießfertigung. Die Phoenix Contact Gruppe mit Hauptsitz in Blomberg ist ein familiengeführtes Unternehmen mit weltweit 14.000 Mitarbeitern und ca. 1,77 Milliarden Euro Umsatz. [387] Phoenix Contact ist führend auf den Gebieten der elektrischen Verbindungs- und elektronischen Interfacetechnik sowie der industriellen Automatisierungstechnik.

Betrachtungsgegenstand dieser Arbeit ist der interne Werkzeugbau der Phoenix Feinbau GmbH & Co. KG. Mit ca. 140 Mitarbeitern umfasst der Werkzeugbau neben der klassischen Werkzeugerstellung auch Vertrieb, Projektmanagement und Technologieentwicklung. Ziel ist die ganzheitliche Entwicklung und serienreife Inbetriebnahme der gesamten Prozesse zur Herstellung von Stanz- und Stanzbiegeteilen. Der Werkzeugbau fertigt ausschließlich Werkzeuge für die Phoenix Contact Gruppe und ist somit ein interner Werkzeugbau. 2014 sind innerhalb des Werkzeugbaus 65 Neu-Werkzeuge realisiert worden. Neben 23 Folgeverbundwerkzeugen waren dies Stanz-Biege- und Montagewerkzeuge.

### 6.1.2 Anwendung der Methodik

Die siebenstufige Methodik zur Ermittlung der komplexitätskostenrelevanten Ursache-Wirkungs-Beziehungen im Werkzeugbau wurde im internen Werkzeugbau von Phoenix Feinbau angewendet. Im Folgenden wird die Anwendung der Methodik beschrieben. Die dabei auftretenden Zahlenwerte sind zur Sicherung des unternehmensspezifischen Wissens normiert worden (s. Abbildung 6-1).

[387] vgl. https://www.phoenixcontact.com/online/portal/de?1dmy&urile=wcm%3apath%3adede/web/corporate/company/subcategory_pages/Who_we_are/83fba522-d20b-4b82-a027-00e1b2501a2a (Stand: 21.07.2015)

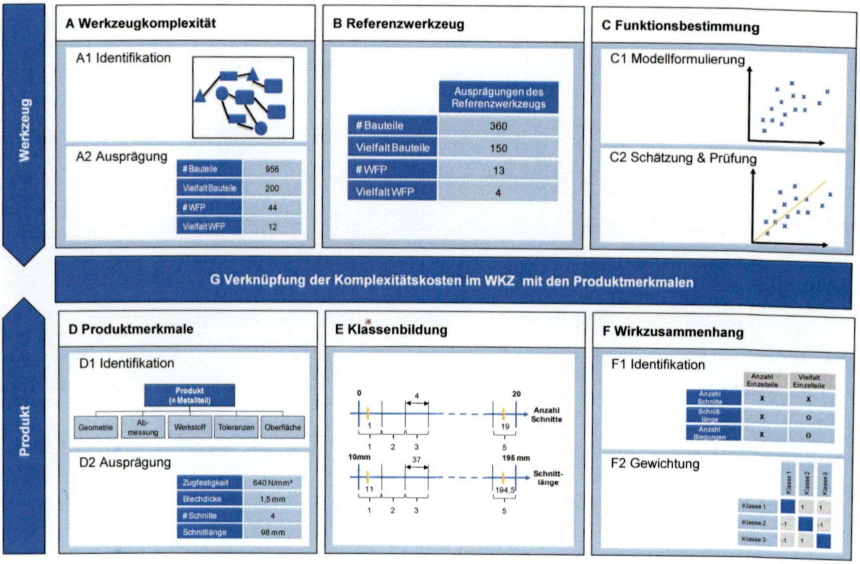


**Abbildung 6-1: Methodik**

### 6.1.2.1 Partialmethode Werkzeug

Die Partialmethode Werkzeug ist in drei Teilschritte unterteilt. Zuerst wurde die Definition der Komplexitätstreiber auf deren Anwendung innerhalb des Unternehmens überprüft. Die Übertragung der allgemeinen Definition des Komplexitätsbegriffs (vgl. Kapitel 2.1.1) funktioniert in dem Fallbeispiel. Die Elemente sind die Einzelteile und die Schnittstellen der Wirkflächenpaare innerhalb eines Werkzeugs. Schritt A1 ist somit beendet. Der weitaus aufwendigere Schritt war die **Ausprägung der Komplexitätstreiber** (Anzahl und Vielfalt der Einzelteile und deren Wirkflächenpaare). Die Auswahl der n Werkzeuge, welche die Datengrundlage für die Funktionsnäherung bilden, ist auf Basis der Jahresmenge an Folgeverbundwerkzeugen innerhalb des Werkzeugbaus getroffen worden. Die Auswahl von 23 Folgeverbundwerkzeugen hat folgende Vorteile:

- Über den Betrachtungszeitraum von einem Geschäftsjahr liegt ein konstanter Stundensatz vor, sodass die Werkzeuge bzgl. der Herstellkosten vergleichbar sind

- Die Wahrscheinlichkeit, dass nur Werkzeuge eines Konstrukteurs betrachtet werden, ist sehr gering

- Die Datenmenge scheint für die Lösung des Gleichungssystems ausreichend groß

Die Ermittlung der Anzahl und Vielfalt der Einzelteile je Folgeverbundwerkzeug stellte sich als sehr aufwandsarm heraus. Hierfür sind die vorhandenen Stücklisten zu Hilfe genommen worden. Die reine Anzahl an Bauteilen konnte summiert werden und die Vielfalt der Einzelteile ergab sich aus der Anzahl an Positionen innerhalb der Stückliste. Dagegen ist die Ermittlung der Anzahl und Vielfalt an Wirkpaaren innerhalb eines Folgeverbundwerkzeuges deutlich zeitintensiver. Hier muss mithilfe des 3D Modells des Folgeverbundwerkzeuges die Anzahl der Wirkpaare gezählt werden. Es empfiehlt sich pro formverändernder Station die Anzahl und Vielfalt der Wirkpaare Schritt für Schritt aufzunehmen, zu dokumentieren und abschließend zu summieren.

Nach der Ermittlung der einzelnen Zahlenwerte je Werkzeug werden auch die reellen Herstellkosten der 23 Werkzeuge aufgenommen. Ergebnis des Teilschritts A2 ist die unternehmensspezifische Ausprägung einer definierten Datenmenge von n Werkzeugen mit Herstellkosten und den vier Komplexitätstreibern (s. Abbildung 6-2).

| | Ausprägungen | | | | |
|---|---|---|---|---|---|
| | Anzahl Einzelteile | Vielfalt Einzelteile | Anzahl Wirkpaare | Vielfalt Wirkpaare | Kosten [€] |
| Werkzeug 1 | 1.558 | 302 | 549 | 19 | 146.476 |
| Werkzeug 2 | 1.639 | 316 | 404 | 19 | 136.796 |
| Werkzeug 3 | 1.341 | 217 | 278 | 18 | 107.325 |
| Werkzeug 4 | 1.144 | 333 | 326 | 21 | 106.234 |
| Werkzeug 5 | 1.553 | 284 | 275 | 13 | 105.019 |
| .... | ... | ... | ... | ... | ... |
| | ... | ... | ... | ... | ... |
| Werkzeug 22 | 201 | 84 | 8 | 2 | 21.952 |
| Werkzeug 23 | 85 | 43 | 14 | 2 | 17.003 |

**Abbildung 6-2: Ausprägung der Komplexitätstreiber (Teilschritt A)**

Die Entwicklung eines **Referenzwerkzeuges** zur Ermittlung der minimal vorherrschenden Komplexität bei der Durchführung der vier Grundoperationen (Schneiden, Prägen, Biegen, Richten) innerhalb eines Unternehmens ist Teilschritt B innerhalb der Methodik. Hierbei ist die Aufgabe eines Konstrukteurs ein Folgeverbundwerkzeug zu entwickeln, welches die vier Operationen an einem Demonstrator durchführt. Zielgröße hierbei ist die minimalste Ausprägung der

Komplexitätstreiber. D.h. so wenig Bauteile und Wirkpaare wie möglich in dem Modell zu erzeugen. Weitere Anforderungen an ein serientaugliches Werkzeug, wie z.B. geringer Verschleiß, hohe Lebensdauer, schnelles Rüsten, etc., werden bei dem Referenzwerkzeug nicht berücksichtigt. Im Rahmen der Konzeption des Referenzwerkzeugs stellte sich heraus, dass zwei Schneidstationen zur Erzeugung eines maßhaltigen Produktes notwendig sind. Dies liegt an der geforderten Prägung. Für das Einbringen einer Prägung muss zuerst vorgeschnitten werden, damit das durch die Prägung verdrängte Material fließen kann. Zur Erzeugung einer maßhaltigen Kontur muss anschließend das überschüssige Material mittels zweiter Schneidstation abgetrennt werden (s. Abbildung 6-3).

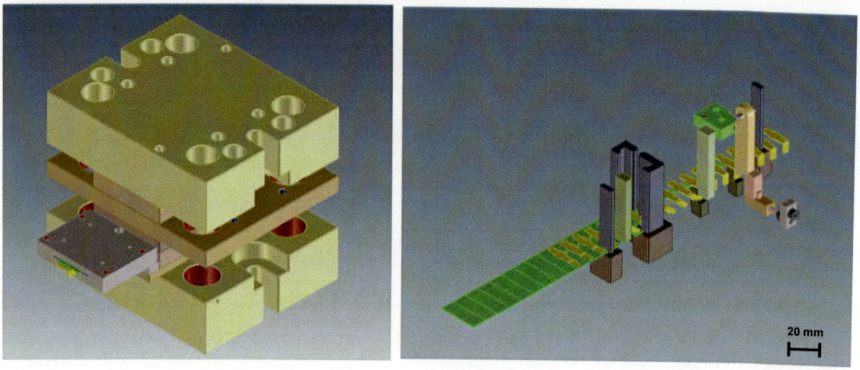


**Abbildung 6-3: 3D Modell des Referenzwerkzeugs (links) und Streifenbild inkl. formgebende Operationen (rechts)**

Nach der Konzeption des Referenzwerkzeugs folgte durch einen erfahrenen Mitarbeiter der Angebotskalkulation die Preisabschätzung zur internen Herstellung dieses Referenz-werkzeugs. Dieser Wert stellt die komplexitätskostenfreien, unternehmensspezifischen Herstellkosten eines Folgeverbundwerkzeugs dar. In Abbildung 6-4 ist das Ergebnis des Teilschritts B „Referenzwerkzeug" für das Fallbeispiel dargestellt. Das Referenzwerkzeug besteht aus 193 Einzelteilen. Hiervon unterscheiden sich 74. Die vier Hauptoperationen können mit 19 Wirkpaaren realisiert werden. Die Vielfalt der eingesetzten Wirkpaare beträgt vier. Dieses Referenzwerkzeug hat Herstellkosten $a_0$ von 12.000 €.

| | Ausprägung des Referenzwerkzeugs | | | |
|---|---|---|---|---|
| Anzahl Einzelteile | 193 | | | |
| Vielfalt Einzelteile | 74 | | | |
| Anzahl Wirkpaare | Schneiden: 12 | Prägen: 1 | Biegen: 2 | Richten: 4 |
| Vielfalt Wirkpaare | Schneiden: 1 | Prägen: 1 | Biegen: 1 | Richten: 1 |
| Herstellkosten $a_0$ | 12.000 € | | | |

**Abbildung 6-4: Ausprägung des Referenzwerkzeugs bei Phoenix Feinbau**

Auf Basis der für die 23 Werkzeuge ausgeprägten Komplexitätstreiber und des Referenzwerkzeuges werden mögliche Korrelationen zwischen den Komplexitätskosten und den einzelnen vier Komplexitätstreibern untersucht. Die Herstellkosten werden um die Werte des Referenzwerkzeugs reduziert. Die ausgeprägten Werte jedes Komplexitätstreibers werden über die Komplexitätskosten in einem Streudiagramm aufgetragen. Ergebnis sind vier Diagramme mit Punktewolken (s. Abbildung 6-5). Diese grafische Analyse dient der Bestätigung des unterstellten linearen Zusammenhangs. Dies ist Voraussetzung für die Regressionsanalyse.

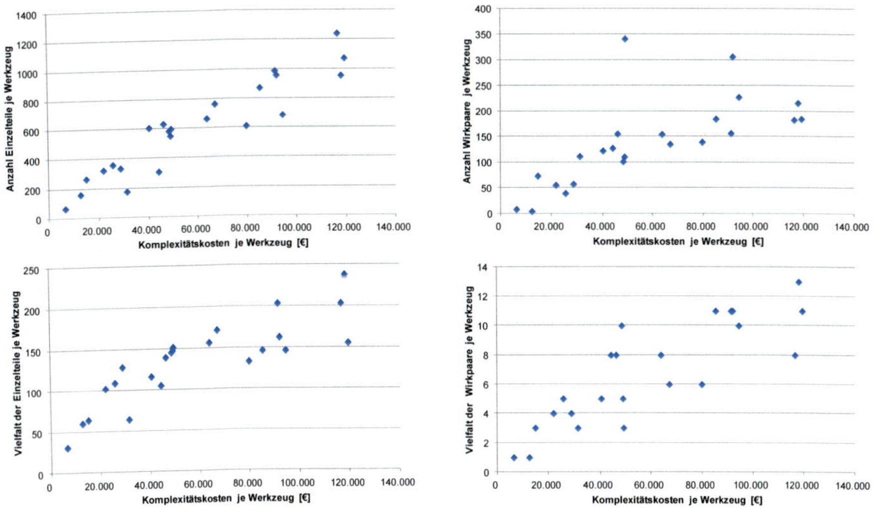


**Abbildung 6-5: Grafische Ermittlung der Korrelationen zwischen Komplexitätskosten und -treibern**

Auf Basis der Verteilung der Punktewolken ist die Annahme eines linearen Zusammenhangs getroffen worden. Die Anwendung der Regressionsanalyse ist somit gegeben.

Unter Zuhilfenahme der Simulationssoftware MATLAB ergibt sich bei linearer Funktionsnäherung unter Beachtung der Rahmenbedingungen der kleinsten Fehlerquadrate folgende unternehmensspezifische Komplexitätskostenfunktion:

$$\mathbf{k_{lin,\ Phoenix\ Feinbau} = 95*x + 6*t + 66*\beta + 3.872*\gamma - 8.314}$$

Die Näherungsfunktion zeigt, dass in dem Fallbeispiel die Vielfalt der Einzelteile (t) keinen nennenswerten Einfluss auf die Komplexitätskosten besitzt. Dahingegen hat die Vielfalt der Wirkpaare (γ) den größten Einfluss auf die Komplexitätskosten. Das Residuum stellt den nicht durch den linearen Zusammenhang erklärbaren Anteil der Gesamtabweichung dar. Zur Überprüfung der Güte der Funktionsnäherung wird nach der Methode der kleinsten Abstandsquadrate die Summe der Residuenquadrate $e_i^2$ für die Regressionsfunktion bestimmt. Diese beträgt für die ermittelte Regressionsfunktion in diesem Beispiel $e_i^2 = 2{,}8803 \times 10^9$. Die einzelnen Residuen sind je Werkzeug n in Abbildung 6-6 auch grafisch dargestellt.

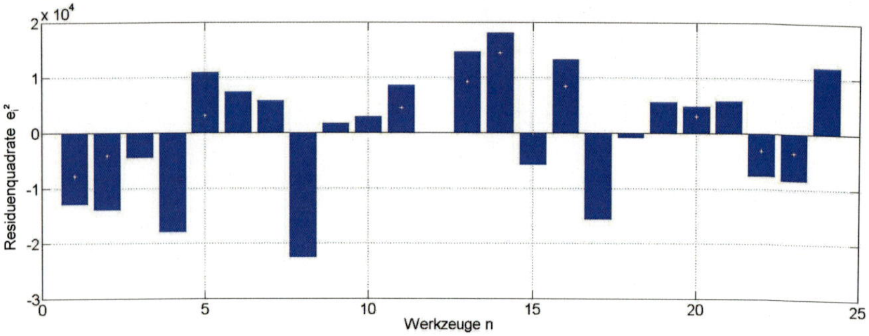


**Abbildung 6-6: Grafische Darstellung der Residuenquadrate $e_i^2$ je Werkzeug n (Quelle: MATLAB)**

Um die unterschiedlichen Messdimensionen der vier Variablen zu berücksichtigen, werden die ermittelten Regressionskoeffizienten standardisiert (s. Abbildung 6-7).

| Koeffizient $m_i$ | Wert | Standard-abweichung $s_{mi}$ | Standard-abweichung y | Standardisierter Koeffizient $m_i^*$ |
|---|---|---|---|---|
| Anzahl Einzelteile x | 95 | 0,042640143 | 0,5721 | 5,66 |
| Vielfalt Einzelteile t | 6 | 0,047673129 | | 0,33 |
| Anzahl Wirkpaare β | 66 | 0,110782342 | | 8,52 |
| Vielfalt Wirkpaare γ | 3.872 | 0,030151134 | | 127,55 |

**Abbildung 6-7: Standardisierte Regressionskoeffizienten**

Nach der Schätzung der Regressionsfunktion folgt die Prüfung dieser auf ihre Anwendbarkeit auf die Stichprobe n und die Grundgesamtheit. Dieses Vorgehen besteht aus vier Schritten. Zuerst wird mittels des **Bestimmtheitsmaßes r²** eine Kontrolle der Qualität der Regressionsgleichung für die Stichprobe n durchgeführt. Es dient als Maß für die durch die lineare Regressionsfunktion gelieferte Erklärung der Variation. Dies beträgt in dem Fallbeispiel:

$$r^2 = \frac{\sum_{i=1}^{n}(fi - \bar{y})^2}{\sum_{i=1}^{n}(yi - \bar{y})^2} = 0{,}899$$

Das bedeutet, dass 89,9% der Variation der Komplexitätskosten über die Regressionsfunktion erklärt werden. Anschließend erfolgt die Überprüfung der Regressionsfunktion als Ganzes auf Anwendbarkeit der Gleichung für die Grundgesamtheit. Hierfür wird der **F-Test** genutzt. Die Berechnung ist in Abbildung 6-8 für das Fallbeispiel dargestellt.

**F-Test**
(Überprüfung der Regressionsfunktion als ganzes)

| | | |
|---|---|---|
| $F_{emp} = \frac{r^2/J}{\frac{(r^2-1)}{(K-J-1)}} = \frac{\frac{0{,}899}{4}}{\frac{0{,}899-1}{18}} = 39{,}99$ | $F_{tab} = 5{,}37$ (bei 99,5% Wahrscheinlichkeit) | $F_{emp} > F_{tab}$ → Regressionsfunktion nicht verworfen |

mit
$r^2 = 0{,}899$ (Bestimmtheitsmaß)
$J = 4$ (Anzahl der Regressoren)
$K = 23$ (Stichprobenumfang)

**Abbildung 6-8: Ergebnis des F-Tests**[388]

Nachdem die Regressionsfunktion aufgrund des erfolgreichen F-Tests nicht als Ganzes verworfen werden muss, folgt nun die Überprüfung der einzelnen

388 Die tabellarischen F-Werte sind im Anhang zu finden.

Regressionskoeffizienten. Hierfür wird die **t-Teststatistik** benutzt. Jeder einzelne Regressionskoeffizient wird auf seine Anwendbarkeit auf die Grundgesamtheit überprüft und im Falle eines negativen Tests aus der Regressionsgleichung gelöscht. In diesem Fallbeispiel erfüllen alle vier Regressionskoeffizienten die Bedingung und bleiben somit Bestandteil der Regressionsfunktion (s. Abbildung 6-9).

| **t-Teststatistik** (Prüfung der Regressionskoeffizienten, wenn $\|t_{empl}\| > t_{tab}$, dann nicht verwerfen) | | | | | |
|---|---|---|---|---|---|
| **Koeffizient $m_i$** | **Wert** | **Standard-abweichung $s_{mi}$** | **Standardisierter Koeffizient $m_i^*$** | **Errechneter t-Wert $t_{emp} = m_i^* / s_{mi}$** | **Tabellenwert $t_{tab}$ (99,99%)** |
| Anzahl Einzelteile x | 95 | 0,042640143 | 5,66 | 132,85 | 4,966 |
| Vielfalt Einzelteile t | 6 | 0,047673129 | 0,33 | 6,99 | |
| Anzahl Wirkpaare β | 66 | 0,110782342 | 8,52 | 76,91 | |
| Vielfalt Wirkpaare γ | 3.872 | 0,030151134 | 127,55 | 4.230,20 | |

**Abbildung 6-9: Ergebnis der t-Teststatistik**[389]

Den Abschluss der Prüfung der Regressionsfunktion bildet die **Ermittlung der Konfidenzintervalle** je Regressionskoeffizient. Diese Intervalle geben den Bereich an, in dem die Werte der berechneten Koeffizienten schwanken können. Die Ergebnisse sind in Abbildung 6-10 dargestellt.

| **Konfidenzintervalle** ($m_i^* - t_{tab} \times s_{mi} \leq M_i \leq m_i^* + t_{tab} \times s_{mi}$) | | | | |
|---|---|---|---|---|
| **Koeffizient $m_i$** | **Standardisierter Koeffizient $m_i^*$** | **Standard-abweichung $s_{mi}$** | **$m_i^* - t_{tab} \times s_{mi}$** | **$m_i^* + t_{tab} \times s_{mi}$** |
| Anzahl Einzelteile x | 5,66 | 0,042640143 | 5,45 | 5,88 |
| Vielfalt Einzelteile t | 0,33 | 0,047673129 | 0,10 | 0,57 |
| Anzahl Wirkpaare β | 8,52 | 0,110782342 | 7,97 | 9,07 |
| Vielfalt Wirkpaare γ | 127,55 | 0,030151134 | 127,40 | 127,69 |

**Abbildung 6-10: Konfidenzintervalle der Regressionskoeffizienten**

#### 6.1.2.2 Partialmethode Produkt

Die Identifikation der Produktmerkmale erfolgte wie in Kapitel 5.2.1 nach den stofflichen und geometrischen Eigenschaften eines Produktes. Diese Merkmale werden für die 23 den Werkzeugen zugehörigen Produkte ausgeprägt. Anschließend wird pro Produktmerkmal eine Klassenbildung vorgenommen. Die Ermittlung der

[389] Die tabellarischen t-Werte sind im Anhang zu finden.

Anzahl der Ausprägungsklassen h erfolgt nach folgender Formel: (vgl. Kapitel 5.2.2.2)

$$h = \sqrt{n}$$

Bei n = 23 Werkzeuge ergibt sich eine Anzahl der Ausprägungsklassen h = 5. Anschließend werden die Grenzwerte je Klasse festgelegt und dann in fünf Klassen unterteilt. Abbildung 6-11 zeigt das Ergebnis. In dem Fallbeispiel sind die Grenzwerte bei dem Produktmerkmal „Anzahl Schnitte" bei Eins und Zehn festgesetzt worden. Dies hat bei n = 5 Klassen eine Klassenbreite von zwei zur Folge.

| | | Klasse 1 | Klasse 2 | Klasse 3 | Klasse 4 | Klasse 5 | $x_{min} - x_{max}$ |
|---|---|---|---|---|---|---|---|
| A | Anzahl Schnitte | 1-2 | 3-4 | 5-6 | 7-8 | >9 | 1-10 |
| B | Schnittlänge [mm] | 1-40 | 41-80 | 81-120 | 121-160 | >161 | 1-200 |
| C | Anzahl Biegungen | 1-4 | 5-8 | 9-12 | 13-16 | >17 | 1-20 |
| D | Biegewinkel [°] | 1-600 | 601-1200 | 1201-1800 | 1801-2400 | >2401 | 1-3.000 |
| E | Anzahl Prägungen | 1-4 | 5-8 | 9-12 | 13-16 | >17 | 1-20 |
| F | Prägetiefe [mm] | 1-2 | 2,01-4 | 4,01-6 | 6,01-8 | >8,01 | 1-10 |
| G | Breite [mmm] | 1-40 | 41-60 | 61-80 | 81-100 | >101 | 20-120 |
| H | Dicke [mm] | 0,1-0,48 | 0,49-0,86 | 0,87-1,25 | 1,26-1,64 | >1,65 | 0,1-2,0 |
| I | Zugfestigkeit [N/mm²] | 350-680 | 681-1011 | 1012-1342 | 1343-1673 | >1674 | 350-2000 |
| J | Härte [HV10] | 100-130 | 131-160 | 161-190 | 191-220 | >221 | 100-250 |
| K | Dehngrenze [N/mm²] | 350-680 | 681-1011 | 1012-1342 | 1343-1673 | >1674 | 350-2000 |

**Abbildung 6-11: Klassenbildung (Beispiel)**

Als dritter Baustein der Partialmethode folgt die qualitative Identifikation der Wirkzusammenhänge zwischen den Produktmerkmalen und den Komplexitätstreibern (Anzahl & Vielfalt von Einzelteilen und Wirkpaaren) des Werkzeugs. Im Rahmen eines Experteninterviews wird zuerst eine generelle Beeinflussung der Komplexitätstreiber durch die einzelnen Produktmerkmale abgefragt und dokumentiert (s. Abbildung 6-12). Ergebnis ist, dass bei dem Fallbeispiel lediglich fünf der 13 identifizierten Produktmerkmale einen Einfluss auf die Komplexitätstreiber besitzen. Die restlichen acht Produktmerkmale werden in den folgenden Schritten nicht weiter berücksichtigt.

| Y beeinflusst X | Komplexitätstreiber | | | |
|---|---|---|---|---|
| | Anzahl Einzelteile | Vielfalt Einzelteile | Anzahl Wirkpaare | Vielfalt Wirkpaare |
| Anzahl Schnitte | X | O | X | O |
| Schnittlänge | O | O | O | O |
| Anzahl Biegungen | X | O | X | O |
| Biegewinkel | X | O | X | O |
| Anzahl Prägungen | X | O | X | O |
| Prägetiefe | O | O | O | O |
| Breite | O | O | O | O |
| Dicke | O | O | O | O |
| Zugfestigkeit | O | O | O | O |
| Härte | O | O | O | O |
| Dehngrenze | O | O | O | O |
| Bruchdehnung | O | O | O | O |
| Toleranz (f, m, g) | X | X | X | O |

X: Beeinflussung vorhanden; O: keine Beeinflussung vorhanden

**Abbildung 6-12: Identifikation der Wirkzusammenhänge zwischen Produktmerkmalen und Komplexitätstreibern**

Die fünf Produktmerkmale, welche eine Beeinflussung auf die Komplexitätstreiber eines Werkzeugs ausüben, werden untereinander mittels Paarweisen Vergleichs gewichtet. Der Schritt innerhalb der Methodik ist sehr zeitintensiv und erfordert Expertenwissen. Hiermit ist die zweite Partialmethode abgeschlossen. Ergebnis ist eine qualitative Bewertung der Auswirkungen einer Merkmalsausprägung am Produkt auf die Werkzeugkomplexität (s. Abbildung 6-13).

| Anzahl Schnitte | Komplexitätstreiber: Anzahl Einzelteile | Vielfalt Einzelteile | Anzahl Wirkpaare | Vielfalt Wirkpaare |
|---|---|---|---|---|
| 1-2 | 1 | 0 | 1 | 0 |
| 3-4 | 3 | 0 | 3 | 0 |
| 5-6 | 5 | 0 | 5 | 0 |
| 7-8 | 7 | 0 | 7 | 0 |
| Größer gleich 9 | 9 | 0 | 9 | 0 |

**Abbildung 6-13: Produktmerkmalsabhängige Bewertung der Auswirkung auf die Werkzeugkomplexität (am Beispiel der Anzahl der Schnitte)**

Beispielhaft ist in Abbildung 6-14 ein typisches Produkt der Folgeverbundwerkzeuge der Fa. Phoenix Feinbau betrachtet worden und entsprechend der Partialmethode „Produkt“ die Bewertung vorgenommen worden. Das Produkt ist charakterisiert durch mindestens einen Schnitt, acht Biegungen, Summe der Biegewinkel von 540° und die Toleranzklasse f. Nach der Zuordnung des Produktes zu der jeweiligen Klasse je Produktmerkmal wird die Summe der Ausprägungen je Komplexitätstreiber genommen. Beispielsweise beträgt der Wert für den Komplexitätstreiber „Anzahl Einzelteile“ zwölf. Zur Normierung wird dieser Wert durch die Gesamtsumme von 32 geteilt, da die Summe der Bewertung der Auswirkungen Eins ergeben muss. Dies führt zu einer Beeinflussung der Komplexitätstreiber von:

- Anzahl Einzelteile: 12/32
- Vielfalt Einzelteile: 7/32
- Anzahl Wirkpaare: 12/32
- Vielfalt Wirkpaare: 1/32

Bei der Produktmerkmalsgewichtung wird deutlich, dass die beiden Komplexitätstreiber „Anzahl Einzelteile“ und „Anzahl Wirkpaare“ gleich stark durch das Produkt beeinflusst werden. Dahingegen übt das Produkt nahezu keinen Einfluss auf den Komplexitätstreiber „Vielfalt Wirkpaare“ aus. Der Wert beträgt in diesem Beispiel Eins.

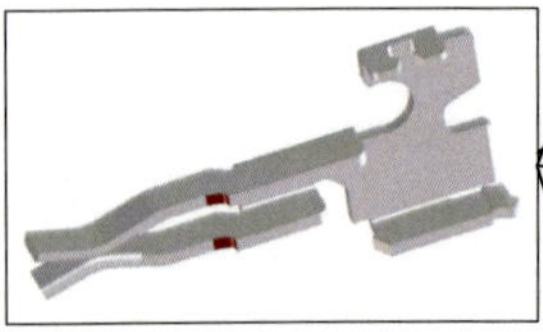

| | | Komplexitätstreiber | | | |
|---|---|---|---|---|---|
| | | Anzahl Einzelteile | Vielfalt Einzelteile | Anzahl Wirkpaare | Vielfalt Wirkpaare |
| Anzahl Schnitte | **1-2** | **1** | **0** | **1** | **0** |
| | 3-4 | 3 | 0 | 3 | 0 |
| | 5-6 | 5 | 0 | 5 | 0 |
| | 7-8 | 7 | 0 | 7 | 0 |
| | Größer gleich 9 | 9 | 0 | 9 | 0 |
| Anzahl Biegungen | 1-4 | 1 | 0 | 1 | 0 |
| | **5-8** | **3** | **0** | **3** | **0** |
| | 9-12 | 5 | 0 | 5 | 0 |
| | 13-16 | 7 | 0 | 7 | 0 |
| | Größer gleich 17 | 9 | 0 | 9 | 0 |
| Summe Biegewinkel [°] | **1-600** | **1** | **0** | **1** | **1** |
| | 601-1200 | 3 | 0 | 3 | 3 |
| | 1201-1800 | 5 | 0 | 5 | 5 |
| | 1801-2400 | 7 | 0 | 7 | 7 |
| | Größer gleich 2401 | 9 | 0 | 9 | 9 |
| Anzahl Prägungen | 1-4 | 1 | 0 | 1 | 0 |
| | 5-8 | 3 | 0 | 3 | 0 |
| | 9-12 | 5 | 0 | 5 | 0 |
| | 13-16 | 7 | 0 | 7 | 0 |
| | Größer gleich 17 | 9 | 0 | 9 | 0 |
| Toleranz | g | 3 | 3 | 3 | 0 |
| | m | 5 | 5 | 5 | 0 |
| | **f** | **7** | **7** | **7** | **0** |
| | **Summe = 32** | **12** | **7** | **12** | **1** |

**Abbildung 6-14: Beispielhafte Bewertung der Produktmerkmale**

#### 6.1.2.3 Verknüpfung

Durch die Verknüpfung der unternehmensspezifischen Komplexitätskostenfunktion und der produktmerkmalsabhängigen Bewertung der Auswirkung auf die Werkzeugkomplexität ist die Methodik komplettiert. In die Komplexitätskostenfunktion wird die spezifische Gewichtung der Merkmalsausprägung produktspezifisch integriert. Dies sei für das obige Beispiel gezeigt.

$$\mathbf{k_{Produkt1} = ( 5,66+12/32)*x +(0,33+7/32)*t +(8,52+12/32)*\beta +(127,55+1/32)*\gamma - 8.314}$$

Mittels dieser unternehmensspezifischen, produktmerkmalsabhängigen Komplexitätskosten-funktion ist es möglich, die Höhe der Einflüsse auf die Komplexitätskosten noch vor der Werkzeugkonzeption zu sehen und somit auch positiv zu beeinflussen. Es wird deutlich, dass die Produktmerkmale einen geringen Einfluss auf die Komplexitätskosten eines Werkzeugs haben. Am Beispiel der Vielfalt der Wirkpaare γ sieht man dies sehr gut. Der Koeffizient aus der Komplexitätskostenfunktion der ersten Partialmethode ist mit Abstand der höchste und somit auch der ausschlaggebendste. Dieser Komplexitätstreiber wird jedoch in diesem Fallbeispiel nahezu nicht von Produktmerkmalen beeinflusst. In diesem Fallbeispiel liegt folglich die größte Kostenverantwortung bei den Komplexitätskosten in der Werkzeugkonzeption und somit bei dem Konstrukteur. Für diesen dient die ermittelte Kostenfunktion als Richtschnur bei der Werkzeugkonzeption. Z.B. sollte eine Vielfalt bei den eingesetzten Wirkpaaren vermieden werden, auch wenn dies zulasten der Anzahl und Vielfalt an Einzelteilen geht.

### 6.1.3 Fazit

Am Beispiel des Werkzeugbaus der PHOENIX Feinbau GmbH konnte die erfolgreiche Anwendung der Methodik zur Bestimmung der komplexitätskostenrelevanten Ursache-Wirkungs-Beziehungen im Werkzeugbau aufgezeigt werden.

Die allgemein definierten vier Komplexitätstreiber trafen auch in dem Fallbeispiel zu und konnten für die gewählte Stichprobe von 23 Werkzeugen ausgeprägt werden. Die Konzeption des Referenzwerkzeugs zeigt, dass in dem Fallbeispiel zwei Schneidstationen bei einer Prägung in dem Produkt notwendig sind. Die in der Methodik vermutete lineare Korrelation zwischen den einzelnen Komplexitätstreibern und den Komplexitätskosten als Differenz zwischen den Herstellkosten und den Herstellkosten des Referenzwerkzeugs ist in dem Fallbeispiel bestätigt worden. Das konnte mit einer Näherungsfunktion für die Komplexitätskosten mit einer geforderten Güte ermittelt werden. Die Produktmerkmale, welche identifiziert und ausgeprägt worden sind, haben in diesem Fallbeispiel nicht auf alle vier Komplexitätstreiber einen Einfluss. Die Vielfalt der Wirkpaare wird laut Experteninterview durch keines der Produktmerkmale beeinflusst. Die Steigerung der Komplexitätstreiber erfolgt allein durch die Werkzeugkonzeption. Ferner ist aufgefallen, dass die stofflichen Merkmale eines Produktes im Werkzeugbau des Fallbeispiels keine Auswirkung auf die Komplexitätstreiber besitzen.

Das Fallbeispiel zeigt, dass die Methodik in sich abgeschlossen ist und die einzelnen Bausteine logisch aufeinander aufbauen. Ferner ist der Praxisbezug gegeben und Resultat ist eine Komplexitätskostenfunktion unter Berücksichtigung der Einflüsse des Produktes und des Werkzeugkonzeptes.

## 6.2 Kritische Reflexion

Die Methodik zur Ermittlung der Ursache-Wirkungs-Beziehungen im Werkzeugbau konnte erfolgreich in der Praxis bei dem Werkzeugbau der PHOENIX Feinbau GmbH angewendet werden. Das Fallbeispiel hat gezeigt, dass die Methodik neben den allgemeinen Anforderungen auch die Anforderungen aus dem Objektbereich und dem Zielbereich erfüllt.

Als **allgemeine Anforderungen** wurden die Praktikabilität, die Wirtschaftlichkeit und die konkrete Vorgehensweise an die Methodik gestellt. In dem Fallbeispiel konnte die Praktikabilität der Methodik unter Beweis gestellt werden, da die einzelnen Methodikbausteine logisch aufgebaut waren und die notwendigen Informationen und Daten mit geringem Aufwand zur Verfügung standen. Die Ergebnisse jedes Methodikbausteins waren verlässlich. Auch warf die Methodik bei der Anwendung keine Fragen hinsichtlich der nächsten Schritte auf. Die konkrete Vorgehensweise durch die sechs Methodikbausteine mit klaren Eingangs- und Ausgangsgrößen bewirkte dies. Die Wirtschaftlichkeit der Methodik ergibt sich durch die frühzeitige Ermittlung und anschließende mögliche Reduktion der Komplexitätskosten. Die Methodik erfüllt folglich die allgemeinen Anforderungen.

**Anforderungen aus der Zielsetzung** sind die Quantifizierbarkeit der Komplexität, Kostentransparenz und eine wertschöpfungsübergreifende Betrachtung. Eine Quantifizierbarkeit der Komplexität wurde durch die ermittelte unternehmensspezifische Komplexitätskostenfunktion mit vier Variablen erreicht. Diese Variablen sind die vier Komplexitätstreiber eines Werkzeugs. Das Fallbeispiel zeigte eine einfache Ermittlung dieser Komplexitätstreiber je Werkzeug. Diese Komplexitätskostenfunktion führt gleichzeitig zu einer hohen Kostentransparenz im Werkzeugbau. Durch die Verknüpfung der Werkzeug- mit der Produktsicht konnte in dem Fallbeispiel eine wertschöpfungsübergreifende Betrachtung realisiert werden. Die Produktmerkmale sind durch eine qualitative Bewertung in einen Zusammenhang mit den Komplexitätstreibern eines Werkzeugs gesetzt worden. Diese Gewichtung floss in die Komplexitätskostenfunktion ein. Somit kann durch die Methodik die Frage beantwortet werden, welche Merkmale eines Produktes welche Auswirkungen auf die Werkzeugkomplexität und die daraus resultierenden Kosten haben. Die Anwendung der Methodik an dem Fallbeispiel zeigt somit auch die Erfüllung der Anforderungen aus dem Zielbereich.

Die Integration in den Entwicklungsprozess, die Anwendbarkeit in der Einzelfertigung und die Fokussierung auf den Herstellungsprozess sind **Anforderungen aus dem Objektbereich**. Durch die Entwicklung eindeutiger Ursache-Wirkungs-Beziehungen in der Werkzeug-konzeption in Form der Komplexitätskostenfunktion kann schon in der Entwicklung Einfluss auf Komplexität genommen werden. Die Methodik kann nach erstmaliger Ermittlung der Komplexitätskostenfunktion direkt während der Werkzeugkonzeption angewendet werden. Durch die Bildung von Merkmalsklassen wurde die Vielfalt der herzustellenden Produkte reduziert. Die Vielfalt einer Einzelfertigung findet folglich in der Methodik Berücksichtigung. Die Anwendung der Methodik in dem Fallbeispiel zeigt, dass auch die Anforderungen aus dem Objektbereich erfüllt werden.

Die Erfüllung aller Anforderungen aus dem Objektbereich, der Zielsetzung und der allgemeinen, formalen Anforderungen hat gezeigt, dass die Methodik zur Ermittlung der komplexitätskostenrelevanten Ursache-Wirkungs-Beziehungen im Werkzeugbau geeignet ist. Auch existiert in jedem Werkzeugbau die Abhängigkeit zwischen Werkzeugkomplexität und Produktmerkmalen aufgrund der definierten Rolle innerhalb der Wertschöpfungskette. Durch die Reduktion der Werkzeugkomplexität auf vier allgemeingültige Komplexitätstreiber ist die Gültigkeit für andere Betriebe der Branche gegeben.

# 7 Zusammenfassung und Ausblick

Die Produktlebenszyklen werden kürzer und die Stückzahlen sinken dementsprechend bei einem gleichzeitigen Anstieg der Variantenvielfalt. Die Herstellkosten eines Werkzeugs werden auf den Teilepreis umgelegt. Bei geringeren Stückzahlen würde dies bei konstanten Herstellkosten eines Werkzeugs zu steigenden Produktpreisen führen. Um diesen Effekt zu vermeiden, steht insbesondere der Werkzeugbau in Hochlohnländern vor der Herausforderung, preiswerte Werkzeuge zu realisieren.

Neben den klassischen Bestandteilen der Herstellkosten eines Werkzeugs, wie den Personal-, Maschinen und Materialkosten, spielen auch Komplexitätskosten eine entscheidende Rolle. Diese Kosten entstehen durch eine im Werkzeug enthaltene Komplexität. In der Praxis äußert sich dieser Effekt dadurch, dass zwei sehr ähnlich aussehende Produkte, welche werkzeuggebunden herzustellen sind, deutlich unterschiedliche Werkzeugkosten verursachen. Aktuell gibt es kein geschlossenes Wissen bzgl. der Komplexitätstreiber eines Werkzeugs und über die daraus entstehenden Komplexitätskosten. Weder dem Entwickler des Werkzeugs noch dem Entwickler des Produktes sind die kostenseitigen Auswirkungen seiner Konzepte bewusst und transparent. Das Wissen bzgl. der Auswirkungen unterschiedlicher Werkzeug- und Produktkonzepte auf die Kosten ist jedoch Grundvoraussetzung für die geforderte Kostenreduktion im Werkzeugbau. Für eine konkrete Ermittlung der Komplexitätskosten eines Werkzeugs und Quantifizierung der Einflussgrößen fehlt eine grundlegende Definition der werkzeug- und produktseitigen Treiber der Werkzeugkomplexität. Ferner existiert kein Wissen über den funktionalen Zusammenhang der daraus resultierenden Komplexitätskosten unter Berücksichtigung aller Variablen auf Werkzeug- und Produktebene.

Ziel der vorliegenden Arbeit ist es folglich, eine Methodik zur Bestimmung der komplexitätskostenrelevanten Ursache-Wirkungs-Beziehungen im Werkzeugbau zu ermitteln. Hierbei stehen die frühzeitige Identifikation der Komplexitätstreiber, eine transparente Darstellung der Ursachen steigender Komplexität, die daraus resultierenden Komplexitätskosten und der Einfluss des herzustellenden Produktes auf die Werkzeugkomplexität im Fokus. Darauf aufbauend können anschließend Optimierungsmaßnahmen eingeleitet und somit die Herstellkosten eines Werkzeugs noch vor dem eigentlichen Bau gesenkt werden.

Im zunächst entwickelten Ordnungsrahmen wird zwischen den Systemen „Werkzeug“ und „Produkt“ unterschieden. Die daraus abgeleitete Methodik gliedert sich in zwei Partialmethoden (Werkzeug und Produkt) mit jeweils drei Methodikbausteinen. Im ersten Teil der Methodik zur Bestimmung der komplexitätskostenrelevanten Ursache-Wirkungs-Beziehungen im Werkzeugbau werden zunächst die Werkzeugkomplexität und die daraus resultierenden Komplexitätskosten mithilfe einer Funktionsnäherung in Relation gebracht. Im zweiten Teil der Methodik wird dann der Zusammenhang zwischen Produktmerkmalen und der Werkzeugkomplexität entwickelt. Abschließend werden die beiden Partialmethoden mittels Superposition überlagert, sodass erstmalig ein quantifizierbarer Zusammenhang zwischen Komplexitätskosten eines Werkzeugs und den Produktmerkmalen entsteht.

Die Ermittlung einer Näherungsfunktion für die Abhängigkeit zwischen Komplexitätstreibern und den daraus resultierenden Komplexitätskosten erfolgt in den drei Methodikbausteinen:

- Definition der Werkzeugkomplexität (A),
- Bildung des Referenzwerkzeugs (B) und
- Bestimmung der Näherungsfunktion (C).

Im Schritt A werden zunächst die Komplexitätstreiber eines Werkzeugs identifiziert und für die definierte Datenbasis ausgeprägt. Daran anschließend wird im Schritt B das Referenzwerkzeug definiert. Dieses Referenzwerkzeug stellt in der Methodik ein Werkzeug mit der geringstmöglichen Komplexität dar und definiert den Nullpunkt der Komplexitätskosten für die folgenden Schritte. Dies ist zum einen nötig, um den Anteil der Komplexitätskosten an den Herstellkosten eines Werkzeugs ermitteln zu können und zum anderen, um diese Methodik auf weitere Werkzeugtypen übertragbar zu machen. Im letzten Schritt C wird eine Korrelation zwischen den Komplexitätstreibern und den mithilfe des Referenzwerkzeugs ermittelten Komplexitätskosten untersucht. Nachdem die grundsätzliche Korrelation bestätigt worden ist, folgt mittels Regressionsanalyse eine Funktionsnäherung an die ermittelten Datenpaare. Diese angenäherte Kostenfunktion mit den Komplexitätstreibern als Variablen stellt das Ergebnis des ersten Teils der Methodik dar. Damit ist es bereits möglich, anhand der ermittelten Kostenfunktion die Gewichtung der Einflussgrößen auf die Komplexitätskosten eines Werkzeugs zu erkennen. Es liegt eine transparente und quantitative Darstellung der Zusammensetzung der Komplexitätskosten vor.

Der zweite Teil der Methodik enthält folgende drei Methodikbausteine:

- Identifikation und Ausprägung der Produktmerkmale (D),
- Klassenbildung der Produktmerkmale (E) und
- Bestimmung der Wirkzusammenhänge zwischen der Werkzeugkomplexität und den Produktmerkmalen (F).

Im ersten Schritt werden diejenigen Produktmerkmale identifiziert und ausgeprägt, welche zur eindeutigen Beschreibung des Produkts notwendig sind. Aufgrund der Fokussierung auf die werkzeugbeeinflussenden Merkmale erfolgt eine einschränkende Betrachtung auf die Einordnung nach der Beschaffenheit (z.B. Form und Abmessung). Im Schritt E der Methodik werden die Ausprägungen der Merkmale in Klassen eingeteilt. Es existieren zahlreiche Ausprägungsmöglichkeiten je Produktmerkmal. Da in den folgenden Schritten deren Einfluss auf die Werkzeugkomplexität bewertet werden soll und die Methodik auch in der industriellen Praxis anwendbar sein soll, werden die Merkmalsausprägungen je Produktmerkmal unternehmensspezifisch in Klassen mit ähnlichem Einfluss auf die Werkzeugkomplexität eingeteilt. Im letzten Schritt F wird der qualitative Wirkzusammenhang zwischen den Ausprägungen der Produktmerkmale und dem Einfluss auf die Werkzeugkomplexität ermittelt. Hierfür wird zuerst mittels Experteninterviews der generelle Einfluss der einzelnen Produktmerkmale auf die Komplexitätstreiber untersucht. Anschließend werden die relevanten Produktmerkmale einer qualitativen Bewertung mithilfe des Paarweisen Vergleichs unterzogen. Ergebnis ist die qualitative Bewertung und Gewichtung des Einflusses einer Produktmerkmalsklasse. Gesamtergebnis des zweiten Teils der Methodik ist eine gewichtete Bewertung des Wirkzusammenhangs zwischen den Produktmerkmalen je eingeteilter Ausprägungsklasse und den im ersten Teil der Methodik identifizierten Komplexitätstreibern eines Werkzeugs.

Abschließend werden die Ergebnisse der ersten beiden Teile der Methodik verknüpft, sodass es möglich ist, einen Wirkzusammenhang zwischen den Komplexitätskosten eines Werkzeugs und den Ausprägungen der Produktmerkmale herzustellen. Die Stärke der Beeinflussung einer Produktmerkmalsausprägung auf jeden einzelnen Komplexitätstreiber kann in den funktionalen Zusammenhang zwischen Komplexitätskosten und Werkzeugkomplexität als Faktor einfließen. Die Methodik liefert somit erstmalig ein ganzheitliches Vorgehen zur Ermittlung der komplexitätskostenrelevanten Ursache-Wirkungs-Beziehungen im Werkzeugbau unter Berücksichtigung der Werkzeug- und Produktsicht.

Im Rahmen der Validierung der Methodik wird ein Fallbeispiel des internen Werkzeugbaubetriebs der PHOENIX Feinbau GmbH & Co. KG untersucht. Dieses Fallbeispiel zeigt, dass die Methodik alle Anforderungen (allgemeine Anforderungen, Anforderungen aus der Zielsetzung und Anforderungen aus dem Objektbereich) erfüllt und in der Praxis erfolgreich angewendet werden kann.

Die entwickelte Methodik bietet dem Werkzeugbau eine Möglichkeit zur transparenten Ermittlung und Gewichtung der Einflussgrößen auf die Werkzeugkomplexität und den daraus resultierenden Komplexitätskosten.

Werkzeugbaubetriebe haben mit der Anwendung der Methodik die Möglichkeit frühzeitig, schon während der Werkzeugkonzeption, die Werkzeugkomplexität des zu konzipierenden Werkzeugs zu reduzieren. Ferner zeigt das Ergebnis der Methodik auch dem Produktentwickler, welchen Einfluss er auf die Komplexitätskosten eines Werkzeugs besitzt. Somit wird die Grundlage geschaffen, um zukünftig die Werkzeugkosten systematisch schon bei der Produktentwicklung zu berücksichtigen und zu reduzieren.

Der wissenschaftliche Beitrag dieser Arbeit besteht in der Entwicklung einer Methodik zur Bestimmung der komplexitätskostenrelevanten Ursache-Wirkungs-Beziehungen im Werkzeugbau durch die Integration der produktseitigen Einflussgrößen in die Komplexitätskostenberechnung eines Werkzeugs. Neben dieser Integration der Produktmerkmale in die Werkzeugsicht stellt die allgemeingültige Definition der Werkzeugkomplexität und die darauf aufbauende Funktionsnäherung zur quantitativen Bestimmung der Komplexitätskosten eines Werkzeugs einen signifikanten Mehrwert für Werkzeugbaubetriebe insbesondere in Hochlohnländern dar. In weitergehenden Untersuchungen sollten Lösungsansätze zur praktikableren Nutzung der ermittelten Daten, z.B. in Form einer Kalkulationsapplikation, entwickelt werden. Auch sollten zukünftig in weiterführenden Untersuchungen die Systemgrenzen der Methodik (Werkzeug und Produkt), um z.B. die Elemente des Produktionsprozesses (Reinigung, Kamera, etc.), erweitert werden. Hierdurch würde die Komplexität des Gesamtsystems weiter erhöht werden. Innerhalb der Unternehmen sollte nach der erstmaligen Anwendung der Methodik eine kontinuierliche Datenaufbereitung erfolgen, um die ermittelten Zusammenhänge unternehmensspezifisch weiter zu verfeinern und somit die Funktionsnäherung weiter zu optimieren.

# 8 Literaturverzeichnis

**Albert, H. (Marktsoziologie und Entscheidungslogik)**
Marktsoziologie und Entscheidungslogik. Mohr Siebeck, Tübingen, 1998

**Backhaus, K.; Erichson, B.; Plinke; W.; Weiber, R. (Multivariate Analysemethoden)**
Multivariate Analysemethoden – Eine anwendungsorientierte Einführung. Springer Verlag, 8., verbesserte Auflage, Berlin, 1996

**Binder, V.A.; Kantowsky, J. (Technologiepotentiale)**
Technologiepotentiale: Neuausrichtung der Gestaltungsfelder des strategischen Technologiemanagements. Dissertation der Universität St. Gallen. Deutscher Universitäts-Verlag, 1996

**Bleymüller, J.; Weißbach, R. (Statistik)**
Statistik für Wirtschaftswissenschaftler. Vahlen Verlag, 17. Auflage, München, 2015

**Bliss, C.A. (Management von Komplexität)**
Management von Komplexität. Gabler Verlag, Wiesbaden, 1998

**Boos, W. (Modulare Werkzeuge)**
Methodik zur Gestaltung und Bewertung von modularen Werkzeugen. Apprimus Verlag, Aachen, 2008

**Boos, W. et al. (Erfolgreich Kalkulieren)**
Erfolgreich Kalkulieren im Werkzeugbau. Studie des WZL der RWTH Aachen und der WBA Aachener Werkzeugbau Akademie GmbH, Aachen, 2015

**Brandenburg, F. (Planung technologischer Produktinnovationen)**
Methodik zur Planung technologischer Produktinnovationen. Shaker Verlag, Aachen, 2002

**Bruns, M. (Systemtechnik)**
Systemtechnik – Ingenieurwissenschaftliche Methodik zur interdisziplinären Systementwicklung. Springer Verlag, Berlin, 1991, zugl. Habil. RWTH Aachen u.d.T. Strukturentwicklungen zur Systemtechnik für Ingenieure.

**Doege, E.; Behrens, B.-A. (Handbuch der Umformtechnik)**
Handbuch Umformtechnik – Grundlagen, Technologien, Maschinen. Springer Verlag, 2., überarbeitete Auflage, Berlin Heidelberg, 2010

**Döring, S. (Konfliktmanagement im Werkzeugbau)**
Konfliktmanagement in der technischen Auftragsabwicklung im Werkzeugbau. Apprimus Verlag, Aachen, 2010

**Dolmetsch, H., Holznagel, D., Ihwe, R.; Keller, E.; Klein, W. (Werkzeugbau)**
Metalltechnik Fachbildung – Der Werkzeugbau. Verlag Europa-Lehrmittel, 16. Auflage, Haan-Gruiten, 2013

**Duden (Duden)**
Duden Fremdwörterbuch. Dudenverlag, Mannheim,1990

**Ehrlenspiel, K.; Kiewert, A.; Lindemann, U. (Kostengünstiges Entwickeln)**
Kostengünstig Entwickeln und Konstruieren. Springer Verlag, 6. Auflage, Berlin, 2007

**Ehrlenspiel, K. (Integrierte Produktentwicklung)**
Integrierte Produktentwicklung: Denkabläufe, Methodeneinsatz, Zusammenarbeit, Hanser Verlag, 4. Auflage, München, 2009

**Ellinger, T. (Industrielle Wechselproduktion)**
Industrielle Wechselproduktion: Grundprinzipien und Gesetz der Wechselproduktion. Poeschel, Stuttgart, 1985

**Eversheim, W. (Werkzeugbau mit Zukunft)**
Werkzeugbau mit Zukunft. Springer, Berlin, 1998

**Eversheim, W.; Spennemann, F. (Organisationsstrukturen)**
Organisationstrukturen im Werkzeugbau. wt Werktstatttechnik online, Heft 7/8, 1999

**Feldhusen, J.; Grote, K.-H. (Hrsg.) (Konstruktionslehre)**
Konstruktionslehre – Methoden und Anwendungen erfolgreicher Produktentwicklung. Springer Verlag, 8. vollständig überarbeitete Auflage, Berlin, 2013

**Frick, L. (Geschäftsmodelle im Werkzeugbau)**
Erfolgreiche Geschäftsmodelle im Werkzeugbau. Shaker Verlag, 1. Auflage, Aachen, 2006

**Fricker, I.C. (Strategische Stringenz)**
Strategische Stringenz im Werkzeug- und Formenbau. Shaker Verlag, 1. Auflage, Aachen, 2005

**Gaus, F. (Geschäftsmodelle)**
Methodik zur Überprüfung der Logik eines Geschäftsmodells im Werkzeugbau. Apprimus Verlag, Aachen, 2010

**Giehler, F. (Planungsproduktivität)**
Erhöhung der Planungsproduktivität am Beispiel der Auftragsabwicklung im Werkzeugbau. Apprimus Verlag, Aachen, 2010

**Göpfert, J. (Modulare Produktentwicklung)**
Modulare Produktentwicklung: Zur gemeinsamen Gestaltung von Technik und Organisation. Dt. Univ.-Verl., Wiesbaden, 1998

**Großmann, W. (Ausgleichsrechnung)**
Grundzüge der Ausgleichsrechnung. Springer Verlag, dritte, erweiterte Auflage, Berlin Heidelberg, 1969

**Guba, E.G.; Lincoln, Y.S. (Qualitative Research)**
Competing Paradigms in Qualitative Research. In: Denzin, N. K.; Lincoln, Y. S.

(Hrsg.): Handbook of Qualitative Research. Sage Publication, Thousand Oaks, CA, US, 1994, S. 105-177

**Haberfellner, R.; Becker, M.; Büchel, A.; Nagel, P. (Systems Engineering)**
Systems Engineering – Methodik und Praxis. 10. Auflage, Zürich: Industrielle Organisation, 1999

**Hebel, S. v.; Schleifenbaum, J.H.; Boss, W.; Schuh, G. (Komplexitätskosten)**
Quantitative Auswirkungen steigender Komplexität im Werkzeugbau – Bestimmung der Komplexitätskosten eines Folgeverbundwerkzeugs. wt Werktstatttechnik online, Heft 10, S. 738 – 743, 2015

**Hellwig, W.; Kolbe, M. (Stanzen)**
Spanlose Fertigung Stanzen. Vieweg + Teubner Verlag / Springer Fachmedien, Wiesbaden, 2012

**Homburg, C.; Daum, D. (Komplexitätsfalle)**
Wege aus der Komplexitätsfalle. In: ZWF, 7-8. Jg., 1997, S. 333-335.

**Imboden, D.M.; Koch, S. (Systemanalyse)**
Systemanalyse – Einführung in die mathematische Modellierung natürlicher Systeme. Springer Verlag, 1. Auflage, Berlin, 2003

**Klocke, F.; Bilsing, A. (Technologisches Benchmarking)**
Technologisches Benchmarking im Werkzeug- und Formenbau. wt Werkstatttechnik online, Heft 11/12, Jg. 92, 2002

**Klocke, F.; König, W. (Umformen)**
Fertigungsverfahren 4 – Umformen. Springer Verlag, 5., neu bearbeitete Auflage, Berlin, 2006

**Klotzbach, C. (Industrialisierung des Werkzeugbaus)**
Gestaltungsmodell für den industriellen Werkzeugbau. Shaker Verlag, Aachen, 2007

**Kubicek, H. (Heuristischer Bezugsrahmen)**
Heuristischer Bezugsrahmen und heuristisch angelegte Forschungsdesigns als Element der Konstruktionsstrategie empirischer Forschung. in: Köhler, R. (Hrsg.): Empirische und handlungstheoretische Forschungskonzeption in der Betriebswirtschaftslehre, Poeschel Verlag, Stuttgart, 1977

**Kuhlmann, K. K. (Geschäftsprozesse im Werkzeugbau)**
Methodik zur Gestaltung von Geschäftsprozessen im industriellen Werkzeugbau. Apprimus Verlag, Aachen, 2011

**Kuhn, T.S. (Wissenschaftliche Revolution)**
Die Struktur wissenschaftlicher Revolutionen. Suhrkamp, 9. Auflage, Frankfurt am Main, 1988

**Lakatos, I. (Wissenschaftliche Forschungsprogramme)**
Falsifikation und die Methodologie wissenschaftlicher Forschungsprogramme. In: Lakatos, I.; Feyerabend, P. K. (Hrsg.): Kritik und Erkenntnisfortschritt. Vieweg, Braunschweig, 1974, S. 89 - 189

**Lange, K. (Hrsg.) (Umformtechnik)**
Umformtechnik – Grundlagen. Springer Verlag, 2. Auflage, Berlin, 2002

**Lehner, F.; Wildner, S.; Scholz, M. (Wirtschaftsinformatik)**
Wirtschaftsinformatik: Eine Einführung. Hanser Verlag, München, 2008

**Lindemann, U. (Technische Produkte)**
Methodische Entwicklung technischer Produkte – Methoden flexibel und situationsgerecht anwenden. Springer Verlag, Berlin, 2009

**Malik, F. (Komplexe Systeme)**
Strategie des Managements komplexer Systeme – Ein Beitrag zur Management-Kybernetik evolutionärer Systeme. Haupt Verlag, 10. Auflage, Bern/Stuttgart/Wien, 2008

**Malik, F. (Komplexe Probleme)**
Systemisches Management, Evolution, Selbstorganisation – Grundprobleme, Funktionsmechanismen und Lösungsansätze für komplexe Probleme. Haupt Verlag, 5. Auflage, Bern/Stuttgart/Wien, 2009

**Marti, M. (Complexity Management)**
Complexity Management: Optimizing Product Architecture of Industrial Products. University of St. Gallen, St. Gallen, 2007

**Martin, M.V. (Design for Variety)**
Design for Variety: A Methodology for Developing Product Platform Architectures. Stanford University, Stanford, 1999

**Martin, M.V.; Ishii, K. (DFV)**
Design for Variety: A Methodology for Developing Product Platform Architectures. Baltimore, 2000

**Meier, J. (Produktarchitekturtypen)**
Produktarchitekturtypen globalisierter Unternehmen. Shaker Verlag, Aachen, 2007

**Neemann, C. W. (Schutz gegen Produktimitationen)**
Methodik zum Schutz gegen Produktimitationen. Shaker Verlag, Aachen, 2007

**Neuhausen, J. (Modulare Produktionssysteme)**
Methodik zur Gestaltung modularer Produktionssysteme für Unternehmen der Serienproduktion. Dissertation des RWTH Aachen. Aachen: RWTH Aachen04 Fakultät für Maschinenwesen, 2002

**Nussbaum, C. L. (Wirkungsgrad der Produktkomplexität)**
Modell zur Bewertung des Wirkungsgrades von Produktkomplexität. Apprimus Verlag, Aachen, 2011

**o.V. (Deutsches Statistisches Bundesamt)**
Entstehung, Verwendung und Verteilung des deutschen Bruttoinlandsproduktes 2014.https://www.destatis.de. Seitenaufruf: 26.11.2015

**o.V. (DIN-Norm 2330)**
DIN-Norm 2330: Begriffe und Benennungen. Beuth Verlag, Berlin, 1979

**o.V. (DIN 8580 Fertigungsverfahren)**
DIN 8580:2003-09: Fertigungsverfahren – Begriffe, Einteilung. Beuth Verlag, Berlin Köln, 2003

**o.V. (VDI-Richtlinie 2221)**
VDI Richtlinie 2221: 1993-05, Methodik zum Entwickeln und Konstruieren technischer Systeme und Produkte. Beuth Verlag, Berlin Wien Zürich, 1993

**o.V. (VDI-Richtlinie 2815)**
VDI-Richtlinie 2815: Begriffe für die Produktionsplanung und –steuerung, ausgemusterte und nicht ersetzte Richtlinie, dennoch weiterhin benutzt und anerkannt. VDI, Düsseldorf, 1978

**Papula, L. (Mathematik)**
Mathematik für Ingenieure und Naturwissenschaftler Band 3. Viewog und Teubner, 5. Auflage, Wiesbaden, 2008

**Patzak, G. (Systemtheorie)**
Systemtechnik – Planung komplexer innovativer Systeme: Grundlagen, Methoden, Techniken. Springer Verlag, Berlin, 1982

**Paulukuhn, L. (Typologisierung von Entwicklungsprojekten)**
Typologisierung von Entwicklungsprojekten im Maschinenbau. Shaker Verlag, Aachen, 2005

**Piller, F.; Reichwald, R. (Interaktive Wertschöpfung)**
Interaktive Wertschöpfung – Open Innovation, Individualisierung und neue Formen der Arbeitsteilung. Gabler Verlag, 2. Auflage, Wiesbaden, 2009

**Pitsch, M. (Kompetenzfeldbasierte Vernetzung)**
Kompetenzfeldbasierte Vernetzung von Werkzeugbaustandorten. Apprimus Verlag, Aachen, 2014

**Popper, K. (Die Logik der Sozialwissenschaften)**
Die Logik der Sozialwissenschaften. In: Adorno, T. W.; Dahrendorf, R. (Hrsg.): Der Positivismusstreit in der deutschen Soziologie. Luchterhand, Neuwied, 1975, S. 103-124

**Puhl, H. (Komplexität in Unternehmensprozessen)**
Komplexitätsmanagement – Ein Konzept zur ganzheitlichen Erfassung, Planung und Regelung der Komplexität in Unternehmensprozessen. Produktionstechnische Berichte des Lehrstuhls für Fertigungstechnik und Betriebsorganisation der Universität Kaiserslautern, Kaiserslautern, 1999

**Rathnow, P. J. (Variantenmanagement)**
Integriertes Variantenmanagement – Bestimmung, Realisierung und Sicherung der optimalen Produktvielfalt. Vandenhoeck & Ruprecht, Göttingen, 1993

**Reiss, M. (Komplexitätsmanagement)**
Komplexitätsmanagement I, in: WISU, 1993, Nr. 1; S: 54-59

**Rimpau, C. (Wissensbasierte Risikobewertung)**
Wissensbasierte Risikobewertung in der Angebotskalkulation für hochgradig individualisierte Produkte. Herbert Utz Verlag, München, 2011

**Rooch, A. (Statistik für Ingenieure)**
Statistik für Ingenieure – Wahrscheinlichkeitsrechnung und Datenauswertung endlich verständlich. Springer Spektrum, Berlin, 2014

**Schanz, G. (Grundlagen der Führungsforschung)**
Wissenstheoretische Grundfragen der Führungsforschung. In: Kieser, A.; Rebber, G.; Wunderer, R. (Hrsg.): Handwörterbuch der Führung. Poeschel, Stuttgart, 1987, S. 2039-2058

**Schleyer, C. (Kooperationen im Werkzeugbau)**
Erfolgreiches Kooperationsmanagement im Werkzeugbau. Shaker Verlag, Aachen, 2006

**Schuh, G. (Produktkomplexität)**
Produktkomplexität managen. Strategien – Methoden – Tools. Hanser Verlag, 2. Auflage, München, 2005

**Schuh, G. (Produkt-Service-Systeme)**
Wettbewerbsvorsprung durch Produkt-Service-Systeme. WT Online, Heft 7/8, Jg. 100, 2010

**Schuh, G.; Boos, W.; Kuhlmann, K.; Rittstieg, M. (Operative Exzellenz)**
Operative Exzellenz im Werkzeug- und Formenbau. Apprimus Verlag, 1. Auflage, Aachen, 2010

**Schuh, G.; Boos, W.; Kampker, A.; Gartzen, U. (Strategie)**
Strategie. In: Schuh, G.; Kampker, A. (Hrsg.): Strategie und Management produzierender Unternehmen. Springer Verlag, 2. Auflage, Berlin, S. 63-132, 2011

**Schuh, G.; Boos, W.; Kuhlmann, K.; Rittstieg, M. (Synchronisierung im industriellen Werkzeugbau)**
Synchronisierung im industriellen Werkzeugbau. In: Brecher, C.; Klocke, F.; Schmitt, R.; Schuh, G. (Hrsg.): Wettbewerbsfaktor Produktionstechnik – Aachener Perspektiven. Shaker Verlag, Aachen, 2011, S. 373-403

**Schuh, G.; Pitsch, M.; Kuhlmann, T.; Schippers, M. (Internationaler Werkzeugbau)**
Internationaler Werkzeugbau – Beschaffung von Werkzeugen. Beschaffung aktuell, Heft 6/2015, S. 37-39, 2015

**Spennemann, F. (Organisationsstrukturen im Werkzeugbau)**
Gestaltung von Organisationsstrukturen im Werkzeugbau. Shaker Verlag, Aachen, 2001

**Stachowiak, H. (Modelltheorie)**
Allgemeine Modelltheorie. Springer Verlag, Wien, 1973

**Stowasser, J. M.; Petsching, M.; Skutsch, F. (Stowasser)**
Stowasser: Lateinisch-deutsches Schulwörterbuch. Oldenbourg Verlag, München, 1998

**Tomczak, T. (Forschungsmethode)**
Forschungsmethoden in der Marketingwirtschaft. Marketing ZfB, 1992, S. 77-78

**Ulrich, H. (Management)**
Management. Paul Haupt Verlag, Bern, 1984

**Ulrich, P.; Hill, W. (Grundlagen der Betriebswirtschaftslehre)**
Wissenschaftstheoretische Grundlagen der Betriebswirtschaftslehre (Teil 1). In: WiSt Wirtschaftswissenschaftliches Studium. Zeitschrift für Ausbildung und Hochschulkontakt, Jg. 5, 1976, S. 304-309

**Weitbrecht, W. (Methode der kleinsten Quadrate)**
Ausgleichsrechnung nach der Methode der kleinsten Quadrate. Salzwasser Verlag, Nachdruck, Paderborn, 1912

**Westekemper, M. (Angebotspreisbildung)**
Methodik zur Angebotspreisbildung – am Beispiel des Werkzeug- und Formenbaus. Dissertation, RWTH Aachen, 2002

**Wildemann, H. (Komplexitätsmanagement)**
Komplexitätsmanagement – Leitfaden zur Einführung eines durchgängigen Komplexitätsmanagements. TCW Transfer- Centrum GmbH & Co. KG, 1. Auflage, München, 2000

# 9 Anhang

## 9.1 F-Test

### F-Tabelle

**Für 99% Sicherheit:**

| $f_2$ \ $f_1$ | 1 | 2 | 3 | 4 | 5 | 6 | 7 | 8 | 9 | 10 |
|---|---|---|---|---|---|---|---|---|---|---|
| 1 | 4052 | 4999 | 5403 | 5625 | 5764 | 5859 | 5929 | 5981 | 6023 | 6056 |
| 2 | 98,49 | 99,00 | 99,17 | 99,25 | 99,30 | 99,33 | 99,35 | 99,36 | 99,38 | 99,40 |
| 3 | 34,12 | 30,81 | 29,46 | 28,71 | 28,24 | 27,91 | 27,67 | 27,49 | 27,34 | 27,23 |
| 4 | 21,20 | 18,00 | 16,69 | 15,98 | 15,52 | 15,21 | 14,98 | 14,80 | 14,66 | 14,54 |
| 5 | 16,26 | 13,27 | 12,06 | 11,39 | 10,97 | 10,67 | 10,44 | 10,27 | 10,14 | 10,04 |
| 6 | 13,47 | 10,92 | 9,78 | 9,15 | 8,75 | 8,47 | 8,26 | 8,10 | 7,98 | 7,87 |
| 7 | 12,25 | 9,55 | 8,45 | 7,85 | 7,46 | 7,19 | 6,99 | 6,84 | 6,72 | 6,62 |
| 8 | 11,26 | 8,65 | 7,59 | 7,01 | 6,63 | 6,37 | 6,18 | 6,03 | 5,91 | 5,81 |
| 9 | 10,56 | 8,02 | 6,99 | 6,42 | 6,06 | 5,80 | 5,61 | 5,47 | 5,35 | 5,26 |
| 10 | 10,04 | 7,56 | 6,55 | 5,99 | 5,64 | 5,39 | 5,20 | 5,06 | 4,94 | 4,85 |
| 11 | 9,65 | 7,21 | 6,22 | 5,67 | 5,32 | 5,07 | 4,89 | 4,74 | 4,63 | 4,54 |
| 12 | 9,33 | 6,93 | 5,95 | 5,41 | 5,06 | 4,82 | 4,64 | 4,50 | 4,39 | 4,30 |
| 13 | 9,07 | 6,70 | 5,74 | 5,21 | 4,86 | 4,62 | 4,44 | 4,30 | 4,19 | 4,10 |
| 14 | 8,86 | 6,51 | 5,56 | 5,04 | 4,70 | 4,46 | 4,28 | 4,14 | 4,03 | 4,94 |
| 15 | 8,68 | 6,36 | 5,42 | 4,89 | 4,56 | 4,32 | 4,11 | 4,00 | 3,89 | 3,80 |
| 16 | 8,53 | 6,23 | 5,29 | 4,77 | 4,44 | 4,20 | 4,03 | 3,89 | 3,78 | 3,69 |
| 18 | 8,29 | 6,01 | 5,09 | 4,58 | 4,25 | 4,01 | 3,84 | 3,71 | 3,60 | 3,51 |
| 20 | 8,10 | 5,85 | 4,94 | 4,43 | 4,10 | 3,87 | 3,70 | 3,56 | 3,46 | 3,37 |
| 22 | 7,94 | 5,72 | 4,82 | 4,31 | 3,99 | 3,76 | 3,58 | 3,45 | 3,34 | 3,25 |
| 24 | 7,82 | 5,61 | 4,72 | 4,22 | 3,90 | 3,67 | 3,49 | 3,36 | 3,25 | 3,16 |
| 26 | 7,72 | 5,53 | 4,64 | 4,14 | 3,82 | 3,59 | 3,42 | 3,29 | 3,18 | 3,09 |
| 28 | 7,64 | 5,45 | 4,57 | 4,07 | 3,75 | 3,53 | 3,36 | 3,23 | 3,12 | 3,03 |
| 30 | 7,56 | 5,39 | 4,51 | 4,02 | 3,70 | 3,47 | 3,30 | 3,17 | 3,06 | 3,97 |
| 40 | 7,31 | 5,18 | 4,31 | 3,83 | 3,51 | 3,29 | 3,12 | 2,99 | 2,89 | 2,80 |
| 60 | 7,08 | 4,98 | 4,13 | 3,65 | 3,34 | 3,12 | 2,95 | 2,82 | 2,72 | 2,63 |
| ∞ | 6,64 | 4,60 | 3,78 | 3,32 | 3,02 | 2,80 | 2,63 | 2,51 | 2,40 | 2,31 |

**Abbildung 9-1: F- Tabelle (99% Vertrauenswahrscheinlichkeit; Ausschnitt)**

$f_1$: Zahl der erklärenden Variablen (J); $f_2$: Zahl der Freiheitsgrade (K-J-1)

## 9.2 t-Test

**t-Tabelle:**

| | Sicherheit in %; | | |
|---|---|---|---|
| $f$ | 95% | 99% | 99,9% |
| 1 | 12,71 | 63,66 | 636,62 |
| 2 | 4,30 | 9,92 | 31,60 |
| 3 | 3,18 | 5,84 | 12,92 |
| 4 | 2,78 | 4,60 | 8,61 |
| 5 | 2,57 | 4,03 | 6,86 |
| 6 | 2,45 | 3,71 | 5,96 |
| 7 | 2,37 | 3,50 | 5,41 |
| 8 | 2,31 | 3,36 | 5,04 |
| 9 | 2,26 | 3,25 | 4,78 |
| 10 | 2,23 | 3,17 | 4,59 |
| 11 | 2,20 | 3,11 | 4,44 |
| 12 | 2,18 | 3,06 | 4,32 |
| 13 | 2,16 | 3,01 | 4,22 |
| 14 | 2,15 | 2,98 | 4,14 |
| 15 | 2,13 | 2,95 | 4,07 |
| 16 | 2,12 | 2,92 | 4,02 |
| 17 | 2,11 | 2,90 | 3,96 |
| 18 | 2,10 | 2,88 | 3,92 |
| 19 | 2,09 | 2,86 | 3,88 |
| 20 | 2,08 | 2,85 | 3,85 |
| 25 | 2,060 | 2,787 | 3,725 |
| 30 | 2,042 | 2,750 | 3,646 |
| 35 | 2,030 | 2,724 | 3,592 |
| 40 | 2,021 | 2,704 | 3,551 |
| 45 | 2,014 | 2,689 | 3,521 |

**Abbildung 9-2: t-Tabelle (Ausschnitt)**

In der Reihe **Ergebnisse aus der Produktionstechnik** zuletzt erschienen:

Salmen, Michael:
**Gestaltungsmodell für den digital vernetzten Shopfloor im Werkzeugbau**
ISBN: 978-3-86359-479-4
Erscheinungsdatum: 27.01.2017

Sommer, Martin:
**Produktbaukastengerechte Organisationsstrukturen**
ISBN: 978-3-86359-484-8
Erscheinungsdatum: 16.12.2016

Gerlach, Max:
**Leistungsstaffelung in Produktprogrammen**
ISBN: 978-3-86359-478-7
Erscheinungsdatum: 16.12.2016

Schröder, Malte:
**Klassifikation von Fehlerereignissen in produzierenden Unternehmen zur Erfüllung von Analysefunktionen im Anlauf**
ISBN: 978-3-86359-469-5
Erscheinungsdatum: 30.11.2016

Flore, Jakob:
**Optimierung der Genauigkeit fünfachsiger Werkzeugmaschinen**
ISBN: 978-3-86359-472-5
Erscheinungsdatum: 28.11.2016

Schumacher, Sven:
**Risikomanagement für die qualitätsorientierte Entwicklung industrieller Dienstleistungen**
ISBN: 978-3-86359-488-6
Erscheinungsdatum: 13.01.2017

Hollstegge, Daniel:
**Process-Induced Changes in Optical Properties of Precision Molded Glass Lenses**
ISBN: 978-3-86359-474-9
Erscheinungsdatum: 16.12.2016

von Hebel, Sabrina:
**Komplexitätskostenrelevante Ursache-Wirkungs-Beziehungen im Werkzeugbau bei Stanz- und Umformwerkzeugen**
ISBN: 978-3-86359-473-2
Erscheinungsdatum: 12.12.2016

Thiermann, Janis:
**Abrichten von Schleifscheiben für das Hochgeschwindigkeitsschleifen**
ISBN: 978-3-86359-471-8
Erscheinungsdatum: 28.11.2016

Schenk, Friedrich Walter:
**Hochdurchsatz-Mikroskopie von Mikrotiterplatten auf Basis einer kontinuierlichen Objektbewegung**
ISBN: 978-3-86359-464-0
Erscheinungsdatum: 11.11.2016

Edition Wissenschaft
Apprimus

Spöcker, Gunter:

**Modular Programming of Adaptive CAx Manufacturing Process Chains**

ISBN: 978-3-86359-462-6
Erscheinungsdatum: 07.11.2016

Müller, Frank:

**Methoden zur Charakterisierung von Werkzeugschnittstellen unter statischer Last**

ISBN: 978-3-86359-426-8
Erscheinungsdatum: 17.10.2016

Keitzel, Gunnar:

**Präventive Parameteranpassung zur Sicherstellung des Spanabtransports beim Einlippentiefbohren**

ISBN: 978-3-86359-449-7
Erscheinungsdatum: 27.09.2016

Sari, Deniz:

**Leistungssteigerung des Fertigwälzfräsens unter Berücksichtigung der fertigungsbedingten Bauteileigenschaften**

ISBN: 978-3-86359-447-3
Erscheinungsdatum: 18.08.2016

Lüdtke, Bastian:

**Lösungsraum-Steuerung in der Produktentwicklung**

ISBN: 978-3-86359-443-5
Erscheinungsdatum: 11.08.2016

Stoffel, Markus:

**V-Modell zur Auslegung großer Produktionsnetzwerke**

ISBN: 978-3-86359-459-6
Erscheinungsdatum: 26.10.2016

Adams, Oliver:

**Modellbasierte prädiktive Kraftregelung beim Fräsen**

ISBN: 978-3-86359-455-8
Erscheinungsdatum: 17.10.2016

Weiß, Markus:

**Einfluss der Spezifikation mehrschichtiger CBN-Schleifwerkzeuge auf das Schleifprozessverhalten**

ISBN: 978-3-86359-448-0
Erscheinungsdatum: 13.09.2016

Staudt, Julian:

**Funktionsgerechte Bearbeitung von Verzahnungen durch Freiformfräsen**

ISBN; 978-3-86359-450-3
Erscheinungsdatum: 18.08.2016

Fürtjes, Tobias:

**Echtzeitfähige Machine-Vision-Systeme zur Qualitätssicherung im Faserverbundleichtbau**

ISBN: 978-3-86359-439-8
Erscheinungsdatum: 03.08.2016

Edition Wissenschaft
Apprimus

FSC
www.fsc.org
MIX
Papier | Fördert
gute Waldnutzung
FSC® C083411

Kolibri 360 GmbH
Ferdinand-Jühlke-Straße 7
99095 Erfurt, Deutschland
produktsicherheit@kolibri360.de

# Minimalinvasives Laserauftragschweißen und Funktionalisieren der Nickelbasis-Superlegierung Alloy 718

# Minimally Invasive Laser Material Deposition and Functionalization of Nickel-Based Superalloy Alloy 718

Von der Fakultät für Maschinenwesen
der Rheinisch-Westfälischen Technischen Hochschule Aachen
zur Erlangung des akademischen Grades eines
Doktors der Ingenieurwissenschaften
genehmigte Dissertation

vorgelegt von

Bernd Josef Müller

**Berichter/in:**

Univ.-Prof. Dr.-Ing. Dipl.-Wirt.-Ing. Johannes Henrich Schleifenbaum
apl. Prof. Dr.-Ing. Andreas Gebhardt

Tag der mündlichen Prüfung: 17. Januar 2025

Diese Dissertation ist auf den Internetseiten der Universitätsbibliothek online verfügbar.